セラミックス集積化技術

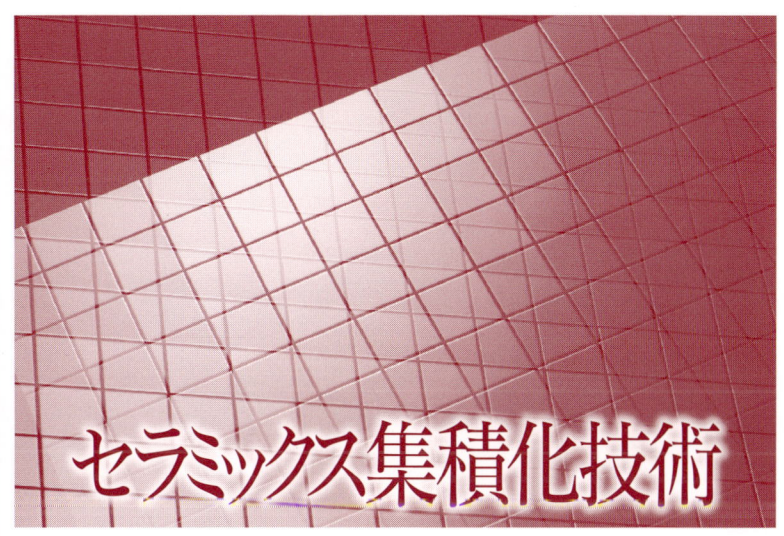

独立行政法人
産業技術総合研究所
先進製造プロセス研究部門　[編]

共同文化社

セラミックス集積化技術

序文

　本書は、独立行政法人産業技術総合研究所先進製造プロセス研究部門のセラミックスに関する研究成果をまとめたものです。当研究部門は、2004年度に発足して以来、重要課題の一つとして、セラミックス関連の研究に取り組んできました。特に、設計技術、製造技術、システム化技術などの他分野の研究との強い連携を通じ、セラミックスが部品や部材として製品やシステムに組み込まれた際に、それら本来の機能や特性が十二分に発現できることを念頭において研究を進めてきました。

　当研究部門は、国家プロジェクトである「セラミックリアクター開発」等で中核機関の役割を果たしてきました。さらに、2009年度からは、当研究部門が提案したコンセプト「ステレオファブリック造形技術」がもととなった新たな国家プロジェクト「革新的省エネセラミックス製造技術開発」が始まります。加えて、多くの産学官連携プロジェクトや企業との共同研究を進めてきました。これらの研究は応用を強く意識したものであり、エネルギー、環境浄化、エレクトロニクス、製造インフラ等の分野で、多くの成果が技術移転の段階に至っています。

　同時に、セラミックスを含む材料研究の使命は、新素材、新プロセス技術を次世代の共通基盤技術として体系化し、応用分野の横展開を図ることにあります。このような意識で、2008年

度より当研究部門の研究成果を俯瞰し、体系化する作業を始めました。その作業の過程で、各研究が持つ共通の方向性が浮かび上がってきました。それが、「セラミックス集積化技術」です。今後、革新的なデバイス、モジュール、システムの開発において、セラミックスがコア材料になることは間違いありませんが、そのためには、セラミックス自体の機能や特性の向上に加え、多様なセラミックスを適材適所に集積する技術が鍵となります。

　本書は、企業でセラミックスの技術開発に従事されている技術者やセラミックス系の大学院生を読者として想定しており、技術開発のヒントや問題解決の糸口を掴むきっかけになれば幸いです。本書は、産業界、大学の多くの方々との連携による成果であります。関係諸氏に深くお礼申し上げます。最後に、当研究部門の設立と発展にご貢献いただいた、初代研究部門長　神崎修三氏、第二代研究部門長　三留秀人氏に感謝の意を表します。

2009年7月

独立行政法人産業技術総合研究所
先進製造プロセス研究部門長

村山　宣光

目　次

序　文 ……………………………………………………………………… 2
執筆者一覧 ………………………………………………………………… 6
第1章　緒論 ……………………………………………………………… 7
第2章　ナノ粒子ハンドリング技術 …………………………………… 15
第3章　単結晶粒子合成技術 …………………………………………… 39
第4章　テーラードリキッド集積技術 ………………………………… 59
第5章　薄膜配向制御技術 ……………………………………………… 89
第6章　エアロゾルデポジション(AD)法による
　　　　常温衝撃固化現象とその応用 ……………………………… 111
第7章　バイオカスタムユニット集積技術 …………………………… 141
第8章　最適特性配置技術 ……………………………………………… 167
第9章　セラミックスのミニマルプロセスと
　　　　ステレオファブリック造形 …………………………………… 187
第10章　セラミックスリアクター ……………………………………… 211
第11章　セラミックス集積化技術とガスセンサ応用 ………………… 239
索　引 …………………………………………………………………… 263

【執筆者一覧】

第 1 章　緒論
大司達樹
(上席研究員)

第 2 章　ナノ粒子ハンドリング技術
長岡孝明[*1]、佐藤公泰、堀田裕司、安岡正喜、杵鞭義明、粂　正市、渡利広司[*2]
(無機複合プラスチック研究グループ)

第 3 章　単結晶粒子合成技術
秋本順二
(結晶機能制御研究グループ)

第 4 章　テーラードリキッド集積技術
加藤一実、鈴木一行、増田佳丈、木村辰雄
(テーラードリキッド集積研究グループ)

第 5 章　薄膜配向制御技術
熊谷俊弥[*4]、土屋哲男、山口　巖
(機能薄膜プロセス研究グループ)

第 6 章　エアロゾルデポジション(AD)法による常温衝撃固化現象とその応用
明渡　純[*3]
(集積加工研究グループ)

第 7 章　バイオカスタムユニット集積技術
加藤且也、寺岡　啓、稲垣雅彦、永田夫久江、斎藤隆雄
(生体機構プロセス研究グループ)

第 8 章　最適特性配置技術
吉澤友一、福島　学、平尾喜代司[*3]
(高性能部材化プロセス研究グループ)

第 9 章　セラミックスのミニマルプロセスとステレオファブリック造形
北　英紀、近藤直樹、日向秀樹
(高温部材化プロセス研究グループ)

第 10 章　セラミックスリアクター
淡野正信[*4]、藤代芳伸、鈴木俊男、山口十志明、濱本孝一
(機能モジュール化研究グループ)

第 11 章　セラミックス集積化技術とガスセンサ応用
松原一郎、申ウソク、伊豆典哉、西堀麻衣子、伊藤敏雄、村山宣光[*5]
(センサインテグレーション研究グループ)

[*1]: 高温部材化プロセス研究グループ、[*2]: イノベーション推進室総括企画主幹、
[*3]: 主幹研究員、[*4]: 副研究部門長、[*5]: 研究部門長　(2009 年 7 月 1 日現在)

第1章
緒論

1.1 はじめに

　集積という言葉が、「異なる複数のものを一つの包括的なものに効果的にまとめる」という意味で、工学関係者の人口に膾炙するようになったのは、1950年代の集積回路(IC, Integrated Circuit)の出現以来であろう。ウェハーと呼ばれる薄い半導体基板の上にダイオード、トランジスタ、コンデンサ、抵抗などの複数の回路素子を装着させ、それらを配線により複雑な電子回路を一度に形成させて、ひとつのパッケージとして作り込まれた集積回路は、その後のコンピュータやデジタル機器の発展を支える重要な技術となり、今日では、情報機器から家電製品、産業用機械にいたるまで、あらゆるところに応用されている。集積回路が出現した初期の段階では、いくつかの素子を集積したSSI(Small Scale Integration)と呼ばれるものであったが、軽量のデジタル・コンピュータを必要としていたアポロ計画などの当時の最先端の科学技術開発分野で重用されている。その後の技術の進展に従い、1枚の半導体基板上に集積される素子の数10^2〜10^3(MSI, Medium Scale Integration)、10^3〜10^5(LSI, Large Scale Integration)、10^5〜10^7(VLSI Very Large Scale Integration)と、飛躍的に増大していき、LSI、VLSIに至っては中央演算処理装置(CPU, Central Processing Unit)全体が一つのチップに集積されるマイクロプロセッサの出現を可能にしている。集積回路は、電子工学、材料工学、精密加工技術、光学技術、コンピュータ・プログラミング、環境工学などの極めて多岐にわたる技術の集大成の上に成り立っており、換言すれば集積回路という技術自体も異なる複数の技術の集積であると言える[1]。

　半導体集積回路で培われた技術を基に、1980年代より米国を中心に発展してきたものに、MEMS(Micro Electro Mechanical Systems)がある。MEMSは、電子回路のみならずセンサ、アクチュエーターなどの機械要素部品をも、一つの基板上に集積化したデバイスであり、主要な部分はリソグラフィ技術を中心とした半導体集積回路製造プロセスを基に作製されている。現在、製品として市販されている物としては、インクジェットプリンタのヘッド、加速度セン

サー、圧力センサー、ジャイロスコープ、プロジェクターのデジタル・マイクロミラー・デバイスなどがあり、その市場規模は日本国内だけでも数千億円にものぼり、将来的には数兆円規模になると予測されている[2]。

　集積回路が、製品として積層パッケージなどの3次元構造となるものがあるが、基本的には2次元の平面を加工するプロセスで作製されているのに対し、MEMSは本来的に3次元的構造を有するために、半導体集積回路の作製には使われない犠牲層エッチング、ダイシングなどの立体加工プロセスが積極的に用いられる。さらに、半導体集積回路の場合では、デバイス開発は、製造プロセスによって決められるデザインルールに従いトランジスタの配置・配線を決めており、この意味で製造プロセス開発とデバイス開発が独立しているということができる。一方、MEMSでは、デバイス開発とプロセス開発が一体不可分で、成膜、リソグラフィー、エッチングなどの製造プロセスもデバイス設計者が決定しなければならない。また、半導体集積回路では、構成材料がシリコンやシリコン系の材料、金属配線など限定された材料であるのに対し、MEMSでは圧電アクチュエーター材料などの様々な異種材料をデバイスに組み込むことが多く、このことがMEMS製造をより困難で複雑なものにしている[3]。集積回路技術は関連する複数の技術の集積に基づいていると述べたが、個々の技術は半ば独立しているのに対し、MEMSでは半導体集積回路にくらべ、関連技術間のより親密な「すりあわせ」が必要とされており、ここにMEMS開発の難しさと同時に妙味があると言える。換言すれば、異なる複数の技術をいかに効果的に統合するか、あるいは複数の部品・デバイスをいかに適材適所的に配置・集積するかがMEMS開発のキーと考えられる。

1.2　セラミックスにおける集積化技術

　異なる複数の技術を効果的に統合したり、異なる複数の部品やデバイスを適正に配置・集積したりする技術開発の特長は、半導体集積回路やMEMSのみならず、近年他の多くの先端技術分野においても当てはまり、セラミックスの分野においても例外ではない。セラミックスは、その電磁気・光学的特性、耐熱・耐食性、耐摩耗性等の多くの優れた機能や特異な性質により、多種多様な製品やシステムにおけるキーとなる部材・部品として使われており、その重要性は将来ますます増大するものと考えられている。セラミックスのこれまでの研究を概観すると、後述するように粒界、気孔、粒子などのナノ、ミクロレベルの材料構造因子を組織的に制御することにより、セラミックス材料自体の特性向上や新機能発現が図られてきている。しかしながら、これに加え、部材・部品

として製品やシステムに集積・統合された段階で本来その材料が有する特性や機能が十二分に発現できるように、部材寸法、形状の最適化、適材適所的な配置・構成、システムとしての集積・構築の最適化を行うことが極めて重要となっており、それらを可能とする製造プロセス技術が求められている。

　例えば、すでに述べた MEMS や高周波デバイス、高周波回路基板、超電導薄膜限流素子などにおいては様々なセラミックス薄膜の応用が期待され、一部すでに実用化しているが、セラミックス本来の機能を損なうことなくデバイスに効果的に組み込むためには、成膜プロセスの低温化、高速化、低コスト化、量産化が重要となり、常温衝撃固化現象を利用したエアロゾルデポジション法、金属有機化合物を用いた塗布熱分解法などの、材料の成膜現象の機構解明に立脚した革新的な技術開発が望まれている。また、次世代のマイクロアクチュエーター、高感度センサ、触媒担体などにおいては、凹凸構造や多孔質構造などの形状をナノレベルで制御したセラミックス部品が求められているが、そのためには、すでにある材料にナノレベルの加工を施すよりも、結晶成長などの知見を活用して、材料を作りこみ材料機能を付与する段階で同時に求められる微細形状を具現する方が有利である場合が多い。さらには、セラミックスの電気的・化学的性質などを利用して高効率のエネルギー生成や、環境汚染物質の分解除去を可能とするセラミックスリアクターが注目されているが、構成部材の反応特性を最大限に引き出すためには、粒界、気孔、粒子などのナノ、ミクロレベルの材料因子を制御するとともに、部材寸法の微小化や形状の最適化、あるいはそれらの反応システムとしての集積・構築を同時に連動させて行うことが求められる。このように、セラミックス材料自体の特性向上や新機能発現を目指すのみならず、部材・部品として製品やシステムに集積・統合された段階で本来その材料が有する特性や機能が十二分に発現できるようにすることが極めて重要となってきているのである。

1.3　材料特性と微細構造制御

　セラミックスの微細構造は原子・分子、格子欠陥、粒界、結晶粒子、気孔、繊維などのスケールレベルの異なる無数の構造因子より成り立っている。これらの構造因子を組織的に制御することにより、特性の飛躍的な向上や新しい機能の発現、あるいは相反する特性・機能の調和を目指した研究が、ここ 10 年から 20 年の間において活発に行われてきた。これらの研究開発は、制御の対象が材料自体の構造にとどまっているものの、異なる寸法レベルの様々な構造因子を系統的・能動的に制御することにより、材料特性の飛躍的な向上や新機能の

発現を目指した点で、本書の対象とするセラミックス集積化技術の前駆的な研究ということができる。ここでは、そのような研究の例として、通商産業省(当時)の主導で1994年より10年計画で始められた材料開発プロジェクト「シナジーセラミックス」を見てみよう[4]。このプロジェクトでは、単一の特性向上を目指していたそれまでの材料開発手法から脱却し、『高次構造制御』という新たな概念の下で研究開発が行われた。界面、結晶粒子、繊維などの上述した様々な構造因子は、その寸法により原子・分子レベル、ナノレベル、ミクロレベル、マクロレベルの階層に分けることができる。実際にはこれらの因子の多くは、複数の階層にまたがって存在し、様々な形態、分布、配向性を有している。従来は単一の階層に属する構造要素の制御が主体であったため、特定の機能は可能であっても、それ以外の特性が犠牲にされる場合が少なくなかった。高次構造制御とは、複数の階層にまたがっている構造因子を組織的に同時に制御するという概念であり、目的とする特性や機能を発現する構造因子は必ずしも同一ではないことから、相反する特性を調和させたり、複数の機能を同時に発現させたりすることができる。ここでは、異なる階層の構造因子の同時制御を可能とする様々なプロセス技術が開発され、それらにより従来では困難であった複数の異なる特性や機能が飛躍的に向上した材料、部材を数多く得ることができている。得られた成果や知見は、エネルギーの高度利用、環境浄化、輸送機器の性能向上とともに材料基盤技術の強化に多大な影響を及ぼしている。

もう一つの研究事例として、2000年4月より5ヵ年計画で発足した「セラミックスインテグレーション技術による新機能材料創製に関する研究」があげられる[5]。本研究では、上述したセラミックスの構造因子の非線形的な組み合わせにより発現される特性や機能を、組み合わせに系統性を持たせることにより「制御された複雑性」として、より高いレベルに向上させることを目指した。特に、材料間を積極的にリエゾンする役割を担うバッファレイヤーを導入し、異なるセラミックス間の格子のミスマッチの解消、セラミックス中の内部応力の制御、元素や電子、ホール等のキャリアの移動の促進もしくは抑制を積極的に行うことにより、上述の系統的な構造制御を図り、多値記憶機能を有する強誘電体-磁性体メモリや紫外発光素子、チューナブルフォトニック結晶を目指したメカフォトニックデバイスなどの先進デバイスの実現に資する様々なセラミックスインテグレーション技術が開発されている。

このような材料自体の構造因子の系統的・能動的制御による特性・機能の向上に加えて、材料が製品やシステムに組み込まれた時に、その材料の特性や機能が十二分に発現できるように、部材の寸法、形状、それらの配置・構成など

の因子を含めたより系統的な制御を目指すのが、セラミックス集積化技術である。

1.4 本書の構成

本書では、すでに述べたような背景をもとに、独立行政法人産業技術総合研究所先進製造プロセス研究部門で行われてきた、セラミックス集積化技術に関連する研究を基に、それらの研究成果とともに、関連する研究開発動向と今後の展望、関係する重要な実験技術、評価・解析技術、理論等を解説するものである。各章の概要は以下の通りである。

第2章では、セラミックスの微細造形技術の基盤となるセラミックスナノ粒子のハンドリング技術について述べる。最初にナノ粒子のハンドリングに関わる問題点を紹介し、それらを解決するための物理的・化学的手法を用いた粒子分散技術、スラリー調整技術、粉末成形技術、乾燥技術、焼結技術等の最近の成果を紹介する。また、AFMコロイドプローブ法等を用いたナノ粒子の分散評価技術、ナノ粒子表面技術等にも言及する。

第3章では、単結晶粒子合成技術と題し、単結晶合成技術と低温合成プロセスを活用して、新たに開発した低温溶融塩法と呼ばれる単結晶粒子合成技術について述べる。また、この方法を適用したマイクロメーターサイズの単結晶粒子形状を有するリチウム電池材料用のセラミックス素材の製造技術や、電気化学測定と高温電解液中での保存実験の結果から得られるこれらの単結晶の特徴について概説する。さらに、これらの新規素材を集積化させた電極についての、良好な電池特性について紹介する。

第4章では、溶液化学を利用して、セラミックス、無機-有機ハイブリッドなどの機能性材料をシリコン半導体基板などに集積し、新機能を発現する素子を製造するテーラードリキッド集積技術について述べる。多元系有機金属化合物溶液の分子構造制御、無機骨格前駆体と界面活性剤の溶液内協奏反応、有機化合物で化学修飾した無機塩水溶液からの結晶成長などを検討し、誘電体、強誘電体、圧電体、メソポーラス材料、半導体酸化物などの機能性材料を基板上に集積した精密ナノ構造体の特徴と機能を紹介する。

第5章では、薄膜配向制御技術と題し、金属有機化合物の溶液を基板に塗布し、熱あるいは光により分解して機能性セラミックス薄膜を低コストで成膜することができる塗布熱分解法および塗布光分解法について述べる。中間層の形成や熱処理条件の最適化による大面積超電導薄膜の作製および塗布光分解法による透明導電膜、赤外センサ、蛍光体薄膜の常温製膜や製膜機構について紹介

し、これら薄膜の配向制御による特性向上について解説する。

　第6章では、基板への微粒子の吹きつけと言う簡単な手法で、セラミックス粉末を常温で緻密に固化できる新規なコーティング技術であるエアロゾルデポジション(AD)法について述べる。この現象は、常温衝撃固化現象と呼ばれ、金属からセラミックス材料まで幅広い材料の集積化、材料創成に新たな展開をもたらす可能性がある。AD法のコアとなる常温衝撃固化現象のメカニズムやその制御要素を概説するとともに、電子セラミックス材料や機能性材料に適用した場合の特性や、その応用展開の現状や今後の可能性を紹介する。

　第7章では、生物機能を発現させるために必要とされる最小の単位(ユニット)であるバイオカスタムユニットの集積により、細胞増殖・分化を活発にさせるなどの生体機能を自立的に誘導する、バイオ、メディカル分野の革新的な製造技術について述べる。生体組織形成を促進する構造の構築や細胞接着を誘導する材料表面修飾などによる、生体応答性、生体親和性に優れたカスタムユニットの実現とともに、これらカスタムユニットの集積によって得られる高度なバイオ機能を持った製品の製造について紹介する。

　第8章では、セラミックスの特性を効率的かつ効果的に部材構造中に配置する最適特性配置技術について述べる。セラミックスの特性は、同一成分であっても微量添加物や微細組織により大幅に変化し、一方、構造部材に対する要求は、例えば表面と内部などの部材の各部で異なる。部材の必要な部分に必要な特性を有した微細組織を配置することで、各部の要求特性を高い水準で維持することが可能となることを、摺動部材、多孔質部材への適用例を基に紹介する。

　第9章では、多様な形状、寸法を有する部材を製作するために、精密構造ユニットを作製し、それらを立体的に組み立て、局所加熱や接合を駆使して一体化するプロセス、ステレオファブリック造形技術について述べるとともに、関連する省エネルギープロセス技術について解説する。また従来のセラミックスプロセスでは困難であった巨大化・精密性・軽量化の鼎立や同一部材での機能別配置、交換・リペア性が可能となる。ステレオファブリック造形技術の具体的な応用分野、省エネ効果について紹介する。

　第10章では、高機能セラミック部材を対象に、ケミカルプロセシングや3次元造形技術を駆使したナノ〜ミクロ〜マクロにわたる高次の構造制御技術(機能モジュール化技術)について述べるとともに、この技術により開発されつつある電気化学反応モジュール、「セラミックリアクター」について紹介する。セラミックリアクターは将来のエネルギー・環境分野への適用が期待されており、実用化へ向けた部材アセンブリの取り組みとして、排気ガス浄化(NOx・PM浄

化モジュール等)やマイクロ燃料電池等の開発事例についても紹介する。

　第11章では、ガスセンサ応用を目的としたセラミックスや有機無機ハイブリッド材料の集積化技術について述べる。まず、セラミックスセンサ材料の集積化による素子・デバイス開発において重要となる、ナノセンサ材料合成技術、ペースト化技術、塗布技術、有機無機ハイブリッド化技術について解説する。さらに集積化技術のガスセンサ応用の個別事例として、熱電式ガスセンサ、高速応答ガスセンサ、高選択性 VOC センサの作製プロセス、およびセンサ特性について紹介する。

参考文献
1) 久保脩治,"トランジスタ・集積回路の技術史 ── 人類はどのようにして超 LSI を手に入れたか ──",オーム社(1989).
2) (財)マイクロマシンセンター編 "MEMS 関連市場の現状と将来予測について",(2007).
3) 前田龍太郎,澤田廉士,青柳桂一編,"MEMS/NEMS の最先端技術と応用展開",フロンティア出版(2006).
4) シナジーセラミックス研究体編 "シナジーセラミックス I ── 機能共生の指針と材料創成 ──",技報堂出版(2000);シナジーセラミックス研究体編 "シナジーセラミックス II ── 材料基盤技術と要素技術 ──",技報堂出版(2004);シナジーセラミックス研究体編 "シナジーセラミックス III ── 新しい材料が世界を変える ──"(2004).
5) 羽田　肇,木村茂行,一ノ瀬昇,マテリアルインテグレーション,16, 3, 1(2003).

第2章
ナノ粒子ハンドリング技術

2.1 緒言

　ナノ粒子は、広義には1 nm～1 μm、一般的には1 nm～100 nmの大きさを持つ粒子と定義される。ナノ粒子の大きな特徴は、粒子径の微細化に伴う比表面積の増大によって表面活性となり、材料特性が著しく向上することである。また、サイズ効果による特異的な物理的・化学的・光学的・電磁気的な特性の発現、電子デバイス部材の小型化やセラミックス製造における焼成温度の低下などが期待され、ナノ粒子を利用した「ナノテクノロジー」は21世紀の豊かな社会・環境を構築する上で必要な革新的技術として注目されている。
　このように、ナノテクノロジーに対する要求が高まっているが、製造されたナノ粒子の表面活性が非常に高いため、一次粒子はナノサイズに達していても、現実的には数十から数百個程度の粒子からなる凝集を形成し、ナノ粒子が本来有する上記特徴を低下させる。そのため、凝集したナノ粒子の解砕と分散はナノ粒子の機能発現に不可欠の重要な技術課題である。しかし、一旦凝集すると、従来の機械的粉砕・分散方法によってナノ粒子を一次粒子単位に解砕することは困難とされている。このため、ナノ粒子のシート成形において溶媒やバインダを加え、スラリー状やペースト状としても凝集粒子が解砕・分散されることはなく、このような凝集粒子の存在のために密度ムラとなり、乾燥工程において「われ」を引き起こす。また、シート成形体の乾燥工程においても、通常の乾燥方法では、成形体外部の方が内部に比べて溶媒の移動速度が高いために、「そり」や「われ」の原因となる。このため、乾燥工程に長時間を費やさなければならなかった。これらの問題が解決できないため、ナノ粒子を用いた様々な部材・製品への応用を限定している。そこで、凝集したナノ粒子を効果的に解砕・分散し、「そり」や「われ」を生じない成形・乾燥技術を見いだすことにより、これらの問題が解決されれば、ナノ粒子の実用化が進み、適応範囲の拡大が期待される。
　本章では、粉末の粉砕・解砕などの現状の理論、及びナノ粒子の粉砕・解砕・分散に必要なハンドリング技術に関する考え方について、実験結果を提示する

とともに解説する。また、分散したナノ粒子の水系スラリーを用いた成形並びに乾燥技術、さらにナノ効果を焼結体に与える焼結技術などを紹介する。

2.2 粉末の粉砕・解砕理論
2.2.1 はじめに

　粉砕とは機械的エネルギーを投入して固体を砕き、粉体(粒子の集合体)にする操作である。この操作を続けると、粒子は細かくなるため砕かれる試料(砕料)の総体積は変わらないが総表面積は著しく増加し、粒子の表面活性は高くなる。その結果として、凝集粒子が形成されやすい。この凝集粒子に機械的エネルギーを投入することによって粒子同士の結びつきをほぐす操作が解砕である。

　一般に原料粉末の製造方法には、機械的な粉砕方法(ブレイクダウン法)と化学的な合成方法(ビルドアップ法)がある。ナノ粒子の合成には、粒子形状の制御が可能で粒度分布が狭いという特徴を持つビルドアップ法が主流である。しかしながら、得られたナノ粒子はその一次粒子がナノメーターサイズであっても合成、脱溶媒、洗浄、乾燥工程で強固な凝集体を形成しやすく、解砕操作が必要である。一方、ブレイクダウン法では「粉砕限界」と呼ばれる粒子の大きさの下限(限界粒径)が存在するが、溶液中で粉砕(湿式粉砕)し玉石とも呼ばれる粉砕媒体や粉砕条件を最適化することで数十 nm のナノ粒子を調整できる[1]。ここでは、粉砕に要するエネルギーと溶液中での粒子の挙動についてこれまで明らかにされている理論を用いて説明する。

2.2.2 粉砕エネルギー

　固体を破壊(粉砕)するのに要するエネルギーを破壊(粉砕)エネルギー(E)という。このエネルギーが新しく生成した比表面積に比例するとしたのが Rittinger の法則[2]であり、以下のように表される。

$$E = k_R(S_2 - S_1) \tag{2-1}$$

ここで、k_R は実験定数、S_1, S_2 はそれぞれ粉砕前後の比表面積である。

　一方、粉砕前後で粒子の形が相似であれば、E は粉砕比 R(粉砕前の粒径 x_1/粉砕後の粒径 x_2)に比例するとしたのが Kick の法則[3]であり、以下のように表される。

$$E = k_K \ln R = k_K \ln(x_1/x_2) \tag{2-2}$$

ここで、k_K は実験定数である。

これら両法則の間を取った便宜的な法則がBondの法則[4,5]であり、以下のように表される。

$$E = k_B(x_2^{-1/2} - x_1^{-1/2}) \qquad (2\text{-}3)$$

ここで、k_Bは実験定数である。
Lewisは以上の式を次式のようにまとめた。

$$dx/dE = k_L x^n \qquad (2\text{-}4)$$

ここで、k_Lはk_Kと同様な定数である。

(2-4)式において、指数nが2の場合がRittingerの法則、nが1ではKickの法則、nが1.5ではBondの法則にそれぞれあてはまる。以上は、古典的な粉砕エネルギーの法則であるが、微粉砕領域ではRittingerの法則よりも粉砕効率(dS/dE)が下がり、$dx/dE (= dS/dE) = 0$、と限界粒径(限界比表面積S_∞)に達する。この領域では限界比表面積の式が田中から提案されている[6]。

$$S = S_\infty[1 - \exp(-k_T E)] \qquad (2\text{-}5)$$

ここで、k_Tは実験定数である。

(2-5)式は、限界比表面積に近づく(粒子を微粉砕する)ためには膨大なエネルギーを必要とすることを示している。すなわち、微粉砕領域では粉砕に要するエネルギーは古典的な粉砕エネルギーの法則に則らない。例えば振動ミルを使用した粉砕では、実際に使用されたエネルギーは消費された全エネルギーの0.6%[7]であり、大部分は熱として放出されるため粉砕効率が極めて低い。従って、粉砕により微粒子を得るためには砕料粒子に確実にエネルギーを付与する工夫が必要である[8]。しかしながら、製造された微粒子の表面活性は非常に高いため、一次粒子はナノレベルに達しても、現実的には数十～数百個の粒子の凝集を形成する。このため、凝集の解砕、分散などが重要となる。

2.2.3 溶液中での粒子の挙動

溶液中の粒子表面は、溶液からのイオンの吸着や表面の解離により表面電荷を持つ。静電引力により、表面電荷と反対符号の溶液中のイオン(対イオン)は粒子表面に引きつけられるが、対イオン自身の熱運動により溶液中に拡散しようとするため、粒子表面に拡散電気二重層が形成される。同種の二つの粒子が接近すると、この拡散電気二重層が重なり合うため反発力が生じる。一方、粒子が接近するとvan der Waals力が強くなる。これら二つの力に基づく分散・

凝集の考え方を Derjaguin‐Landau‐Verway‐Overbeek(DLVO)理論[9]という。

粒子表面間距離 H、粒子半径 a の二つの球形粒子間の電気二重層の相互作用エネルギー $V_R(H)$ は次式のようになる。

$$V_R(H) = (64\pi ankT/x^2)\gamma^2\exp(-xH) \tag{2-6}$$

$$x^2 = 2nz^2e^2/\varepsilon_r\varepsilon_0 kT \tag{2-7}$$

$$\gamma = \tanh(ze\psi_0/4kT) \tag{2-8}$$

ここで、n は拡散層中のイオンの個数濃度、k はボルツマン定数、T は絶対温度、z はイオンの価数、e は電気素量、ε_r と ε_0 は溶液と真空の比誘電率、ψ_0 は表面における電位である。また、粒子表面間距離が H で半径が a である同種球形粒子の van der Waals 力に基づく相互作用エネルギー($V_A(H)$)は、次式のように表される。

$$V_A(H) = -Aa/12H \tag{2-9}$$

ここで A は Hamaker 定数と呼ばれる物質同士の相互作用に関する値である。(2-6)式と(2-9)式より、粒子間の相互作用エネルギー V_T は次式のように V_R と V_A の和で表される。

$$\begin{aligned}V_T(H) &= V_R(H) + V_A(H) \\ &= (64\pi ankT/x^2)\gamma^2\exp(-xH) \quad Aa/12H\end{aligned} \tag{2-10}$$

図 2-1 にそれらの関係を模式的に示す。$V_T(H)$ が粒子表面間距離(H)の関数として極大を示すとき、その障壁の高さ($V\mathrm{max}$)が粒子の熱運動エネルギーに比較して十分高いと、粒子は障壁を越えることができず分散した状態にある。$V\mathrm{max}$ が小さいと粒子は容易に障壁を越えて凝集する。また、(2-6)式と(2-9)式からわかるように、球形粒子の $V_T(H)$ は粒子半径(a)に比例するので、粒径が小さくなると他の条件は同じでも $V\mathrm{max}$ が小さくなり凝集しやすくなる。つまり、微細なナノ粒子の凝集性は強くなる。

2.2.4 おわりに

本項では、機械的な粉砕における理論とその粉砕エネルギー、溶液中でのナノ粒子のエネルギー的挙動について説明した。粉砕に投入されるエネルギーの

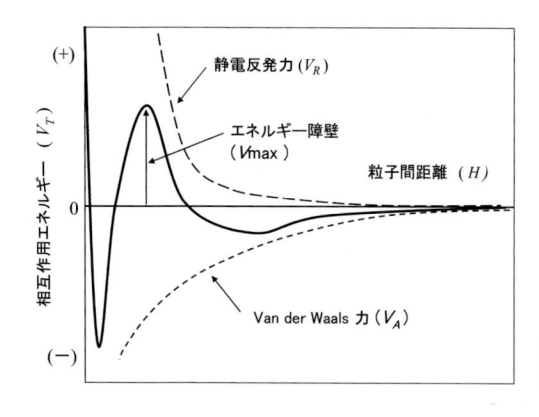

図 2-1 粒子間ポテンシャルの概念図

大部分は熱として消費されるため、現実の粉末微細化には多大な粉砕エネルギーが必要である。また、粉砕によって微細化しても、粒径の減少に伴い凝集の問題が生じることになる。従って、高効率な粉砕プロセス技術と凝集粒子の解砕技術の開発が、ナノ粒子の実用化にとって極めて重要となる。

2.3 ナノ粒子の解砕・分散技術
2.3.1 はじめに

現行の電子デバイスや材料分野にナノ粒子を用いると、それらの機能特性の飛躍的な向上が期待される。しかし、粒径が小さくなると表面活性が高くなるため粒子製造後に凝集が生じ、液中への分散性が困難になるなどハンドリング性の問題が生じる。この粒子の分散と凝集挙動は粒子間の相互作用によって引き起こされる。ここでは、分散に必要な粒子間相互作用力の概念とその計測方法、機械的手法によるナノ粒子の解砕・分散技術に関して述べる。

2.3.2 粒子間相互作用力と分散制御法

溶媒中における粒子の分散・凝集挙動は、粒子の表面間に働く引力と斥力とのバランスに応じて変化する[10-12]。表面間相互作用力が引力であれば凝集し、斥力であれば安定に分散する。粒子を溶媒中に安定に分散させるためには、van der Waals力をしのぐ斥力を粒子間に導入しなくてはならない。

分散の安定化には、静電反発力と立体斥力の二つがしばしば利用される。静電反発力とは、二つの粒子が接近すると電気二重層が重なりあってイオン濃度が上昇するため、その浸透圧によって粒子間に生じる斥力である。一方、立体斥力は有機高分子で覆われた二つの固体表面が接近する場合に生じる相互作用

力であり、分子鎖が重なることで浸透圧によって生じる。水などの極性溶媒中では、粒子表面はイオン化して帯電し、帯電表面と逆の電荷を持つイオンが固液界面近傍に集まり、電気二重層が形成される。粒子の分散・凝集を説明する理論として、帯電表面間の相互作用力を静電反発力と van der Waals 力の同時作用として記述する DLVO 理論が提案され、その有効性が広く認められてきた。DLVO 理論における van der Waals 力と電気二重層により生じる静電反発力のポテンシャル曲線から、斥力ポテンシャルのピークは数 nm の粒子表面間距離で現れる。理論的にはこのポテンシャルピークよりも粒子表面間距離が短くなると van der Waals 力により粒子の凝集が引き起こされる。Woodcockは、粒子表面間距離(H)を粒径(D)と粉体含有量(ϕ)の関数で提案している(式(2-11))[13]。

$$H = D\left\{\left[\frac{1}{3\pi\phi}+\frac{5}{6}\right]^{\frac{1}{2}}-1\right\} \tag{2-11}$$

粒径 20 nm のナノ粒子の場合、濃厚系の 30 vol%スラリーでの粒子表面間距離は 1.8 nm となる。すなわち、濃厚系分散スラリーを一次粒子単位に解砕されたナノ粒子で作製することは、静電反発力だけでは困難であることを示唆している。そのため、ナノ粒子のスラリー作製においては、粒子間に立体斥力を発現させる高分子添加剤の導入が必要である。

　粒子の分散・凝集挙動を理解し制御する上で、表面間相互作用力を実際に計測することは極めて有効である。原子間力顕微鏡(Atomic Force Microscope：AFM)を用いることで、多くの材料種についての表面間相互作用力測定が可能となった。図 2-2 に AFM の原理図を示す。先端にプローブを持つカ

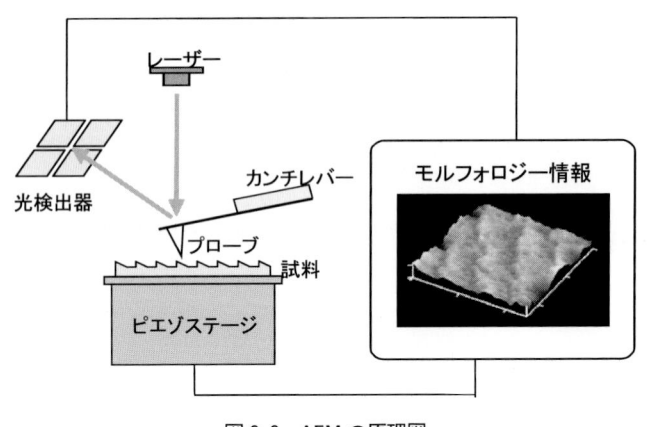

図 2-2　AFM の原理図

ンチレバー(力検出のための板ばね)で観察対象の試料表面を走査する。試料表面とプローブの間に生じる相互作用力をカンチレバーの変位として検知し、それを一定に保つようにステージを駆動して画像化する。AFM は試料表面のモルフォロジー情報を得るための顕微鏡であるが、カンチレバー先端に興味の対象となる物質を粒子状にして固定することで、粒子試料と平板試料の間の相互作用力を実際に計測することができる(コロイドプローブ法)[14]。

　代表的なセラミックスであるアルミナを対象として表面間相互作用力を実測した例を紹介する[15]。カンチレバーの先端に球状アルミナ粒子を固定し(図2-3)、サファイア単結晶基板を平板試料として用いた。図2-4 に、pH＝3.5 及び 12.0 に調整した水溶液中で表面間相互作用力を測定した結果を示す。アルミナ球状粒子-サファイア基板間の距離を横軸に、両者の表面間に働く相互作用力を縦軸にプロットした。測定結果に加え、DLVO 理論による計算結果も同一図

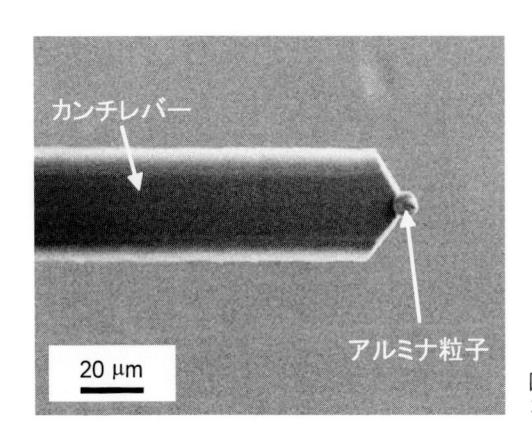

図 2-3
コロイドプローブの SEM 写真

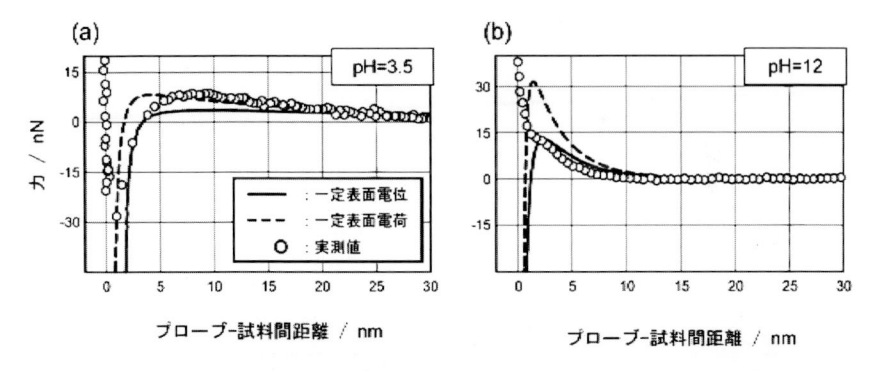

図 2-4　コロイドプローブ法による表面間相互作用力と DLVO 理論による計算結果[15]

内に示した。酸性のpH領域ではアルミナ粒子表面とサファイア表面のいずれもが正に、アルカリ性領域では負に帯電する。そのため表面間に静電的な斥力が生じるが、表面間距離が小さくなるとvan der Waals力が支配的となることがDLVO理論から予測される。pH＝3.5の測定結果はDLVO理論による計算結果とよく一致した(図2-4(a))。一方、pH＝12.0の測定結果では、DLVO理論からは予測できない近距離での斥力が観測された(図2-4(b))。これは水和斥力であると考えられる。親水性の高い表面が水中に置かれると、その表面上に水分子が水素結合により拘束・構造化された層(水和層)が形成される。二つの親水性表面が水中で向かい合った時、各々の水和層が接近すると斥力が働く[15]。このように、表面間相互作用力を実際に計測することで、DLVO理論では予測できない相互作用力をも解析することができる[16,17]。

　ナノ粒子を溶媒に分散させるためには、上述の静電反発力や立体斥力の利用に加え、系内での架橋効果や枯渇効果など、分散・凝集に関係する現象を理解し、制御する必要がある[18]。高分子の添加が分散・凝集挙動に及ぼす影響を図2-5にまとめた。図2-5(a)は粒子表面に高分子が吸着することによる立体斥力の発現を示す。高分子の吸着が複数の粒子にまたがると、架橋による凝集が生じる(図2-5(b))。高分子の溶媒への溶解度が高く固体表面に吸着しない場合、粒子表面間に挟まれた領域に高分子が存在すると、図2-5(c)のように粒子間に斥力をもたらす(枯渇分散)。粒子表面間から高分子が排除されると、図2-5(d)のように浸透圧によって粒子間に引力が生じる(枯渇凝集)。表面間相互作用力計測の結果を踏まえて、架橋効果や枯渇効果による引力を抑える分散剤の利用

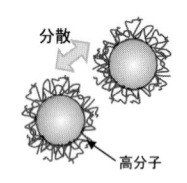

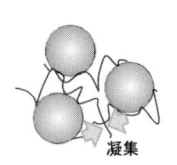

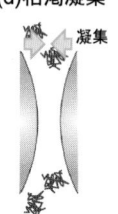

図2-5
高分子添加と粒子の分散・凝集の関係[18]

手法を検討することで、効率よく粒子を分散させることが可能となる。

2.3.3 機械的手法によるナノ粒子の解砕・分散

　工業的に微粒子を液中に分散させスラリーを作製するためには、機械的エネルギーを加えて凝集粒子を解砕する必要がある。従来のマイクロオーダーの粒子であればボールミルなどの単純な機構の機械式粉砕機・分散機で解砕・分散を行うことが可能であるが、ナノ粒子の解砕・分散は強い凝集力のために従来の方法では極端に困難となる。ボールやビーズなどの粉砕媒体が大きい場合、解砕工程で粒子に与える衝撃エネルギーは大きくなりすぎ、粒子破壊、損傷による再凝集が引き起こされる。

　ナノ粒子の凝集体の解砕・分散手法としては、解砕工程で粒子に与える衝撃エネルギーの小さい湿式ビーズミル[19,20]、湿式ジェットミル[21-24]などが検討されている。湿式ビーズミル装置の模式図を図2-6に示す。ミル型の装置内に原料スラリーと微小ビーズを導入後、ローターで攪拌することによって凝集粒子とビーズを衝突させ、解砕・分散を行う。ビーズとスラリーを分離後、分散スラリーを取り出す。ナノ粒子の凝集体の解砕・分散には直径100 μm以下の微小ビーズが有効であると言われている。Inkyoらはビーズが与える衝撃エネルギーに着目し、湿式ビーズミルを用いたナノ粒子の解砕・分散効果を報告した[20]。直径30 μmのビーズで解砕した場合、平均粒径は一次粒子径に達するが、直径50 μm、100 μmのビーズで解砕した場合、平均粒径は増大し、ビーズの衝突によるエネルギーが大きすぎるために粒子表面に損傷を与え、スラリー中の

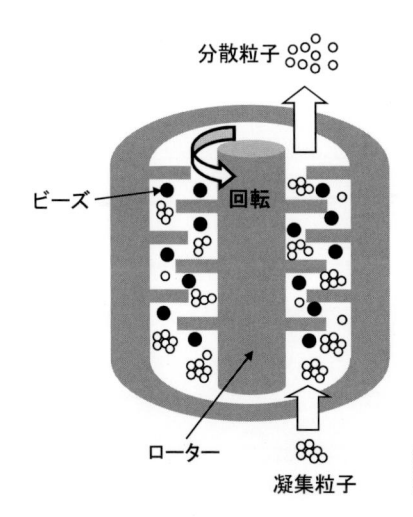

図2-6　湿式ビーズミルの模式図

粒子の凝集が引き起こされることを示唆した。この様に、湿式ビーズミルによるナノ粒子の凝集体の解砕・分散ではビーズ径の選択が重要であり、粒子表面に損傷を与えない条件を検討する必要がある。

図2-7に湿式ジェットミルの模式図を示す。スラリーはタンクより供給され、ポンプ、増圧機へと送られる。加圧されたスラリーは超高速で衝突ユニットチャンバへ行き、スラリー中の粉体同士が衝突しその衝撃力で解砕・分散が行われる。この工程は、ボールメディアを用いないプロセスのため混入する不純物が少ないのが特徴である。

一次粒子径43 nmのアルミナ粉末の解砕及び分散スラリーの安定性における湿式ジェットミルの効果を述べる[23]。攪拌、ボールミル及び湿式ジェットミル処理後のアルミナスラリー(粉体含有量：10 vol%)に関する粒度分布を図2-8に示す。攪拌及びボールミル処理したスラリーの平均粒径は一次粒子径よりも大きく完全に解砕できないのに対して、湿式ジェットミル処理したスラリー中の平均粒径は43 nmとなり、原料の一次粒子径に一致する。つまり、従来の機

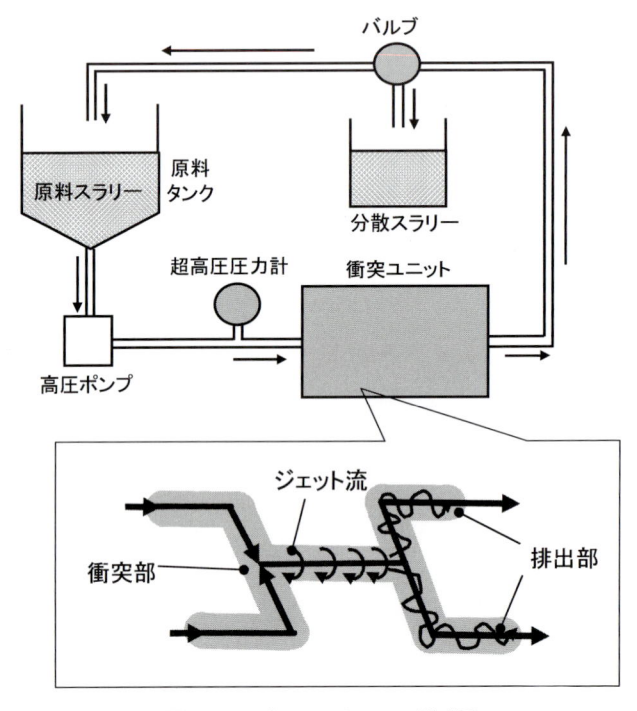

図2-7 湿式ジェットミルの模式図

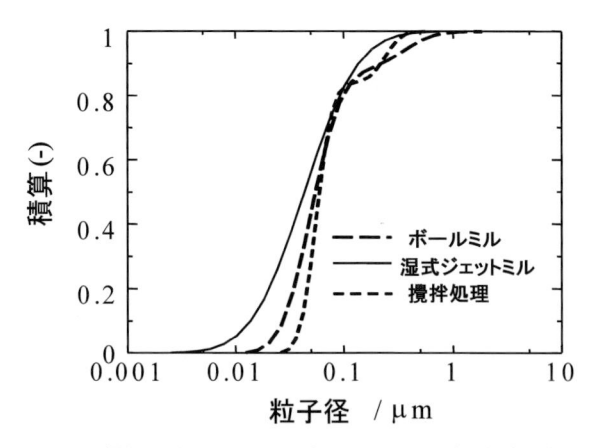

図 2-8 攪拌、ボールミル、湿式ジェットミル後の粒度分布。
(一次粒子径：43 nm アルミナ)

械式方法では困難なナノ粒子の解砕に、湿式ジェットミルプロセスは極めて効果的である。また、アルミナスラリーの粉体含有量に対する湿式ジェットミル処理後の平均粒径と(2-11)式から見積もった粒子表面間距離の関係を図 2-9 に示す。粉体含有量が 15 vol%まで、湿式ジェットミル処理したアルミナスラリー中の粒子は一次粒子サイズに解砕される。しかし、それ以上に粉体含有量が増加するにつれ、平均粒径は増加し解砕が十分に行えず凝集を形成する。実測した平均粒径を用いて(2-11)式から粒子表面間距離を見積もると粉体含有量が 15 vol%まで粒子表面間距離は 10 nm に近づき、15 vol%以上の粉体含有量では 10 nm の粒子表面間距離で一定になることが分かる。つまり、粉体含有量が

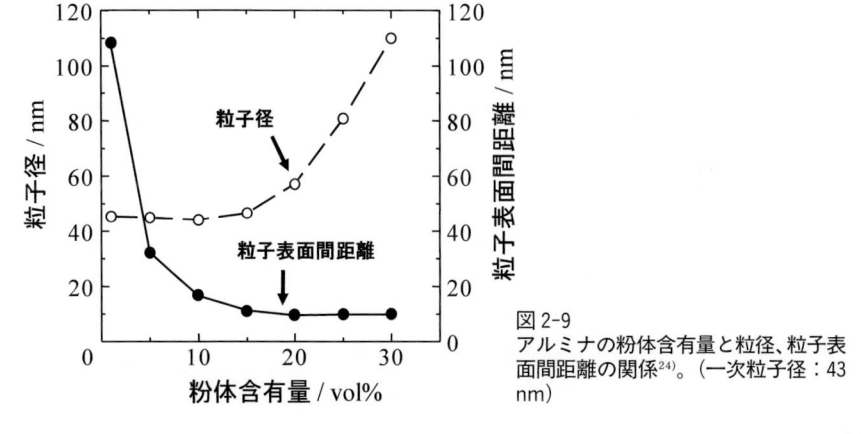

図 2-9 アルミナの粉体含有量と粒径、粒子表面間距離の関係[24]。(一次粒子径：43 nm)

25

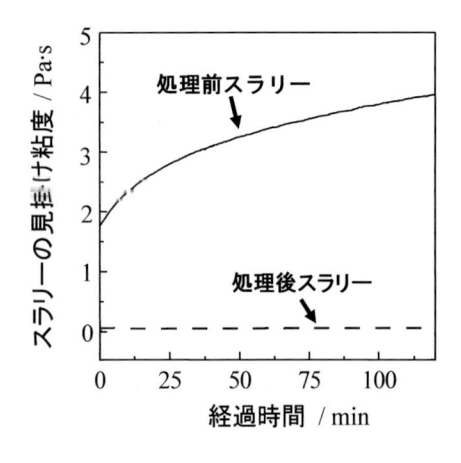

図 2-10
湿式ジェットミル処理前後のアルミナスラリーの粘度の経時変化[24]。(一次粒子径：43 nm、粉体含有量：10 vol%)

高い場合、粒子表面間距離が一定になるように凝集が形成されることが示唆される。この様にナノ粒子の解砕においては粒子表面間距離を考慮した粉体含有量の調整が必要であるが、一次粒子まで解砕されたナノ粒子の濃厚系スラリーの作製は理論的に困難である。

図 2-10 は、湿式ジェットミル処理前後におけるアルミナスラリー(一次粒子径：43 nm)の粘度の経時変化である。処理前のスラリーは凝集を形成しているため粘度が高く、且つ経時変化が観測される。一方、処理後の分散スラリーは粘度が低く、且つ経時変化のない安定な分散状態を示す。この様に湿式ジェットミル処理は、スラリー中においてナノ粒子を安定に分散させる特徴を持つことが明らかにされつつある。

2.3.4 おわりに

ナノ粒子の濃厚系スラリー場合、粒子表面間距離は短くなるため、理論的には van der Waals 力により凝集が引き起こされる。そのため、ナノ粒子の一次粒子単位での解砕・分散においては、粒子表面間距離を考慮した粉体含有量の調整が必要となる。また、従来のボールメディアを用いたミル方法では、ナノ粒子を一次粒子まで解砕・分散することは困難であったが、本項で紹介したビーズミルや湿式ジェットミルなどの粒子表面に損傷を与えない解砕・分散方法によって、ナノ粒子の均一分散の可能性が示されつつある。本手法は、機械的エネルギーを加えて凝集粒子を効率的に解砕することが可能であり、今後のナノ粒子の実用化にとって重要な技術となるであろう。

2.4 ナノ粒子成形技術
2.4.1 はじめに

　ナノ粒子のような超微粒子は、表面活性が非常に高いために凝集粒子を形成し、粒子の充填性の低下や成形体の密度ムラなどの問題を引き起こす。また、シート成形における、スラリー作製には、揮発性の高さや表面張力の小ささの点から分散媒として有機溶媒が主に使用されてきた。有機溶媒は爆発性があることや、人体の健康に悪影響を及ぼす傾向があることから、溶媒を水に切り替えていくことが望ましいとされている。しかし、水に切り替えることによってナノ粒子の分散性や成形体の乾燥工程に問題が生じている。ここでは、水溶媒を利用したナノ粒子の成形技術と乾燥技術を紹介する。

2.4.2 ナノ粒子のシート成形

　シート成形においては、粒子、溶媒、有機バインダから構成されたペーストが用いられる。ペースト中でナノ粒子を均一に分散させるためには、有機バインダである高分子を粒子間に挿入する必要がある。そのため、粒子表面間距離の概念に基づく粉体含有量の調整と高分子の大きさを考慮する必要がある。
　短距離相互作用のみが働いている高分子鎖の平均二乗末端間距離(R_0^2)は、結合数 N、結合の長さ b として(2-12)式で表される[25]。

$$R_0^2 = Nb^2 \qquad (2\text{-}12)$$

高分子鎖が液中でランダムコイルを形成している場合、簡易的には鎖の両末端間距離(R_0)が高分子の大きさと考えることができる。ここで、分子量 22,000 の高分子の大きさを(2-12)式から見積もると 4.9 nm となる。一次粒子径 43 nm の粒子を 10 vol%、30 vol%含むスラリーにおける粒子表面間距離を(2-11)式から見積もると、それぞれ 15.8 nm、3.8 nm である。粉体含有量 10 vol%のスラリー中では高分子は粒子間に挿入されるが、粉体含有量 30 vol%のスラリーでは粒子表面間距離よりも高分子の広がりが大きいため粒子間に挿入できず、粒子の凝集が引き起こされることが示唆される。
　図 2-11 に粉体含有量 10 vol%、30 vol%のアルミナ(一次粒子径：43 nm)スラリーを湿式ジェットミル処理し、その後 PVA 溶液(分子量 22,000)と混合し、作製したシートの外観とその内部構造を示す[24]。一次粒子まで解砕した 10 vol%スラリーから作製したシートは、乾燥工程による「われ」は観察されなかった。また、その内部構造から粒子が均一に高分子中に分散している。一方、30 vol%のスラリーから作製したシートは乾燥工程で「われ」が生じ、その内部構

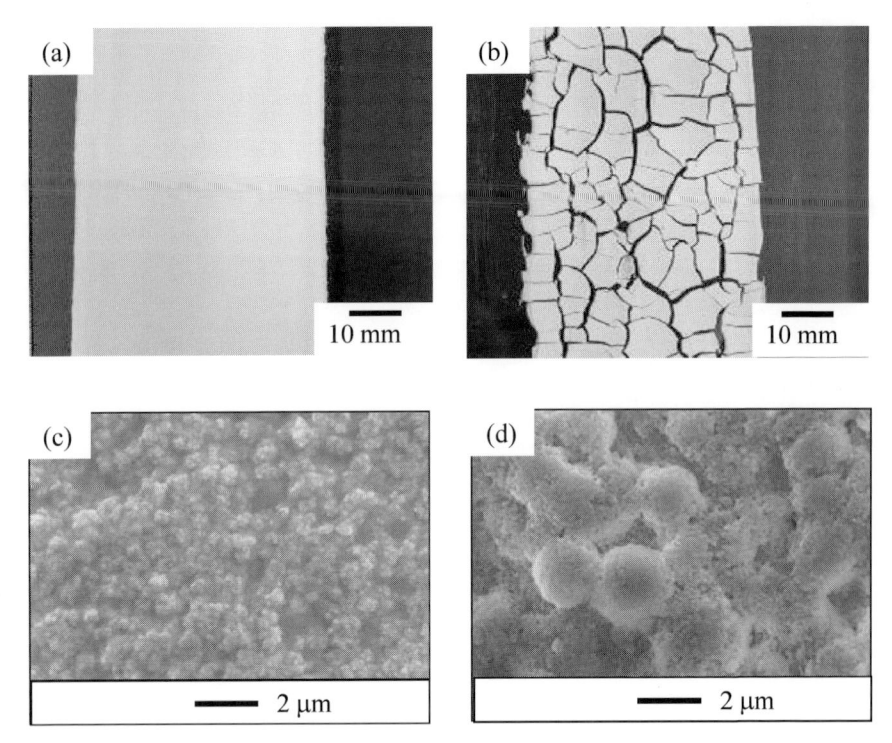

図2-11 粉体含有量(a)10 vol%、(b)30 vol%のアルミナスラリー(一次粒子径:43 nm)から作製したシートの外観[24]。(c)は(a)の内部構造、(d)は(b)の内部構造

造から不均一な凝集粒子の存在が観察された。均一に解砕されたナノ粒子で形成されるシートと比較して、凝集粒子で形成されたシートは成形体の密度ムラがあると考えられ、その結果、乾燥に伴う内部応力が大きくなり「われ」が生じたと推測される。

この様に、一次粒子までナノ粒子を解砕したスラリーは、「われ」を生じさせずにシート成形体の作製を可能にする。

2.4.3 ナノ粒子で構成された成形体の乾燥

乾燥の目的は、成形体中に含まれている水分の除去である。成形体中に水分が残存すると、焼成時に水蒸気となって急激に体積が膨張し、成形体の破損あるいは焼成後の欠陥を生じさせる。この成形体中に含まれる水は、その性質上以下の三種類の状態に変化しながら徐々に抜けていく。

1) 成形体内で連続的に存在する自由水

2) 成形体の粒子間を満たしている気孔水
3) 粒子の表面に吸着している付着水

　成形体内から水が抜けていく過程は図2-12に示すように変化していく。まず、成形体中の水分の蒸発は成形体表面から起こり始め、時間の進行とともに自由水が減少していく（STEP I）。水分の減少により、水の表面張力によって成形体を構成する粉末同士が引き付けあい、粒子の再配列を伴いながら成形体は収縮する。乾燥が進行し、自由水が無くなると、粒子同士が接触する。更に水分が減少すると、粒子間隙の水（気孔水）が成形体表面に拡散し、表面にて蒸発する（STEP II）。その際、粒子間隙は水から空気に置き換わっていく。この期間中においても、粒子の再配列は行われ、収縮は若干であるが進行する。その後、粒子界面のメニスカス状の水および粒子表面の付着水が蒸発し、乾燥が終了する（STEP III）。この様に、乾燥は連続的な過程を経て進行するが、製品の欠陥となる「そり」や「われ」などの欠陥はこの工程中で生じることが知られている。

　乾燥中に生じる成形体の「そり」や「われ」の原因は、次のようなものが考えられる。
1) 成形体中の水分の分布
2) 成形体における表面と内面からの脱水速度の違い

つまり、成形体中での水分の分布が不均一になると、セラミックス粉体と水分によって生じる毛管張力の分布が不均一となり成形体内部に応力が発生する。成形体が可塑性を示す状態では、粒子の再配列等によって生じた応力を緩和し、「そり」や「われ」をが生じるには至らない。また、粒子の再配列が均一に行われれば、粒子同士の力によって上記の応力に耐えることもできる。つまり、図2-12のSTEP Iで表される粒子の再配列が起こる自由水の蒸発時に注意深く乾燥を行う必要がある。この段階の乾燥方法としては、成形体中で粒子間に存在する水の毛管張力が応力発生の大きな原因であることから、水の表面張力を低下させるような乾燥調整剤を用いたり[26]、比較的湿度の高い状態で乾燥速度を抑え、不均一な蒸発状態を防いだりすることが一般的である[27]。しかし、乾燥速度を落とすことは工業的にメリットがないために、より高効率な乾燥方法の開発が重要となる。

　従来の乾燥工程で用いられる加熱方法では急速加熱を行うと成形体の外側から内側へと熱が伝わるために成形体の内部よりも外部のほうの温度が高くなることから、水の移動効率が内部より外部の方が高くなり、「そり」や「われ」が生じる原因となる。最近、内部から発熱するマイクロ波加熱が注目されている。

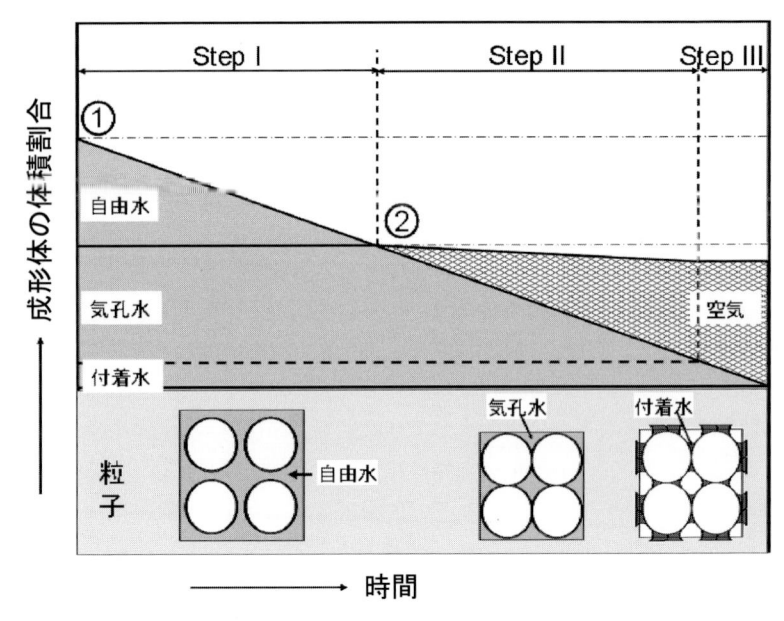

図2-12　乾燥過程のモデル図

　マイクロ波加熱は、対象物質の誘電損失により試料自身が発熱する特徴を持つ(内部加熱)。通常加熱では、外部熱源から輻射、熱伝導、対流によって試料に熱が伝えられる(外部加熱)ため、通常加熱における試料内の温度は外部が最も高く内部は低くなる。しかし、マイクロ波加熱では、内部の温度が高く、外部に行くほど温度が低くなり、急速乾燥に応用できる。
　平均粒径500 nmの酸化亜鉛粉末を用いた鋳込み成形体を作製し、異なる乾燥方法(自然乾燥(25℃)、電気炉乾燥(80℃)、マイクロ波乾燥(80℃))により、相対湿度40％下にて乾燥した試料の実験結果を示す[28]。図2-13は、異なる乾燥条件下における鋳込み成形体の乾燥時間と水分含有量の関係である。自然乾燥では全ての含有水分の蒸発に約48時間を要し、電気炉を用いた乾燥(80℃)でも含有水分の蒸発に5時間かかることがわかった。一方、マイクロ波加熱による乾燥では、電気炉を用いた乾燥と同じ温度、湿度条件下にも関わらず、30分で全ての水分が蒸発し乾燥が終了した。マイクロ波加熱による乾燥時間の短縮効果は絶大である。
　ナノ粒子をシート成形で作製した試料の乾燥挙動の実例を示す[29]。一次粒子径43 nmのアルミナ粒子を用いて水系でセラミックスシートを作製した際の乾燥後のシート形状を図2-14に示す。電気炉乾燥ではシートが反っているのに

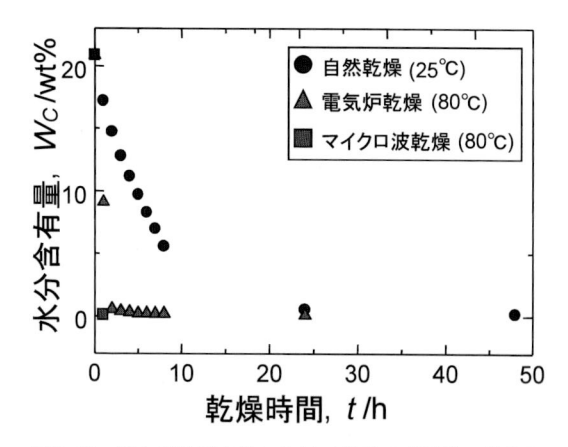

図 2-13 異なる乾燥方法における鋳込み成形体の乾燥時間と水分含有量の関係[28]

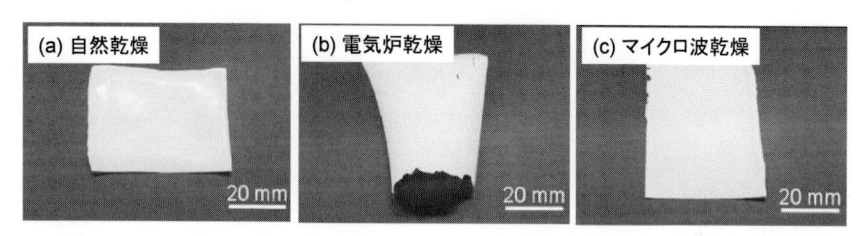

図 2-14 アルミナスラリーから作製したシート成形体の乾燥後の様子。(a)自然乾燥、(b)電気炉乾燥、(c)マイクロ波乾燥[29]

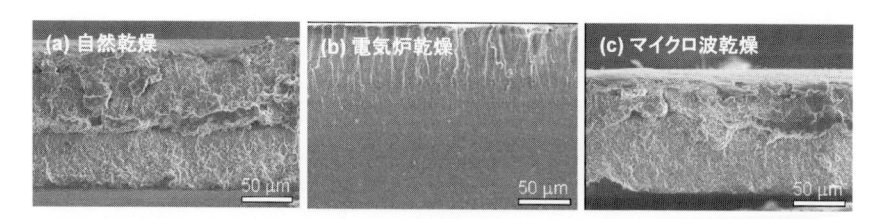

図 2-15 乾燥シート成形体の断面。(a)自然乾燥、(b)電気炉乾燥、(c)マイクロ波乾燥[29]

対し、マイクロ波乾燥ではほとんど反っていない。このシートの断面写真(図2-15)から「そり」があまり見られなかった自然乾燥やマイクロ波乾燥の試料は断面の上下間に大きな違いはない。一方、電気炉による乾燥では断面の上部に筋状の亀裂が認められるのに対し、下部はしっかりと密に詰まっていることが観察された。つまり、上部が疎で、下部が密なシートの状態となったため電気

炉乾燥したシートは「そり」が生じたと考えられる。

以上の様に、ナノ粒子で構成される成形体の乾燥工程にマイクロ波加熱を利用することは、乾燥時間の短縮だけではなく乾燥工程で生じる欠陥を抑えることができる。

2.4.4 おわりに

ナノ粒子のような超微粒子は凝集体を形成するため、粒子充填性の低下や成形体の密度ムラを引き起こす。本項で述べたように、ナノ粒子のスラリーから作製する湿式成形体は、「われ」や「そり」を生じる。これは、凝集粒子で形成された成形体に密度ムラが存在し、乾燥に伴う内部応力が原因と考えられる。そのため、スラリー中のナノ粒子の凝集を抑えること、成形体の乾燥速度を抑えること、乾燥に伴う不均一な蒸発を防ぐことが、「われ」や「そり」の抑制につながる。しかしながら、工業的には効率的な製造が求められることから、ナノ粒子の湿式成形体の作製には、ナノ粒子分散技術と高効率な乾燥技術の組み合わせが有効となる。本項で紹介したマイクロ波加熱は、乾燥に伴う不均一な蒸発を防ぐだけでなく、短時間で乾燥でき、高効率な乾燥技術として期待できる。

2.5 ナノ粒子の焼結技術
2.5.1 はじめに

高温下で粉末粒子同士を接触させると、融点以下であっても粒子同士は合一する。この現象を焼結という。焼結は、粒子集合体の全表面エネルギーを減少させるように拡散が進む現象である。そのため、表面エネルギーの高い状態(表面積の大きい粒子)ほど焼結が進行し易い。ここでは、ナノ粒子の焼結挙動と粒成長を抑えたナノ粒子の焼結技術について紹介する。

2.5.2 ナノ粒子の焼結挙動

ナノ粒子では、1gで数10〜数100 m^2 の表面積となり、低温から焼結が進行する。その一例として図2-16に酸化亜鉛の焼結曲線を示す。サブミクロン粒子(平均粒径 $0.8 \mu m$)の場合、焼結は約600℃より開始するのに対し、ナノ粒子(平均粒径 20 nm)では、約400℃より進行する。また、ナノ粒子の焼結速度は、サブミクロン粒子よりも早い。

焼結過程は、一般化すると次のように表される[30]。

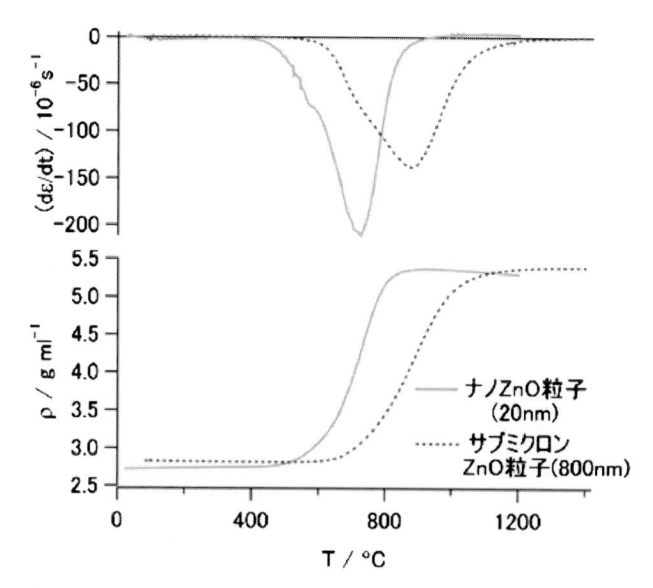

図2-16 ナノ粒子とサブミクロン粒子の焼結挙動の比較(酸化亜鉛)。密度(ρ)および線収縮率($d\varepsilon/dt$)への温度(T)の影響を示す

$$\frac{d\rho}{\rho dt} = F\Sigma D d^{-n} \qquad (2\text{-}13)$$

ここで、ρ は密度、t は時間、F は微構造の関連した係数、Σ は焼結ポテンシャル、D は拡散係数、d は粒径、n は拡散経路に依存した係数である。

　焼結ポテンシャルは、ケルビンの式に示されるような表面エネルギーに関連する項で粒径に逆比例する。また、d^{-n} 項は粒径が小さいほど拡散距離が短くなることを示した項である。これらを考慮すると、焼結速度への粒径の依存性は $d^{-(n+1)}$ となり、微細な粒子ほど焼結速度が速いことが理解される。酸化亜鉛の場合、ナノ粒子の効果は、粒径サイズ減少によるスケール効果で説明されている[31]。

　一方、ナノ粒子特有の焼結現象は、酸化セリウムに見ることができる。酸化セリウムのナノ粒子は、成形体の密度がかなり異なる場合でも、緻密化温度がほぼ同じ値となる[32,33](図2-17)。それらの線収縮速度は非常に特徴的で、二つのピークにより構成されている。それぞれのピーク強度は成形体密度に依存しており、密度が低い試料では低温ピークが高く、密度の高い試料では高温ピークが高い。これまでに、低温ピークにおける収縮挙動と酸化セリウムの表面反応(酸化還元反応)の関連性が指摘されている[34]。焼結の活性化エネルギーは、低

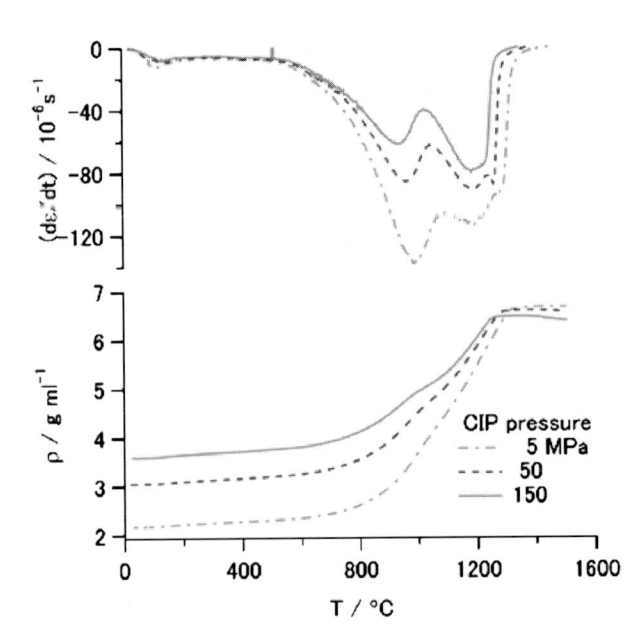

図2-17 酸化セリウムのナノ粒子の緻密化挙動への成形体密度の影響。密度(ρ)および線収縮率($d\varepsilon/dt$)への温度(T)の影響を示す。成形体密度は、CIP 圧力により調整

温ピーク近傍では 370 kJ/mol、高温ピーク近傍では 440 kJ/mol と見積もられる[33]。一方、サブミクロン粒子では 420 kJ/mol[33] で、この値はバルク材料(単結晶)の酸化還元反応の活性化エネルギー450 kJ/mol[35]、トレーサー測定による酸素拡散の活性化エネルギー426 kJ/mol[36] と概ね一致する。これらの活性化エネルギーの比較より、酸化セリウムのナノ粒子は、二つの機構により焼結が起こり、低温側は活性化エネルギーの低い拡散機構により焼結が進行、高温側はサブミクロン粒子の焼結と同様な機構により進行していることがわかる。酸化セリウムのナノ粒子表面における酸化還元反応の活性化エネルギーは、177 kJ/mol とバルクのそれに比べるとかなり低いことが報告されている[37]。この値は、低温ピーク近傍の焼結の活性化エネルギーとは全く一致していないが、低温ピークが表面還元反応の温度範囲(500～1000℃)と近い温度範囲で現れることと、焼結の活性化エネルギーが高温のそれより低いことから、表面・界面に起因する焼結機構(粒界拡散等)が関与していると考えられる。

2.5.3 粒成長を抑止したナノ粒子の焼結

ナノ効果を焼結体に与えるには、粒成長を抑制しながら焼結体密度を上昇させることが必要となる。一般的な焼結方法では、緻密化と粒成長が同時に進行するため、ナノ粒子を原料粉末として用いても、焼結体の結晶粒径はマイクロメートル程度に成長する。粒成長を抑制するプロセスには表面拡散や粒界拡散を利用する方法と、外部圧力を加え粒子間の塑性流動を促進させる方法とがある。前者は独特の温度プロファイルより二段焼結[38]と呼ばれ、後者は加圧焼結と呼ばれる。二段焼結では、まず通常の焼結温度程度まで昇温し(一段目)この温度では保持を行わずに、直ちに100～150℃程度降温し(二段目)この温度で長時間の保持を行うものである。一段目において密度は概ね75～85%に到達し、二段目では粒成長が抑制されながらさらに緻密化が進行する。これにより、100 nm以下の微細粒径を持つ緻密な焼結体が得られる。二段目の加熱過程は相対密度が85%以上になり終期焼結過程であるが、この段階でも粒成長が抑制されることがこのプロセスの特徴である。本方法は、酸化イットリウム[38]、酸化セリウム[39]、炭化ケイ素(液相焼結)[40]においてその有効性が報告されている。一方、加圧焼結は機械的に圧力を加えることにより焼結を促進させる方法で、低温で緻密化が完了するため粒成長が抑制される。一般的に、ホットプレス[41]、通電加熱焼結[42,43]などがよく利用されるプロセスである。また通電加熱焼結は、数百K/minの急速加熱を可能とし、加熱時間の短縮が可能であるためさらに粒成長を抑制する。

2.5.4 おわりに

一般的な焼結方法では、緻密化と粒成長が同時に進行するため、原料粉末としてナノ粒子を用いても、焼結体の結晶粒径は大きく成長してしまう。本項では、ナノ粒子を対象とした、粒成長を抑制する二段焼結技術や加圧による焼結技術について述べた。ナノ粒子の焼結では、表面・界面効果に起因する粒界拡散などが顕著になる。これらの現象の制御により、特徴的な材料や低温焼成プロセスの開発が可能となる。

2.6 課題と展望

ナノ粒子は低温焼結特性を有するなど、持続的な社会・産業発展に不可欠な材料である。材料としてナノ粒子を利用するためには、そのハンドリング技術の確立が重要である。本章ではナノ粒子のハンドリング技術として、粉砕、解砕、分散、乾燥、焼結に関する理論的な考え方と、現在検討されている解砕、

分散、成形、焼結に関する実例を述べた。現在の大きな課題は、ナノ粒子は表面活性が高いため、粒子の凝集が起こり、液中への分散性が困難になるなどハンドリングの問題である。そのためには、粒子間相互作用力を考えた分散制御技術、適切な条件下での解砕技術、粒子表面間距離を踏まえたスラリー及びペースト中での粉体含有量の調整技術と高分子バインダ種などの検討が重要であり、本章で一部の解決策を紹介した。一方、ナノ粒子を使用した場合成形後の乾燥における試料変形と欠陥の生成、焼結における粒成長といった課題も指摘されているが、適切なプロセスを取ることによりこれらの課題が解決しつつある。今後も基礎・基盤研究を積極的に進め、ナノ粒子プロセスにおける諸問題の解決とともにナノ粒子特性を最大限発揮できるプロセス技術の構築と開発が急務である。

参考文献
1) 西田正光, 安藤浜江, 釘宮公一, 粉体および粉末冶金, **37**, 827-831 (1990).
2) Rittinger, P. R., Lehrbuch der Aufbereitungskunde, (Ernst und Korn, Berlin, 1867).
3) Kick, F., *Dinglers Polytechn. J.*, **247**, 1 (1883).
4) Bond, F. C., *Trans. AIME, Min. Eng.* **193**, 484-494 (1952).
5) Bond, F. C., *Brit. Chem. Eng.*, **6**, 543-548 (1961).
6) 田中達夫, 化学工学, **18**, 160-171 (1954).
7) Arai, Y., Chemistry of Powder Production, (ed. B. Scarlett, Chapman & Hall, London, 1996) 94.
8) Kanda, Y., Abe, Y. and Sasaki, H., *Powder Teccnol.*, **56**, 143-148 (1988).
9) Verwey, E. J. and Overbeek, J. T. G., Theory of Stability of Lyophobic Colloid, Elsevier, Amsterdam (1948).
10) Israelachvili, J., "Intermolecular & Surface Forces, 2nd ed" Academic Press, London (1992).
11) Sigmund, W. M., Bell, N. S. and Bergström, L., *J. Am. Ceram. Soc.*, **83**, 1557-1574 (2000).
12) Lewis, J. A., *J. Am. Ceram. Soc.*, **83**, 2314-2359 (2000).
13) Barnes, H. A., Hutton, J. F. and Walters, K., An Introduction to Rheology, Elsevier, Amsterdam, 119 (1989).
14) Ducker, W. A., Senden, T. J. and Pashley, R. M., *Nature*, **353**, 239-241 (1991).
15) Polat, M., Sato, K., Nagaoka, T. and Watari, K., *J. Colloid Interface Sci.*, **304**, 378-387 (2006).
16) Yilmaz, H., Sato, K. and Watari, K., *J. Colloid Interface Sci.*, **307**, 116-123 (2007).
17) Yilmaz, H., Sato, K. and Watari, K., *Mat. Sci. Eng. B*, **148**, 215-220 (2008).

18) Horn, R. G., *J. Am. Ceram. Soc.*, **73**, 1117-1135 (1990).
19) Yoden, H. and Itoh, N., *J. Soc. Powder Technol. Japan*, **41**, 457-464 (2004).
20) Inkyo, M. and Tahara, T., *J. Soc. Powder Technol. Japan*, **41**, 578-585 (2004).
21) Omura, N., Hotta, Y., Sato, K., Kinemuchi, Y., Kume, S. and Watari, K., *J. Am. Ceram. Soc.*, **89**, 2738-2743 (2006).
22) Hotta, Y., Yilmaz, H., Shirai, T., Ohota, K., Sato, K. and Watari, K., *J. Am. Ceram. Soc.* **91**, 1095-1101 (2008).
23) Isobe, T., Hotta, Y. and Watari, K., *Mater. Sci. Eng. B*, **148**, 192-195 (2008).
24) Isobe, T., Hotta, Y. and Watari, K., *J. Am. Ceram. Soc.*, **90**, 3720-3724 (2007).
25) Stuart, M. A. C., Hoogendam, C. W. and De Keizer, A., *J. Phys. Condens. Matter.*, **9**, 7767-7783 (1997).
26) Wei, W. C. J. and Hsieh, C. L., *J. Ceram. Soc. Japan*, **107**, 313-317 (1999)
27) 素木洋一；セラミック製造プロセスⅢ，技報堂出版，(1978)
28) 白井　孝，安岡正喜，堀田裕司，渡利広司，*J. Ceram. Soc. Japan*, **114**, 217-219 (2006).
29) 白井　孝，磯部敏弘，安岡正喜，堀田裕司，渡利広司，*J. Ceram. Soc. Japan*, **115**, 440-442 (2007).
30) Herring, C., *J. Appl. Phys.*, 21, 301-303 (1950).
31) Ewsuk, K. G., Ellerby, D. T. and DiAntonio, C. B., *J. Am. Ceram. Soc.*, **89**, 2003-2009 (2006).
32) Chen, P. L. and Chen, I. W., *J. Am. Ceram. Soc.*, **76**, 1577-83 (1993).
33) Kinemuchi, Y. and Watari, K., *J. Euro. Ceram. Soc.*, **28**, 2019-2024 (2008).
34) Ozawa, M., *Scripta Mater.*, **50**, 61-64 (2004).
35) Tuller, H. L. and Nowick, A. S., *J. Electrochem. Soc.*, **126**, 209-217 (1979).
36) Kamiya, M., Shimada, E., Ikuma, Y., Komatsu, M. and Haneda, H., *J. Electrochem. Soc.*, **147**, 1222-1227 (2000).
37) Hwang, J. H. and Mason, T. O., *Z. Phys. Chem.*, **207**, S21-S38 (1998).
38) Chen, I. W. and Wang, X. H., *Nature*, **404**, 168-171 (2000).
39) Kleinlogel, C. and Gauckler, L. J., *Adv. Mater.*, **13**, 1081-1085 (2001).
40) Lee, Y. I., Kim, Y. W., Mitomo, M. and Kim, D. Y., *J. Am. Ceram. Soc.*, **86**, 1803-1805 (2003).
41) Averback, R. S., Höfler, H. J. and Tao, R., *Mater. Sci. Eng.*, **A166**, 167-177 (1993).
42) Nishimura, T. Mitomo, M. Hirotsuru, H. and Kawahara, M., *J. Mater. Sci. Lett.*, **14**, 1046-1047 (1995).
43) Nygren, M. and Shen, Z., *Solid State Sci.*, **5**, 125-131 (2003).

第3章
単結晶粒子合成技術

3.1 緒言

　リチウム二次電池は、携帯電話、ノートパソコンなどの電源として、過去10年程の間で急速に普及してきた。また、今後は携帯型電子機器の多機能化ばかりでなく、ハイブリッド自動車用などの大型の蓄電池としても期待されていることから、私たちの暮らしの中で、益々その重要性は増すことが予測される。そのため、電池に対する要望も年々高まっており、更なる高容量化、低コスト化のための技術開発が必要となってきている。一方、安全性の向上という課題も、特に大型用途における今後の普及においては更に重要である。このうち、正極材料酸化物について、今後の低コスト化と安全性の観点から、スピネル型構造をとるマンガン酸リチウムが注目されている。しかしながら本材料は、電池材料として解決すべき課題が複数残されていることから、期待された実用化展開が遅れている。中でも80℃の高温保存時における電池の劣化の問題の解決には、セラミックス粉体と電解液との反応性抑制がキーとなることから、セラミックス自体の粉体特性の制御が非常に重要である。

　現行のリチウム二次電池の製造方法において、正極材料は、酸化物セラミックス粉体を導電助剤などと複合化し、塗工する工程によって作製されている合剤である。通常、正極活物質である酸化物セラミックス粒子を導電助剤が覆うような構造をとることによって、電子伝導性が確保されると共に、粒子間をバインダーが結着して電極が成形されている。そのため、電極材料中で、どのようにセラミックス粒子を集積化させるか、という技術が重要となる。例えば、電池容量を向上させるためには、電極中のセラミックス粒子の量を増やすことができれば、電池の体積当たりのエネルギー密度を増大させることが可能となる。すなわち、電池電極中でセラミックス粒子の高密度化(集積化)技術が、電池の高容量化を図る上でも重要と考えられる。また、セラミックス粉体の粒子形状の制御は、前述の高温の電解液との反応性を抑制すると共に、電池特性の改善のためには重要となっており、どのような粒子形状、粒子形態を有する素材を用いて集積化させるか、という点が、素材自体の高性能化と共に、現在も様々

39

な検討がなされている。以上のような現状の課題を解決し、リチウム二次電池の高容量化に繋がる技術として、我々は、酸化物セラミックス活物質の単結晶粒子を集積化することにより、電極密度の向上、電池の高出力化、高温保存特性の改善が可能となるものと考え、研究開発を実施してきた。

一般に、セラミックス素材として、熱・電気特性などを改善するために、単結晶粒子が有効であることがよく知られている。通常、これらの単結晶粒子は高温焼成によって作製され、焼結等による集積化によって使用される。最近、このような単結晶粒子を、リチウム二次電池の電極材料酸化物へ適用した場合の利点が明らかにされ始めている[1]。しかしながら、マンガン酸リチウムなどのリチウム含有遷移金属酸化物は、900℃以上の高温の熱処理によって、化学組成、結晶構造が変化してしまうことから[2]、そのような単結晶粒子の、簡便で、かつ低コストの合成技術の開拓が必要とされていた。

本節では、はじめに3.2節において、リチウム二次電池の現状を概説すると共に、現行のリチウム二次電池、特に、正極材料におけるセラミックスの役割について述べる。次に、正極材料として期待されているマンガン酸リチウムの、現状の問題点を取り上げ、それらの課題を解決し、さらに電池の高容量化にも繋がる技術として、単結晶粒子を集積化させた電極のメリットについて記述する。次に3.3節においては、単結晶粒子の合成技術を開拓するための基盤となる技術として、マンガン酸リチウムの単結晶合成と単結晶電極を用いた評価について紹介する。最後に3.4節において、開拓された合成技術である「低温熱分解法」によって作製された単結晶粒子を、リチウム二次電池正極材料に使用した場合の利点について概説する。

3.2 セラミックスとリチウム二次電池
3.2.1 はじめに

本節では、はじめにリチウム二次電池の現状と今後の展開について概説し、現行のリチウム二次電池構成において、正極材料活物質として、コバルト酸リチウムなどの酸化物セラミックスが重要であることを紹介する。また、合剤である正極材料の構成について説明し、電極密度の向上のためにセラミックス粉体活物質の集積化技術の重要性について述べる。次に、今後の低コスト化、安全性の向上において期待されているマンガンスピネル正極の特徴と、これまでに明らかにされてきたサイクル劣化を引き起こす化学組成の不定比性と、高温保存劣化の問題について紹介し、それらの課題解決のために単結晶粒子を活物質として用いた場合の優位性について記述する。

3.2.2 リチウム二次電池の構成

　リチウム二次電池は、各種二次電池と比較しても、小型・軽量で高い電圧が得られるために、最も高いエネルギー密度を有することから、10年程前から急速に広まり、現在では、携帯電話、ノートパソコンなどの携帯型電子機器のほとんどにバッテリーとして搭載されており、今日の情報化社会を担う必須の電源として定着している。

　リチウム二次電池の国内製造実績の推移を、経済産業省機械統計から引用したデータを元に、図3-1に示す。生産個数は、統計の始まった1995年から着実に増大し、また、二次電池全体に対しても、2003年で約50％を超え、2006年には、個数で約11億個となっている。一方、生産額ベース(図3-2)では、2003年頃から、頭打ち状態となっており、電池の低コスト化に起因するものと考えられる。2006年では、金額で約3000億円となっている。

　今後は、携帯型電子機器の更なる高性能化の観点から、バッテリーへの要求はさらに厳しくなってきており、特に、安全性、高容量化への取り組みが重要となっている。一方、ハイブリッド自動車への搭載、定置型電源への利用などといった、大型電池としての利用についても、期待されていることから、その重要性はますます高まってきている。そのためには、更なる安全性の改善、長寿命化、そして低コスト化といった課題への取り組みが必要である。

　現在使われているリチウム二次電池は、正極、負極と両者の電気的な絶縁をとりながら、リチウムイオンのみを行き来させるセパレータ、そしてリチウムイオンの良好な拡散に必須のリチウムイオン伝導体を非水系の溶媒に溶かした

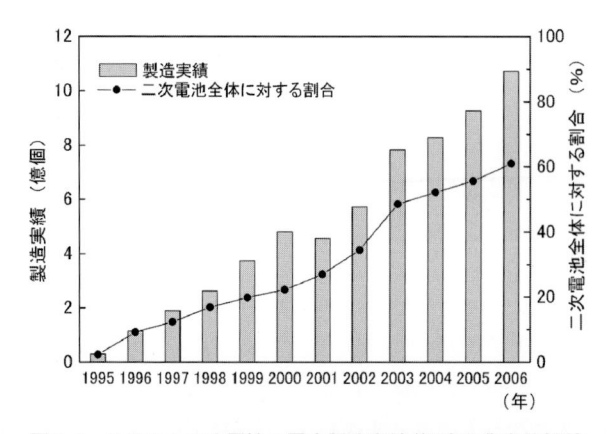

図3-1　リチウム二次電池の国内製造実績(経済産業省機械統計のデータより作成)

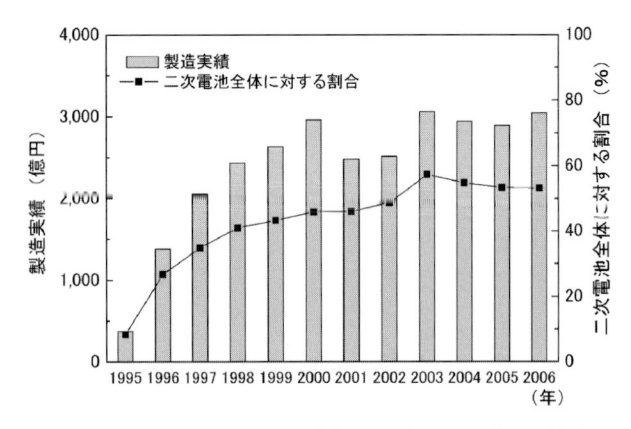

図3-2 リチウム二次電池の国内製造実績（経済産業省機械統計のデータより作成）

電解液から構成されている。また、正極は、リチウム遷移金属酸化物セラミックスを活物質とし、酸化物単体では導電性に乏しいことから炭素等の導電助剤、そして結着剤を加えて作製される合剤であり、通常はアルミ箔上に塗布したものが使用されている。

現行のリチウム二次電池においては、正極活物質としては、コバルト酸リチウムが、負極活物質としては、黒鉛系炭素材料がそれぞれ使用されており、充電時には正極から負極へ、放電時には負極から正極へリチウムイオンが移動することによって、電池として作動し、移動し得るリチウムイオンの量によって、電池の容量は決定される。一方、電池電圧は、正極活物質と負極活物質の化学ポテンシャルの差によって決定され、例えばコバルト酸リチウムと炭素の組み合わせでは、約3.7 Vの電圧を得ることができる。したがって、電池の電圧、容量などの電池性能を決定づける最も重要な部材が正極活物質である酸化物セラミックスと言うことができる。リチウムイオンをどれほど収容(挿入)・供給(脱離)できるかで理論的な容量は決定される。図3-3は、対極に金属リチウムを使用し、電圧範囲を3.8-4.3 Vとした場合の、コバルト酸リチウムの電気化学特性である。約3.9 Vに電位平坦部を有し、約140 mAh/g程度の高容量で、かつ、非常に可逆性が高く充放電可能であることから、実用化されている。

一方、電池という限られた容れ物の中で、どれだけ容量が増やせるか、という問題は、電極活物質の結晶構造によって理論的に決定される容量とは、別の開発要素が重要となっている。すなわち、上記正極合剤の作製条件を最適化することによって、正極中の活物質密度を更に大きくするという、電極の集積化

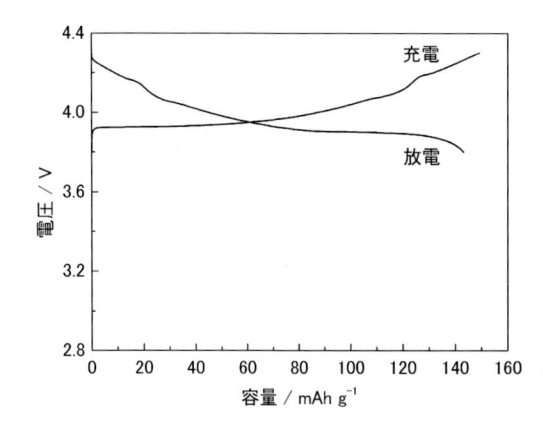

図3-3 コバルト酸リチウムの電気化学特性(対極リチウム、電圧範囲4.3-3.8 V)

技術が重要である。実際、1990年に登場したリチウム二次電池と比べて、最近は、同じサイズで、かつ、ほぼ同じ構成部材を用いているにもかかわらず、電池容量は大幅に改善されてきている。

電極密度を向上させ、電池としての体積エネルギー密度を向上させる目的には、より大きな粒子形状を有する一次粒子が適する。しかしながら、電子伝導性に乏しい酸化物セラミックスの場合、粒子サイズが大きすぎると、粒子全体が電気化学反応に寄与しなくなることから、最適な粒子サイズ・形状の選択が重要となる。このような観点で、現在、正極活物質として使用されているコバルト酸リチウムにおいては、平均粒径が10ミクロン程度の一次粒子的な形状の粉体がよく使われている。

現行のリチウム二次電池の正極材料構成の模式図を図3-4に示す。正極活物質である酸化物セラミックス粒子を導電助剤が覆うような構造であり、粒子間をバインダーが結着している。このような合剤で、より高密度化(集積化)を図るためには、酸化物セラミックスの粒子形状としては、球状に近い一次粒子が望ましい。また、粒子内部や表面における不純物相は、電気化学的に不活性な場合が多く、できるだけ排除させる必要がある。さらに、粒子内部におけるリチウムイオンの拡散が電池反応の律速となることから、特に、急速な充放電などの、高い出力特性を必要とする場合においては、イオンの拡散経路がしっかりと確保されている必要がある。また、電解液などと正極活物質との反応性を抑制する目的には、粒子の比表面積が小さく、良く発達した結晶面に覆われた粒子形状が望ましいと考えられる。

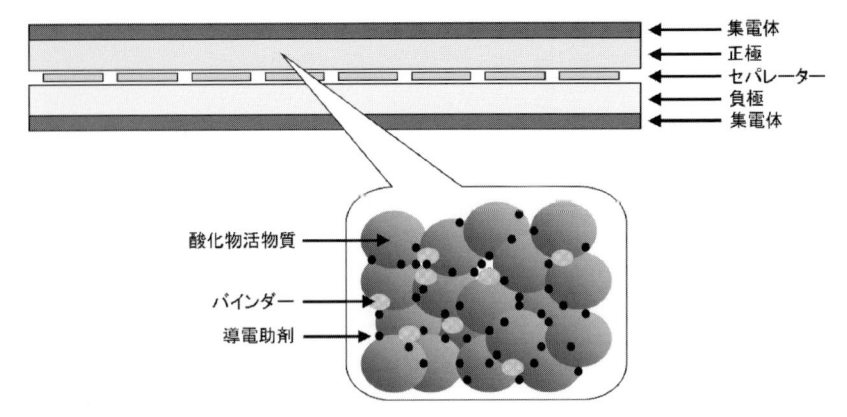

図3-4　リチウム二次電池の正極材料構成の模式図

3.2.3　マンガンスピネル正極の特徴と問題点

　現行のリチウム二次電池において使用されてきたコバルト酸リチウムは、しかしながらコバルト金属の資源量が、他の金属資源であるマンガンやチタンと比較して著しく乏しいことが問題であった。また、電池の安全性の観点からも、充電時(リチウム脱離時)におけるコバルト酸化物の化学的な安定性に問題があり、充放電反応に伴う発熱量が大きいことも、問題である。今後、期待されている自動車用などの大型電池においては、発熱量の低減、安全性の向上、低コスト化への取り組みが一段と重要性を増すことから、安価で安全性の高い正極活物質への変更が必要不可欠となることが予想される。このような観点から、注目されているのが、スピネル型のマンガン酸リチウム(以後、マンガンスピネルと略す)である。

　マンガンスピネル $LiMn_2O_4$ は、1990年代前半にLi-Mn-O系化合物の相関係が報告され、結晶構造とその電気化学的性質が明らかにされた[2]。その結晶構造は、いわゆる正スピネル型構造を有し、酸素の立方最密充塡パッキングの隙間のうち、6配位席(立方晶系、空間群 Fd-3m における 16 d 席)をマンガンが、4配位席(8 a 席)をリチウムが占有している。この時、マンガン周りの酸素の配位形態を MnO_6 八面体で表記することで、リチウム席の環境が理解しやすくなり、図3-5に示すように、[110]方向にリチウムイオンが一次元的に配列していることがわかる。すなわち、立方晶系であることから、このようなリチウムの一次元的な配列、すなわちリチウムイオンの拡散経路が、結晶構造中に交差するように3次元的に存在している点が、スピネル構造を有する材料の特徴ということができる。

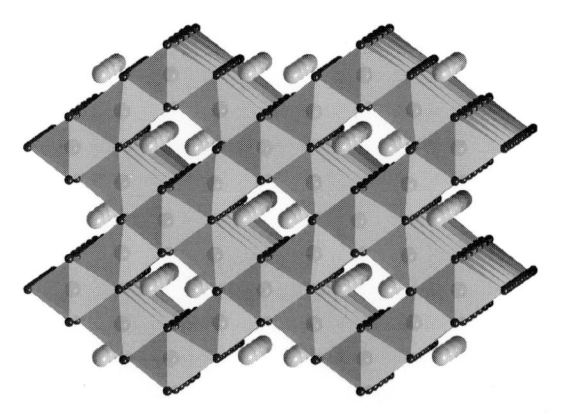

図3-5 LiMn$_2$O$_4$のスピネル型結晶構造を[110]方向から眺めた図

　原料価格と資源的な利点から、マンガンスピネルを正極材料に用いたリチウム二次電池が期待されているが、残念ながら、この材料の利用については、いくつかの問題点が明らかとなり、当初、想定されたほど実用展開は早くなかった。

　その問題点のひとつは、LiMn$_2$O$_4$の化学量論組成を有する材料を用いた場合には、充放電サイクルに伴う容量の劣化が顕著なことであった。この問題は、マンガンの一部をリチウム、アルミニウム、マグネシウム等の他元素で置換することによって大幅に改善できることが明らかとなった。しかしながら、元素置換を行うことによって、電池反応に寄与するマンガン量が減少してしまうことから、得られる容量が、理論的に可能な148 mAh/gを大きく下回ってしまう、という新たな問題が発生した。図3-6は、対極に金属リチウムを使用した場合の、マンガンスピネルLi$_{1.1}$Mn$_{1.9}$O$_4$の電気化学特性である。約4.0 V付近に2段で構成された電位平坦部を有し、107 mAh/g程度の容量で充放電可能であることがわかる。

　また、化学組成の特徴として、金属元素だけでなく、酸素量においても不定比性を有することが明らかであり、わずかな酸素欠損に伴って、3.2 V付近にプラトーが出現し、サイクル劣化を引き起こすことが知られている。このことから、マンガンスピネルの化学組成を厳密に制御した均質な材料の合成技術が必要不可欠である。

　一方、大型用途を想定した場合、80℃程度の温度までの電池の熱安定性が重要であるが、このような温度で保存することによって、マンガンスピネルを正

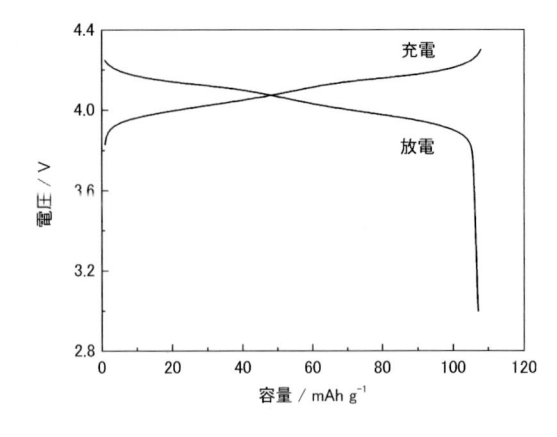

図3-6
マンガンスピネル $Li_{1.1}Mn_{1.9}O_4$ の電気化学特性(対極リチウム、電圧範囲4.3-3.0 V)

極とした電池は、容量の劣化が顕著であることも問題であった。高温保存に伴う電池の劣化については、その後、多くの研究から、マンガンの一部が電解液中に溶出し、さらに負極表面に析出することが原因であるとされている。このような電解液との反応を少しでも抑制する目的では、酸化物粒子の反応性を抑える必要があり、比表面積を小さくすることが重要と考えられる。これらのマンガンスピネルの問題点に対して、化学組成の制御、および粉体特性の改良が行われているが、本質的な問題解決には至っていないのが現状である。

3.2.4 マンガンスピネル単結晶粒子

一方、これらの問題解決のために、通常、二次粒子から構成されるような多結晶粒子ではなく、単結晶粒子を用いた電極が注目されている。マンガンスピネル単結晶粒子の利点としては、①活物質の集積化技術により、体積エネルギー密度の向上が期待される、②高い結晶性を有することから、均質な化学組成の素材が得られる、③良好な単結晶性を有することから、リチウムイオンの拡散経路が確保され、出力特性に優れる、④良く発達した結晶面に覆われていることから、比表面積が小さく、電解液との反応性を抑制できる、といった点が挙げられる。

しかしながら、マンガンスピネルの単結晶粒子の合成技術については、これまでにほとんど報告例がなかった。このような単結晶粒子は、通常のセラミックスであれば、高温焼成する際の熱処理温度を高くすることや、焼結助剤を添加する等の方法で、得ることができるが、前述のように、化学組成に不定比性があり、高温の熱処理で容易に酸素欠損が導入されるマンガンスピネルの場合は、化学組成の制御が容易ではなかった。また、結晶成長の観点からも、マン

ガンスピネルの単結晶合成の報告は、これまでに全くなく、結晶成長技術についても、明らかにする必要があった。

3.2.5 おわりに

　現行のリチウム二次電池は、無機材料(セラミックス)、有機材料、ポリマー、そして金属材料などの異種材料の最適な組み合わせによって構成されている。このうち、電池特性を決定づけると共に、コストの約30％を占めている酸化物セラミックスが特に重要な構成部材である。今後の期待されている大型電池への展開が本当に実現できるかどうか、という観点でも、酸化物セラミックス材料の高性能化がキーとなると考えられる。中でもマンガンスピネル正極の課題を解決するために、化学組成の組成ズレを起こしやすい酸化物について、最適な粉体形状を制御できる技術が必須と考えられる。そのひとつの解決策として、「マンガンスピネル単結晶粒子」を提案するに至った経緯について紹介した。

3.3　単結晶合成技術の進展
3.3.1　はじめに
　前節で紹介したマンガンスピネルの単結晶粒子を実際に合成するためには、単結晶を如何なる手法で合成するか、という結晶成長の観点から検討する必要がある。しかしながら、通常、このようなアルカリ遷移金属酸化物については、その単結晶合成についての報告も少なく、合成手法をゼロから検討する、という基盤技術の開拓が必要となる。これに対して、我々の研究グループでは、これまでにマンガンスピネルの正確な結晶構造や物性を明らかにする目的で、単結晶合成について、世界に先駆けて取り組んできた。その結果、合成された単結晶試料を用いて、詳細な構造パラメータの決定、構造相転移と低温相の結晶構造の解明、単結晶を電極とした電気化学反応の研究、単結晶を電解液中で高温保存した際の化学組成・結晶構造変化の解明に取り組んできた。本節では、フラックス法による $LiMn_2O_4$ 単結晶の合成技術の開拓、およびその改良による溶媒蒸発フラックス法を見出した経緯と、その手法を適用したマンガンスピネル単結晶の合成について紹介すると共に、単結晶を電極とした電気化学測定、高温電解液中での単結晶の振る舞いを明らかにした研究内容について述べる。

3.3.2　マンガンスピネル単結晶合成技術
　マンガンスピネルの単結晶合成の歴史は、実は非常に新しく、リチウム二次電池材料として注目され出したあとの1998年頃から、国内ばかりでなく、ス

ウェーデン、スペインなどの研究グループで単結晶合成の試みがなされた[3-6]。それは、その当時、議論となっていた室温付近での構造相転移のメカニズムの解明と、低温相の結晶構造の正確な決定のために、単結晶を用いた研究の重要性が提唱されていたためであった。このような状況で、我々のグループでも1999年に、フラックス法を適用した単結晶合成を試み、幸いにも、世界ではじめて$LiMn_2O_4$の良質な単結晶の合成に成功した[3]。

単結晶合成は、はじめに、塩化リチウムをフラックス剤として、徐冷することによるフラックス法によって行われた。すなわち、原料として、あらかじめ合成された$LiMn_2O_4$粉末と塩化リチウム粉末を用いて、金パイプ中に封管し、900℃で数時間加熱後、室温まで徐冷する方法で行った。その結果、最大で0.03 mm程度の大きさの単結晶が得られた[3]。その後、フラックス剤である塩化リチウムが、高温で揮発しやすいことを利用した溶媒蒸発フラックス法が、より大型の結晶合成に適する手法であることが明らかとなった[7]。合成時の最高温度についても検討を行ったが、十分な大きさの単結晶の合成の目的には、900℃程度が必要であり、また、それ以上の高温では、組成ズレを起こしてしまい、立方晶から正方晶への構造変化してしまった報告例もあった。

溶媒蒸発フラックス法の適用により、合成された単結晶は、いずれも1辺が平均0.05 mm程度の黒色の正八面体的な形状であり、最大0.1 mm程度の大きさであった(図3-7)。化学分析の結果、Li：Mn＝1：2であることが確認された。また、単結晶X線回折実験の結果、as-grownの単結晶は、297 Kにおいては立方晶系であったものが、280 K以下では、斜方晶系と変化する構造相転移が確認された[7]。

しかしながら、正確な物性評価の目的では、より大型の単結晶が必要であり、

図3-7
900℃で合成された$LiMn_2O_4$単結晶の走査型電子顕微鏡写真

更に合成方法の検討が必要であった。一方、スペインの研究グループは、電解析出法による単結晶合成に成功しているが[5]、結晶サイズは、我々の報告と同様の 0.1 mm 程度であり、より大型化は困難であった。そこで、我々は、マンガン源について検討し、塩化マンガンを出発原料として、塩化物を空気中でその融点以上の高温まで加熱することで、溶融させ、更に空気中の酸素、或いは水分との熱分解反応で、酸化物として結晶化させる方法を見出した[8,9]。その結果、前述のフラックス法では 900℃程度であった合成温度を、700℃程度まで低温下できることを見出した。図 3-8 に、この方法で得られた単結晶の電子顕微鏡写真を示す。サイズは最大 0.2 mm 程度まで大型化することができた。

更に、この低温での熱分解反応を利用した結晶成長法(以後、低温熱分解法と呼ぶ)を適用し、塩化リチウム、塩化マンガンに加えて、塩化クロム、塩化コバルト、塩化ニッケルを添加することによって、スピネル構造を維持しながら、マンガンの一部をクロム、コバルト、ニッケル元素で置換した化学組成を有する単結晶の合成が可能であることを見出した[9]。コバルトおよびニッケル置換体単結晶の電子顕微鏡写真を図 3-9 に示す。これらの研究により、本単結晶合成法がマンガンスピネル置換体の合成にも適用可能であることが明らかとなった。

3.3.3 単結晶電極の評価
(1) 電気化学反応

マンガンスピネル単結晶について、単結晶一粒を電極として電解液中で電気化学的にリチウムを脱離・挿入した研究例は、これまでの文献には見られなかった。そこで、我々は、単結晶電極についての電気化学評価を世界ではじめて行

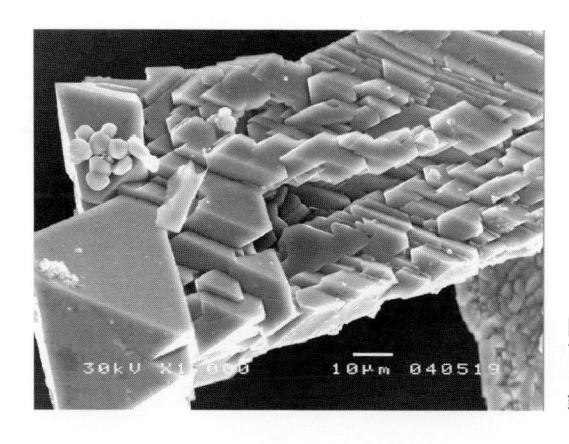

図 3-8
700℃で合成されたマンガンスピネル単結晶の走査型電子顕微鏡写真

図3-9 a

図3-9 b

図3-9 置換型マンガンスピネル単結晶の走査型電子顕微鏡写真
(a)コバルト置換体、(b)ニッケル置換体

い、この研究を通じて単結晶粒子の可能性について道を拓いた[10]。

　使用した単結晶は、溶媒蒸発フラックス法で作製した $35\times25\times10\ \mu m^3$ サイズの $LiMn_2O_4$ 単結晶である。この結晶を、1 M$LiClO_4$/PC+EC 電解液中で、マイクロ電極の手法で電気化学測定を行った。すなわち、白金製のマイクロフィラメントを結晶表面に接触させ、室温条件下、2極式の評価によって行った。その結果、図3-10に示すように、$LiMn_2O_4$ 単結晶電極において、可逆的なリチウムの脱離・挿入反応が観測された。また、電気化学測定により、バルク単結晶を用いたリチウムイオンの化学拡散係数 D は $10^{-11} cm^2/s$ であることを世界ではじめて導出することに成功した[10]。

　これまで、数十マイクロメーターサイズの単結晶を用いて、電気化学的なリ

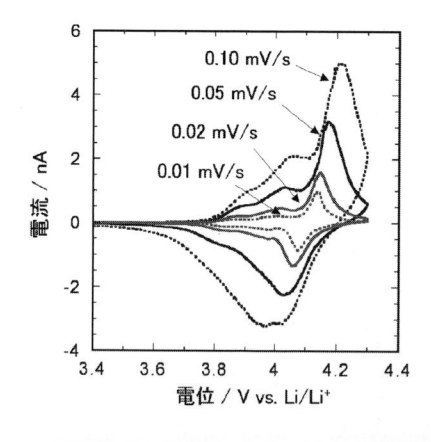

図 3-10 LiMn$_2$O$_4$ 単結晶電極の各掃引速度におけるサイクリックボルタンメトグラム

図 3-11 電気化学的にリチウムを脱離させた Li$_{0.5}$Mn$_2$O$_4$ 単結晶の走査型電子顕微鏡写真

チウムの脱離・挿入反応を行った例はなかったばかりでなく、そのような大きさの単結晶では、リチウムの出入りに伴う結晶の体積膨張・収縮のために、結晶が割れてしまうものと、一般的に考えられてきた。その後、電気化学的にリチウム量を制御した Li$_{0.5}$Mn$_2$O$_4$ 単結晶について、単結晶 X 線回折実験を行い、リチウム脱離反応によって、単結晶性においてはダメージが認められるものの、単結晶そのものの形態への影響はほとんどないことが明らかとなった(図3-11)。さらに、より微小の単結晶粒子を用いた検討が多くなされ、単結晶粒子の利点が明らかにされた。

(2) 電解液との反応性

マンガンスピネルを正極としたリチウム二次電池において、80°Cでの高温保存における電池の劣化が問題とされている。特に、LiPF$_6$ を電解質として使用

している電池において、高温保存時に、酸化物中のマンガンが電解液中へ溶出し、さらに負極表面に析出することが劣化の要因といわれている。しかしながら、マンガン溶出のメカニズムとして、トポタクティックな反応であるか、表面反応か、或いは分解反応であるのか、ということが不明であった。例えば、特定の結晶面に覆われた単結晶であれば、反応を抑制できる可能性もあり、単結晶試料を用いた研究が必要と考えられた。そこで、前述の低温熱分解法で合成した $Li_{1.1}Mn_{1.9}O_4$ 単結晶を用いて、$LiPF_6$ 系の電解液中、80°Cで10日間保存する実験を行い、単結晶の形態変化、さらには構造変化について調べた[11]。

図 3-12 に、as-grown の $Li_{1.1}Mn_{1.9}O_4$ 単結晶の電子顕微鏡写真を示す。結晶は黒色で正八面体的な形状を有し、また、その結晶表面は非常に平坦であることが確認された。一方、高温保存後の単結晶(図 3-13)は、非常に脆くなっており、また、結晶表面は凹凸によって覆われている。さらに高倍率で観察すると、

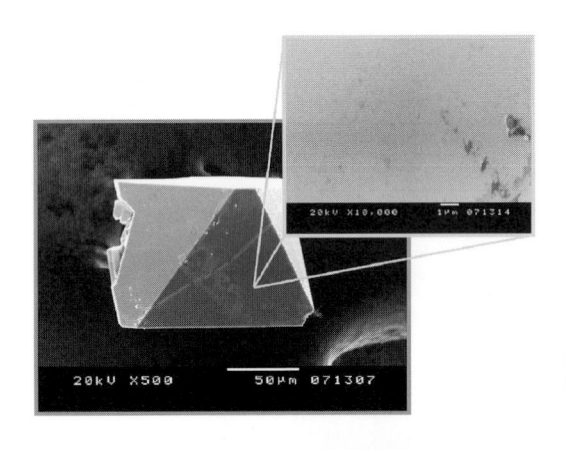

図 3-12
as-grown の $Li_{1.1}Mn_{1.9}O_4$ 単結晶の走査型電子顕微鏡写真

図 3-13
高温保存実験後の "$Li_{1.1}Mn_{1.9}O_4$ 単結晶" の走査型電子顕微鏡写真

このような結晶の破壊は、表面だけでなく、結晶の中心部まで達していること、また、蜂の巣状の菱形の穴があいていることが明らかとなった[11]。さらに、単結晶X線回折測定の結果、明瞭なスポットが観測されず、もはや単結晶としての組織が維持できていないことが確認された。蜂の巣状の穴のサイズは、$1\mu m$程度であり、また、元の結晶外形から、穴の結晶学的な方向は、〈110〉方向であることが判明した。穴の形状が、スピネル構造を〈110〉方向から眺めたときのMnO_6八面体が形成する骨格構造と良く類似していることが、特徴的である(図3-5)。以上から、マンガンスピネル単結晶を、電解液中に高温保存することで、リチウムイオンの拡散方向と同じ、〈110〉方向にマンガンの溶出が起こり、構造破壊を引き起こしていることが推測された。この結果から、逆に、結晶外形を{111}面でなく、より溶出が起こりにくい結晶面とすることで、高温保存特性が改善できる可能性を示唆していると考えられる。

3.3.4 おわりに

マンガンスピネルの単結晶合成技術の進展について、世界の技術動向と共に、時系列的に紹介した。化学量論組成の$LiMn_2O_4$単結晶から、ニッケルやコバルト置換体の単結晶までについて、系統的に合成研究を展開してきた研究機関は、世界的にも我々のグループが唯一である。また、単結晶合成手法に開拓を進める中で、次節で紹介する単結晶粒子合成に繋がる斬新な低温熱分解法を見出すことができた。一方、単結晶一粒を用いた材料評価手法についても開発し、特に、その電気化学的リチウム脱離・挿入挙動の観察に成功したことは、当時の一般常識を覆すような歴史的な成果であったばかりでなく、実用的な「単結晶粒子の集積化技術」に繋がる基盤技術と言うことができる。

3.4 単結晶粒子合成技術の進展
3.4.1 はじめに

前節で紹介した単結晶試料を用いた電気化学反応、高温の電解液中での反応性の研究から、我々はマンガンスピネル単結晶粒子を使用した正極材料における利点を予見することができた。そこで、単結晶粒子の合成技術の開拓を目指した。これまでに多く報告されていた単結晶粒子の合成方法としては、一度900℃以上の高温焼成を行い、その後、酸素欠損などの組成ズレを補うために650℃程度で再度焼成する2回焼成を行うものや、水熱合成等の低温結晶化プロセスを適用したものが多く、製造工程が複雑であり、再現性も得難い方法が多かった。そこで、我々は、前述の低温熱分解法の改良を行い、フラックス剤を

用いない方法でマイクロメーターサイズの正八面体的な形状を有する各種組成のマンガンスピネル単結晶粒子の合成方法を開拓した。以下に、最近の取り組みであるアルミニウム置換体の合成とその電気化学特性について紹介する。

3.4.2 マンガンスピネルアルミニウム置換体単結晶粒子

マンガン酸リチウムのマンガンの一部をアルミニウムに置換することによって、マンガンスピネルの問題点であったサイクル特性が改善できることが知られている。このアルミニウム置換体は、酸化物重量当たりの容量は100 mAh/g程度であるものの、実用性の高いマンガンスピネル系正極材料として注目されている。一方、一次粒子の結晶面が良く発達し、高い結晶性を有するマンガンスピネルアルミニウム置換体粒子を正極材料活物質として用いた場合、さらに良好な電気化学特性が得られることが知られている[1,12,13]。

このような単結晶粒子の特長として、電気化学的に不活性な不純物相が粒子表面や粒界などに存在しないことが挙げられる。さらに、高い結晶性を有することは、スピネル構造のリチウムイオンの拡散経路を維持できるものと考えられる。また、結晶面が発達した一次粒子であることから、粉体の比表面積が小さく、高電位における電解液の電気化学的な酸化反応などの表面反応を抑制できる可能性がある。

通常、このような単結晶粒子を合成するためには、900℃以上の高温での熱処理を必要とすると共に、2回の熱処理工程、洗浄・乾燥工程を必要とするなどの、複雑な合成プロセスを必要とすることから、実用上、問題であった。そこで、産総研では、前述の「低温熱分解法」と呼んでいる単結晶合成技術を適用することで、700℃近辺の比較的低温域での1回の熱処理で、良好な電気化学特性を有するマンガンスピネルアルミニウム置換体 $Li_{1.08}Al_{0.09}Mn_{1.83}O_4$ 単結晶粒子の合成方法を開発した[14]。

本合成方法の出発原料として、炭酸リチウムと塩化マンガン、水酸化アルミニウムを用いる。これらの高純度試薬を、$Li_{1.1}Al_{0.1}Mn_{1.8}O_4$ の化学量論組成となるように秤量し、不活性ガス雰囲気中でよく混合したものを、蓋付きのアルミナるつぼ中に充填し、空気中、750℃で10時間程度焼成する。この方法の特徴としては、結晶化のために塩化リチウム等のフラックス剤を使用しないこと、焼成品は、特に水洗をする必要がないこと、酸素欠損を補うためのポストアニーリング等の必要はないこと、などが挙げられる。

図3-14に、本法で合成された試料のXRDパターンを示す。非常に高い結晶性を有し、組成的にも均質な単一相が得られていることがわかる。ICP-AES法

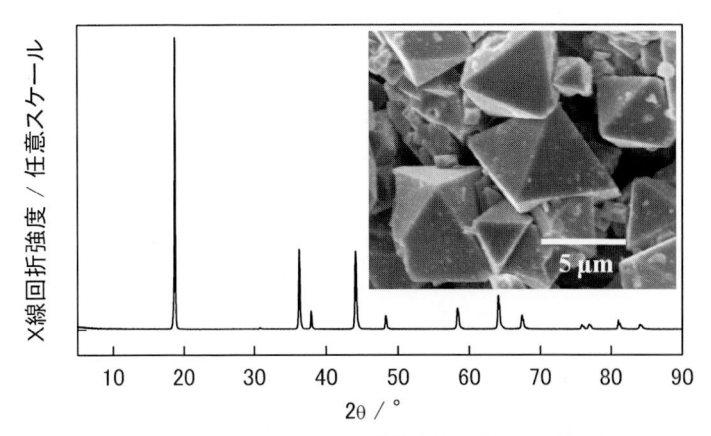

図 3-14 アルミニウム置換体単結晶粒子試料の X 線回折
パターンとその走査型電子顕微鏡写真

による化学分析の結果、ほぼ仕込み組成どおりの Li：Al：Mn＝1.08：0.09：1.83 なる化学組成であることが確認された。また、構造解析によって決定された格子定数は、0.82119(2)nm であり、リチウムが定比のアルミニウム置換体と比べて、格子定数が短くなっており、リチウム過剰組成であることの特徴と考えられる[15]。さらに、図 3-14 に示す電子顕微鏡写真から、スピネル単結晶に特徴的な良く発達した{111}面に囲われた正八面体的な粒子形状を有するマイクロメーターサイズの単結晶粒子であることが確認された。

このような単結晶粒子について、25℃の温度条件下で電気化学特性を評価したところ、図 3-15 に示すように、本材料に特徴的な 4.0 V 付近の電位平坦部が確認され、また初期放電容量として 101 mAh/g であることが明らかとなった。また、1/4 C 相当の電流密度によって、サイクル特性を評価したところ、50 サイクル後においても、初期容量の 98％を維持しており、比較的良好なサイクル特性であることが確認された (図 3-15)。

一方、60℃条件下におけるサイクル試験でも、25 サイクル後においても、初期放電容量の 93％を維持できていることが確認され (図 3-16)、高温動作時においてもサイクル特性に優れることが、単結晶粒子の特長のひとつであることが明らかとなった。

この他、最近、さらに単結晶粒子の特長として、優れた出力特性に関する報告がなされており[16]、実用上、例えば自動車用電池などの用途においては、このような単結晶粒子の活用による電池特性の改善が非常に期待される。

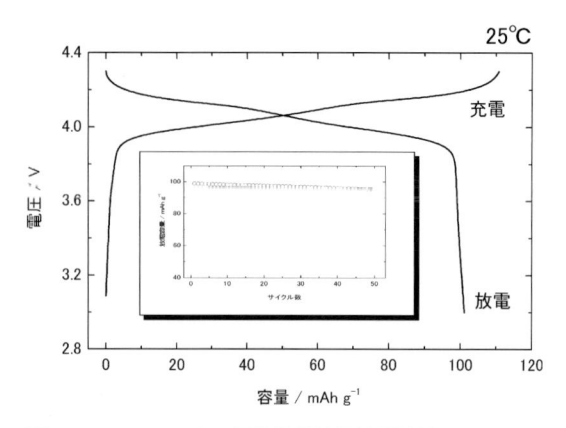

図 3-15 アルミニウム置換体単結晶粒子試料の 25°C における充放電曲線とサイクル特性

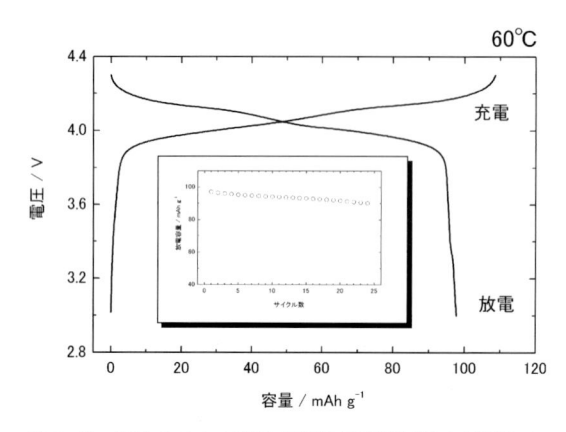

図 3-16 アルミニウム置換体単結晶粒子試料の 60°C における充放電曲線とサイクル特性

3.4.3 おわりに

　マンガンスピネル単結晶粒子について、ここでは紹介しなかったが、多くの文献等において、その粒子形状の特徴についての記載が見受けられる。しかしながら、そのほとんどは、900°C以上の高温焼成によって結晶化する手法をとっており、Li_2MnO_3 などの不純物を含有していたり、組成ズレを引き起こしていることが懸念される。これに対して、ここで紹介した低温での熱分解反応を利用した結晶成長法は、600〜800°C程度の中温度域での熱処理で、マイクロメーターサイズの単結晶粒子を作製する方法である。また、アルミニウムに代表さ

れる元素置換も容易であることが特徴である。紹介したように、アルミニウム置換体の高温特性などに優れていることが明らかにできたことは、正に3.2節で予見した単結晶粒子の電池素材としての優位性を示しているものと考えられる。

3.5 課題と展望

　自動車用などの大型用途へのリチウム二次電池の展開のためには、正極材料活物質である酸化物セラミックスの高性能化がキーとなる。産総研で取り組んでいる新規合成手法を適用したマンガンスピネル単結晶粒子の合成技術の開拓とその特長について概説した。リチウム二次電池材料として、マンガンスピネルは材料特有の問題を有しているが、それらの問題解決には、単結晶粒子という粉体形状に優位性があることを、単結晶を用いた基盤研究を通じて明らかにすることができた。

　今後の課題として、結晶サイズと形状の最適化が重要である。最近、単結晶粒子サイズに依存した電気化学特性について報告がなされ、調べた中で最大である5 μm程度の単結晶粒子を用いた場合に、最も良好な電気化学特性が確認されている[16]。より大型の単結晶粒子についても検討する必要があることを示唆した結果と考えられ、更に単結晶粒子合成技術の高度化が必要となる。また、今回見出された合成手法についても、素材製造プロセスの低コスト化のための更なる検討が必要である。一方、電極作製は、これまでのところ、現行の電極作製手法で行っているが、単結晶粒子との組み合わせに適する導電助剤との複合化手法を検討し、電極の集積化技術を明らかにしていく必要があるものと考えられる。体積エネルギー密度の向上のために、現行の電極密度をどこまで酸化物の真密度に近づけられるか、というチャレンジングな課題設定が可能と期待される。

　海外の研究動向として、中国でマンガンスピネルアルミニウム置換体の単結晶粒子を用いた電池についての報告が最近なされた[17]。詳細は不明であるが、国際競争の観点からも、我が国独自の単結晶粒子製造技術を基盤とした電極材料開発が重要と考えられ、今後の展開が期待される。

参考文献

1) K. Ariyoshi, R. Yamato, Y. Makimura, T. Amazutsumi, Y. Maeda, T. Ohzuku, Electrochemistry, 76, 46 (2008).
2) M. M. Thackeray, Prog. Solid State Chem., 25, 1 (1997).

3) J. Akimoto, Y. Takahashi, Y. Gotoh, S. Mizuta, Chem. Mater., 1, 3246 (2000).
4) W. Tang, X. Yang, H. Kanoh, K. Ooi, Chem. Lett., 524 (2001).
5) M. A. Monge, J. M. Amarilla, E. Gutiérrez-Puebla, J. A. Campa, I. Rasines, ChemPhysChem, 3, 367 (2002).
6) H. Björk, T. Gustafsson, J. O. Thomas, Electrochem. Commun., 3, 187 (2001).
7) J. Akimoto, Y. Takahashi, Y. Gotoh, S. Mizuta, J. Crystal Growth, 229, 405 (2001).
8) J. Akimoto, Y. Takahashi, N. Kijima, Y. Gotoh, Solid State Ionics, 172, 491 (2004).
9) J. Akimoto, Y. Gotoh, Y. Takahashi, Crystal Growth & Design, 3, 627 (2003).
10) K. Dokko, M. Nishizawa, M. Mohamedi, M. Umeda, I. Uchida, J. Akimoto, Y. Takahashi, Y. Gotoh, S. Mizuta, Electrochem. Solid-State Lett., 4, A151 (2001).
11) J. Akimoto, Y. Takahashi, N. Kijima, Electrochem. Solid-State Lett., 8, A361 (2005).
12) J.-H. Kim, S.-T. Myung, Y.-K. Sun, Electrochim. Acta, 49, 219 (2004).
13) T. Ohzuku, K. Ariyoshi, S. Yamamoto, J. Ceram. Soc. Jpn., 49, 219 (2002).
14) J. Akimoto, Y. Takahashi, J. Awaka, H. Hayakawa, N. Kijima, The 14th International Meeting on Lithium Batteries (IMLB2008), Extended Abstract, No. 339, 2008.
15) Y. Xia, W. Zhang, H. Wang, H. Nakamura, H. Noguchi, M. Yoshio, Electrochim. Acta, 52, 4708 (2007).
16) K. Ariyoshi, T. Amazutsumi, T. Kawai, T. Ohzuku, The 14th International Meeting on Lithium Batteries (IMLB2008), Extended Abstract, No. 342, 2008.
17) B. Guo, L. Sun, G. Liu, Y. Sun, The 14th International Meeting on Lithium Batteries (IMLB2008), Extended Abstract, No. 575, 2008.

第4章
テーラードリキッド集積技術

4.1 緒言

　溶液原料を直接基板上に堆積することにより、機能性の薄膜を合成する方法（化学溶液堆積法）には、①金属アルコキシド等の加水分解反応を利用したゾル-ゲル法、②有機金属化合物の塗布熱分解法、③無機塩水溶液からの析出法等が含まれる[1-5]。

　ゾル-ゲル法の加水分解-重縮合反応により形成される金属-酸素のネットワーク構造形成過程は、所望の結晶構造や非晶質ガラス構造を導くために重要である。目的の構造を容易に誘導するように、原料溶液内の前駆体分子構造を制御することができれば、結晶化にかかるエネルギーが低減され、比較的低温で薄膜や集積構造を構築することができる。また、ネットワーク構造化過程を制御することにより、低温で金属M-酸素O-金属M'結合を形成し、組成の偏析や逸脱のない精密化学組成の多成分系化合物の合成が可能になる。

　一方、有機金属化合物の塗布熱分解では、原料の酸化分解により形成された微細な酸化物粒子を経由して結晶化が進行するため、原理的には固相反応が合成反応を駆動している。有機物の酸化分解と結晶化のためのエネルギーを必要とするため、比較的高温の熱処理を必要としている。また、反応系内が容易に還元雰囲気になることも特徴の一つである。

　無機塩水溶液からの析出法では、水溶液中における金属イオンの配位子置換の平衡状態を制御することにより、溶解析出過程が決まり、金属水酸化物を経由して酸化物結晶が基板上に堆積する。原料溶液内で起こる均一核形成反応と基板表面で起こる不均一核形成反応を個別に制御することが、集積体の形態を精密に制御するための鍵となる。結晶成長の過程で、任意の結晶面に特異的に吸着する有機分子を利用すると、自形を有した結晶を集積することができる。生成物における無機イオンの残留、多成分系材料への展開などが課題であるが、有機溶媒を使用しないこと、低温で反応が進行することなど、環境調和型のプロセスとしての期待が大きい。

　一分子内に親水基と疎水基を持つ化合物は界面活性剤として知られ、溶液の

中で溶媒や他の溶質の性質に強く作用しながら、自己組織化が進む。金属アルコキシドと界面活性剤が共存する溶液中では、加水分解・重縮合反応と自己組織化反応が協奏的に進み、溶媒の蒸発過程で、精密な周期構造をそなえた機能性材料が形成する。

テーラードリキッドとは、溶液化学の正しい理解に基づき、溶液内反応を制御して機能集積材料を合成することが可能な溶液原料を総称するもので、溶液原料とそのプロセスに対する新しい概念の一つである。本章では、誘電体、強誘電体、圧電体、半導体酸化物、メソポーラス材料などの機能性材料を基板上に集積した精密ナノ構造体を例に取り、テーラードリキッドの可能性について言及したい。

4.2 強誘電体薄膜、圧電体膜の集積
4.2.1 はじめに

原料溶液内の前駆体分子構造を制御する先進的な方法では、最終的な結晶化にかかるエネルギーが低減され、比較的低温で薄膜を合成できる。この方法は、光デバイスとして開発が進められている $LiNbO_3$ 強誘電体薄膜や、強誘電体メモリとして実用化が進められている $SrBi_2Ta_2O_9$ 強誘電体薄膜の低温結晶化法として報告されてきた[6-11]。ここでは、次世代型の強誘電体メモリや圧電デバイスへの応用が可能なビスマス系層状強誘電体 $CaBi_4Ti_4O_{15}$ の薄膜化、構造の制御、特性の評価について概論する。

代表的なビスマス系層状強誘電体の一つとして知られている $SrBi_2Ta_2O_9$ は、特異な結晶構造に起因した優れた強誘電体特性を示す。また、シリコン基板上に予め形成された白金電極層上に薄膜化した場合にも、酸素欠陥を生成し難いので、正負の電圧の印加によって繰り返される分極反転操作に対して疲労を示さない[12]。このような特徴のため、強誘電体メモリとしての実用化が進められている[13-15]。しかしながら、この材料には、薄膜形成に高温が必要、化学量論組成で特性が優れない(残留分極が小さい)、異方性が大きな異常粒成長挙動を示す等の問題が存在し、次世代型の集積化デバイスへの応用には向いていないことが懸念されている。このような問題を解決するために、新規な材料とその合成プロセスの開発が必要とされてきた。ビスマス系層状化合物の性質は、二つの結晶学的アプローチによって、制御することが可能である。第一は、ビスマス-酸素層間に挟まれたペロブスカイト層の、Aサイト及びBサイトを占める金属イオン種の選択である。また、第二は、ペロブスカイト層における、c軸方向に沿った酸素八面体の積層数(m)の調節である。ここでは、Aサイトを

Bi^{3+} と Ca^{2+} で、B サイトを Ti^{4+} で占めた、m=4 の CaBi$_4$Ti$_4$O$_{15}$ 強誘電体(図4-1)について薄膜の低温形成方法と、結晶構造と特性の関係を述べる。さらに、白金下部電極が強誘電体薄膜に与える影響についても考察を加え、白金電極上における分極軸配向結晶化について述べる。

4.2.2　Ca-Bi-Ti 三元系前駆体溶液の合成

CaBi$_4$Ti$_4$O$_{15}$ 薄膜の原料溶液を、金属アルコキシドの複合化反応を制御して合成した(図 4-2)。反応過程における原料溶液の赤外吸収分光分析(FT-IR)の結果(図 4-3)、個々の金属アルコキシドが反応し、最初に Bi-O-Ti 結合を含む Bi-Ti ダブルアルコキシドが形成され、その後、Ca^{2+} が Bi-Ti ダブルアルコキ

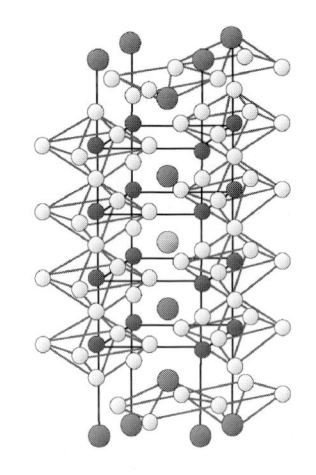

図 4-1
ビスマス系層状化合物 CaBi$_4$Ti$_4$O$_{15}$ の結晶構造

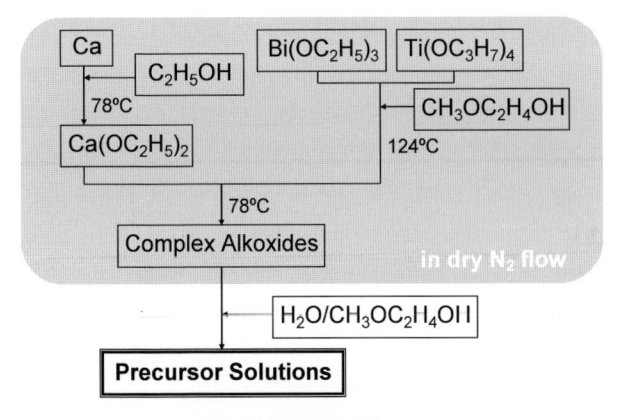

図 4-2　Ca-Bi-Ti 系前駆体溶液の合成スキーム

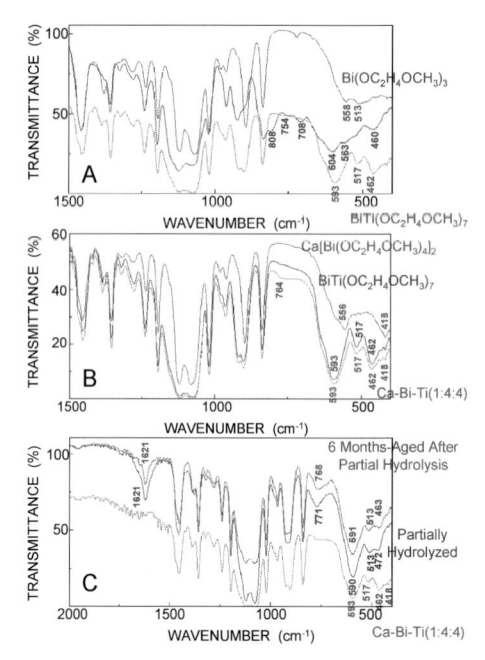

図 4-3
反応過程におけるアルコキシド溶液の赤外分光スペクトル[16]

シド構造の外側から酸素を介して結合しており、これが層状構造を誘導するための構造ユニットになっていることが考察できる(図 4-3 A、4-3 B)。また、部分加水分解後の原料溶液は長期間(6ヶ月以上)安定に存在することが明らかになった(図 4-3 C)。さらに、核磁気共鳴分光分析(NMR)結果も、アルコキシドの複合化と部分加水分解溶液の安定性を裏付けている[16]。

4.2.3　白金電極付シリコン基板上における薄膜化

異なる結晶性を備えた白金下部電極付シリコン基板(図 4-4)を用いて、その上に結晶化した $CaBi_4Ti_4O_{15}$ 薄膜の結晶構造を比較した結果、白金の配向性と結晶性が強誘電体薄膜の結晶相に大きな影響を与えることが明らかになった(図 4-5)[16-18]。すなわち、白金 a 面(Pt-B)上では $CaBi_4Ti_4O_{15}$ 強誘電体薄膜は c 軸配向を示す(図 4-5 B)。また、結晶性の高い白金(111)面(Pt-A)上ではパイロクロア相が発達する(図 4-5 A)。この理由は、白金(h 00)面/$CaBi_4Ti_4O_{15}$(001)面、白金(111)面/パイロクロア(111)面の格子整合性が高いためと考えられた(図 4-6)。一方、前述したように、結晶性の低い白金(111)面(Pt-C)上では強誘電体単相となり、ランダムな方位を示した(図 4-5 C)。

$CaBi_4Ti_4O_{15}$ 薄膜の表面及び断面構造の観察(図 4-7)により、結晶性の低い

白金(111)面(Pt-C)上に形成した薄膜の結晶粒は、面内において等方的で均一であり、膜厚方向に沿って緻密な柱状構造を形成していることが分かった(図4-7 C)。白金下部電極層との界面は整合的で、異種相は存在していない。ところが、結晶性の高い白金(111)面上では、薄膜と電極の界面付近に微細な結晶粒が存在し、これがパイロクロア相の起源であることが示唆された(図 4-7 A)[17-19]。以上の結果から、構造制御された複合アルコキシド溶液を用いた薄膜形成においては、気相反応におけるエピタキシャル成長の様に、下地構造の影響を大きく受けるため、白金電極の結晶性と配向性の最適化が重要であることが明らか

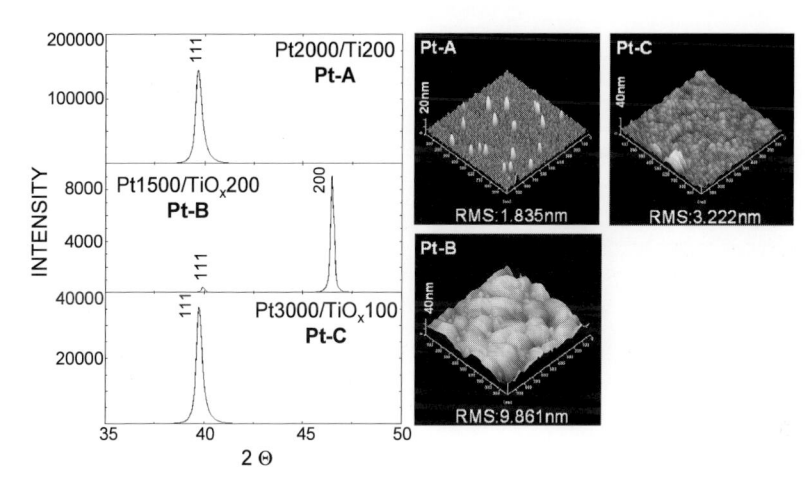

図4-4 集積化白金電極のX線回折プロファイルとAFMイメージ[18]

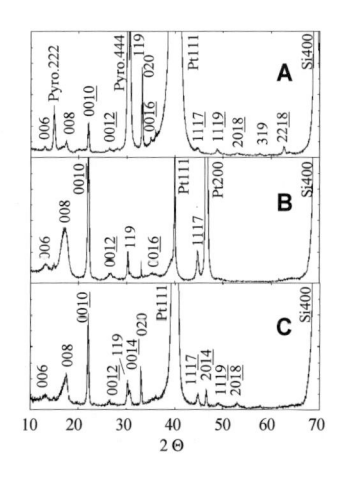

図4-5 異なる集積化白金電極上に形成した $CaBi_4Ti_4O_{15}$ 薄膜のX線回折プロファイル[17,18]

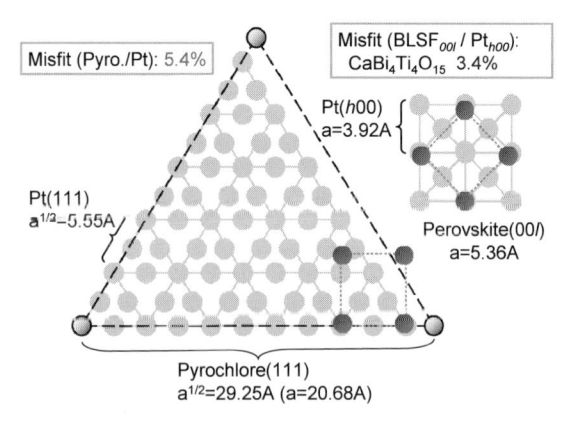

図 4-6　CaBi$_4$Ti$_4$O$_{15}$強誘電体、パイロクロア常誘電体、白金の原子配列の関係

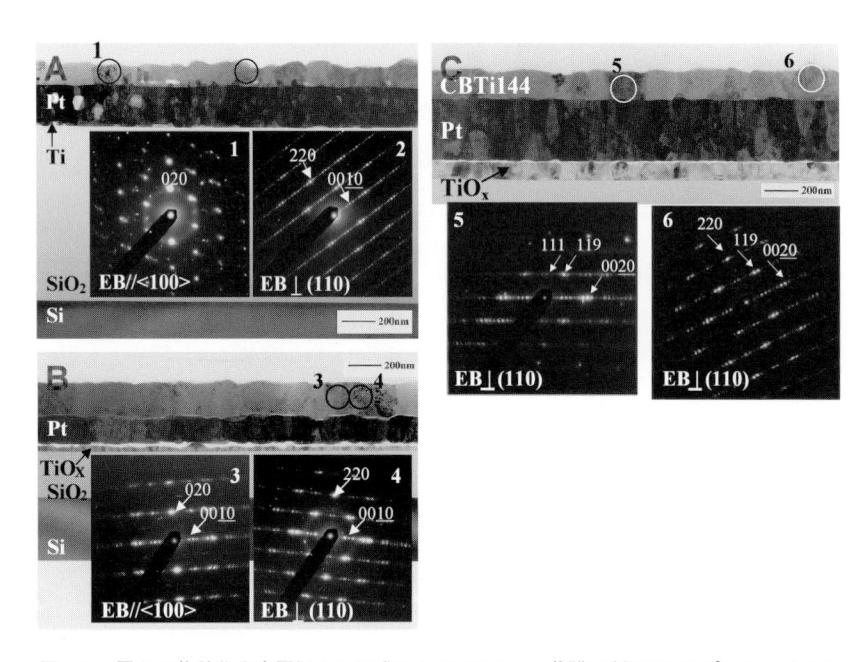

図 4-7　異なる集積化白金電極上に形成した CaBi$_4$Ti$_4$O$_{15}$ 薄膜の断面 TEM プロファイル[17]

である。
　このような結晶構造上の特徴は強誘電体特性によく反映される。白金 (h00) 面上の c 軸配向膜は、分極軸と結晶対称性 (ミラー面の存在) の関係を反映して

強誘電性を示さないが、白金(111)面上のランダムな方位を示す薄膜は強誘電性を示し、パイロクロア相を含まない $CaBi_4Ti_4O_{15}$ 薄膜が最も高い残留分極値($Pr=9.3\ \mu C/cm^2$)を示した(図4-8)[17-19]。また、メモリ応用の可能性を示す重要な指標として、分極反転を繰り返した時の残留分極値の安定性(疲労特性)を検討した。疲労特性は酸素欠陥や不純物相の影響を受けることが報告されているが、$CaBi_4Ti_4O_{15}$ 薄膜は、10^{11} 回程度の分極反転操作後においても、残留分極値に変化がなく、優れた安定性を示すことを確認した(図4-9)[20]。表面プローブ型顕微鏡を用いることにより、$CaBi_4Ti_4O_{15}$ 薄膜の局所的な分極反転挙動を観察することができ、この薄膜が優れたリテンション特性を有していることを確認した[21]。また、カンチレバーを上部電極として利用し、ナノサイズ領域の圧電応答特性を検討した結果、$CaBi_4Ti_4O_{15}$ 薄膜の圧電定数 d_{33} を求めることができ[22]、ポーリングした後の薄膜の圧電定数 d_{33} が約 16 pm/V であることが明ら

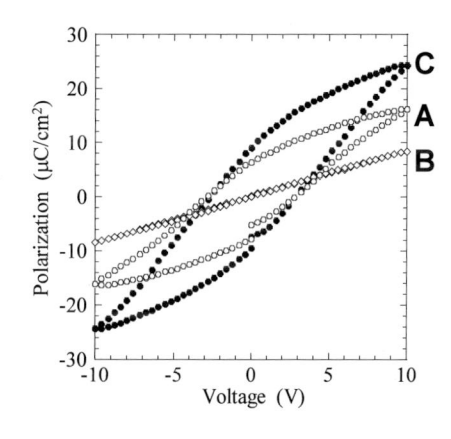

図4-8
異なる集積化白金電極上に形成した $CaBi_4Ti_4O_{15}$ 薄膜の強誘電体特性[17,18]

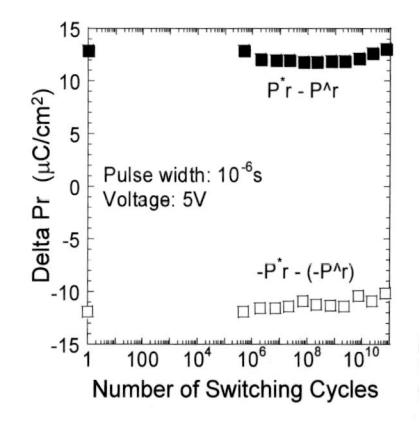

図4-9
Pt/$CaBi_4Ti_4O_{15}$/Pt キャパシタの疲労特性[20]

65

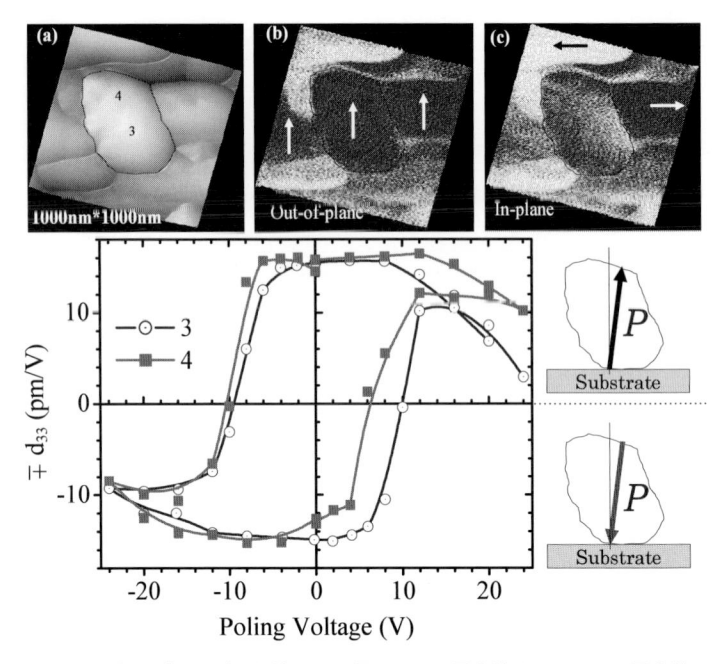

図4-10　表面プローブ顕微鏡により得られた圧電応答イメージと圧電定数[23]

かになった(図 4-10)[23]。この値は、$CaBi_4Ti_4O_{15}$ 焼結体について報告されている圧電定数 d_{33} と同程度であった[24-26]。圧電特性の改善のためには、薄膜面内の結晶粒子配向性と結晶粒内ドメイン構造の精密制御が必要である。

4.2.4　白金箔電極上における分極軸配向結晶化

シリコン基板上に予め集積された白金電極上における $CaBi_4Ti_4O_{15}$ 薄膜の結晶化に関する知見を基に、(100)/(110)優先配向した白金箔を電極基板として選択した[27]。Ca-Bi-Ti 三元系複合アルコキシド溶液を用いて、ディップコーティング法により、白金箔の両面に $CaBi_4Ti_4O_{15}$ 強誘電体膜を形成し、700℃で結晶化した。断面構造の観察結果(図 4-11)からは、膜厚が約 500 nm の $CaBi_4Ti_4O_{15}$ 膜は緻密で、よく発達した柱状粒子から構成されていることが分かり、X 線回折結果(図 4-12)からは、$CaBi_4Ti_4O_{15}$ 膜の(200)/(020)回折線の強度が著しく高く、分極軸配向していることが明らかである。この特徴は、上述した白金電極付シリコン基板上に結晶化した $CaBi_4Ti_4O_{15}$ 薄膜のランダムな結晶性と比べると、一層明確である。これまでに、ビスマス系層状化合物を分極軸配向させるためには、単結晶基板の適用や酸化物電極層の挿入が必要とされて

いた。複合アルコキシドを用いたゾル-ゲル法によれば、異方性の一層大きな $CaBi_4Ti_4O_{15}$ についても、白金上に直接分極軸配向結晶化させることが可能である。$CaBi_4Ti_4O_{15}$ 結晶が白金箔上で分極軸配向したのは、白金 a 面上の(110)方向の原子配列と、$CaBi_4Ti_4O_{15}$ 結晶の c 軸の結晶格子のマッチングが良いことに起因しており、白金 a 面の面内結晶性が高いことと、前駆体薄膜において金属-酸素ネットワーク構造が誘導されていることが要因と考えられる。

電子線蒸着法により白金上部電極を形成した後、電気的特性を評価した結果、白金箔上に結晶化した $CaBi_4Ti_4O_{15}$ 膜については、十分に飽和した分極-電圧 (P-V) ヒステレシス特性が得られることが分かった(図 4-13)。残留分極(Pr)と抗電界(Ec)はそれぞれ約 $25\ \mu C/cm^2$、$306\ kV/cm$ であり、白金電極付シリコン基板上に結晶化したランダムな結晶性の $CaBi_4Ti_4O_{15}$ 薄膜と比較して、約 2 倍以上の大きな値を示すことが分かった。また、表面プローブ型顕微鏡を用いて、

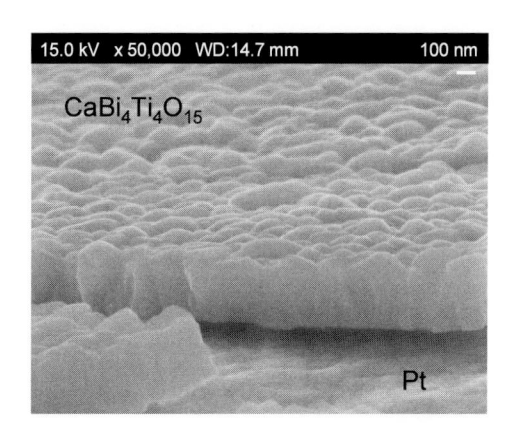

図 4-11
白金箔の表面に結晶化した $CaBi_4Ti_4O_{15}$ 膜の断面構造[27]

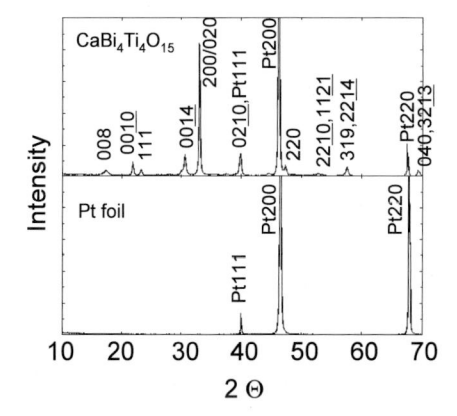

図 4-12
白金箔上に結晶化した $CaBi_4Ti_4O_{15}$ 膜および白金箔の XRD プロファイル[27]

上部電極を形成する前の膜表面の圧電応答特性を評価した結果(図4-14)から、カンチレバーチップ先端を電極の代わりに用い、スキャンしてポーリングした際の分極反転領域の均一性や、圧電定数 d_{33} が約 30 pm/V に向上した。$CaBi_4Ti_4O_{15}$ 膜表面に白金上部電極を形成し、その上部にカンチレバーチップ先端を接触して測定した場合には、膜の厚みに対して電界が均一に印加されるため、正確な圧電定数 d_{33} が測定できることがわかり、$d_{33}=150$ pm/V が得られた[28]。

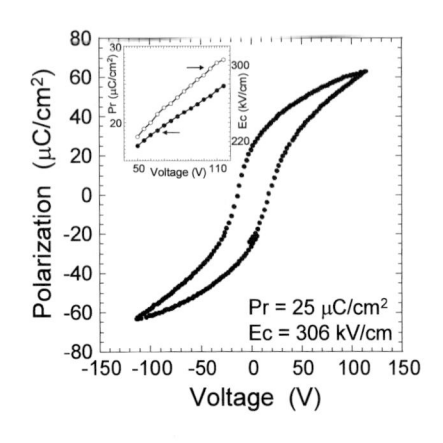

図 4-13
分極軸配向した $CaBi_4Ti_4O_{15}$ 膜の分極-電圧(P-V)ヒステリシス特性[27]

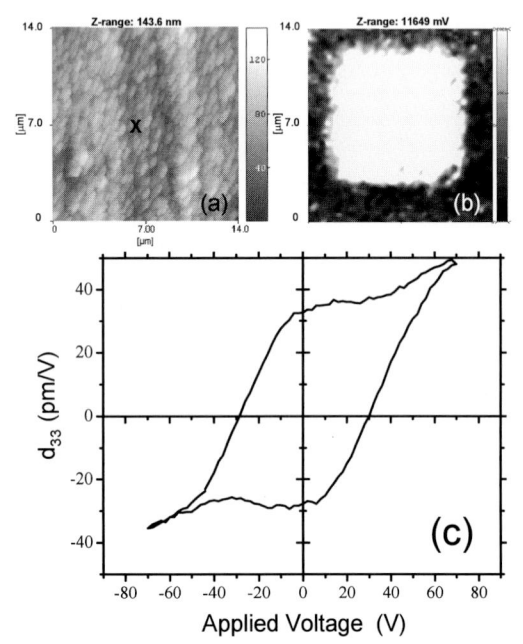

図 4-14
表面プローブ顕微鏡により得られた圧電応答イメージと圧電定数[27]

白金箔の両面に $CaBi_4Ti_4O_{15}$ 強誘電体膜を形成したバイモルフ型素子におけるアクチュエータ挙動なども[29]確かめることができた。このように、白金箔上に結晶化した $CaBi_4Ti_4O_{15}$ 膜の分極軸配向性に基づく特性の飛躍的な改善が確かめられた。これらの結果は、$CaBi_4Ti_4O_{15}$ 強誘電体膜の圧電デバイスへの適用可能性を確かにしていると考えられる。

4.2.5 加熱処理雰囲気の効果

結晶性機能性酸化物を集積する際の、結晶化過程の雰囲気制御は生成物の酸素欠陥や金属の酸化状態に限らず、副生成物の生成にも影響を与えることがある。原材料として有機金属化合物を用いた化学プロセスでは、初期生成物中に残留する炭素成分を除去するために、焼成雰囲気を制御する必要がある。Ca-Bi-Ti 三元系複合アルコキシド溶液を用いて白金箔上に集積した非晶質膜の仮焼成プロセスにおいて酸素気流を導入することより、結晶化前の非晶質膜内の残留炭素量を減少し、白金箔との界面で不均一核形成を優先的に誘導し、緻密で表面平滑性の高い分極軸配向膜を形成することができる。さらに、結晶化プロセスにおいて酸素気流を導入することにより、$CaBi_4Ti_4O_{15}$ 結晶内酸素欠陥量を減らし、強誘電性を改善することができる。このようにして形成した厚さ約 1 μm の $CaBi_4Ti_4O_{15}$ 膜は、残留分極 Pr＝34 $\mu C/cm^2$、圧電係数 d_{33}＝260 pm/V を示し、鉛を含有しない強誘電・圧電材料として、優れた特性を示すことが明らかになった[30-34]。

4.2.6 おわりに

構造を制御した原料溶液の適用より、異方性の高い層状ペロブスカイト強誘電体薄膜を低温形成し、結晶学的なアプローチに沿って特性を制御できることが明らかになった。$CaBi_4Ti_4O_{15}$ 薄膜は微細で均一な柱状粒構造を有し、繰り返しの分極反転に対しても特性の疲労がないため、従来材料の欠点を克服し、次世代強誘電体メモリ等への適用の可能性があると考えられる。また、シリコン半導体上に形成された白金下部電極構造と強誘電体薄膜の結晶相および結晶性の関係を検討し、白金下部電極の構造制御の必要性を明確にした。さらに、この知見を基に、白金箔の両面に分極軸配向結晶化したバイモルフ型 $CaBi_4Ti_4O_{15}$ 強誘電体が優れた強誘電・圧電特性を示すことを明らかにした。これらの結果から、$CaBi_4Ti_4O_{15}$ 薄膜が非鉛系強誘電体として有力な材料であることを位置づけるとともに、複合アルコキシド溶液を用いたゾル-ゲル法は、新規な強誘電体材料の薄膜化と構造制御を可能にし、新たなデバイス開発の可能性を支え

る技術であることを強調したい。

4.3 金属/強誘電層/絶縁層/半導体(MFIS)構造
4.3.1 はじめに

　強誘電体を利用した素子の1つに、強誘電体メモリ(Ferroelectric Random Access Memory：FeRAM)がある。強誘電体メモリとは、強誘電体の自発分極の電界による反転とその保持機能を利用し、電源を遮断してもデータを保持する不揮発性メモリである。また、分極の反転速度が速いために情報の書き込みと読み出しの速度が速く、かつ作動電力が他のメモリに比べて少ないといった特徴を持つ。中でも、電界効果トランジスタ(Field Effect-Type Transistor：FET)のゲート絶縁膜に強誘電体を用いた強誘電体ゲートFETは次世代型の強誘電体メモリとして期待されている。強誘電体ゲートFETは、強誘電体の分極方向によりドレイン電流にオンとオフの状態が生じるため、記憶情報を非破壊で読み出すことができる。しかし、強誘電体ゲートFETには、強誘電体とシリコン半導体との良好な界面の形成が困難であるという問題がある。そのため、強誘電体膜とシリコン半導体の間に絶縁層を導入した金属/強誘電体/絶縁層/半導体(Metal-Ferroelectric-Insulator-Semiconductor：MFIS)構造が検討されている。この構造においては、強誘電体と絶縁層が直列に接続されるため、実際に強誘電体にかかる電圧が減少することや減分極電界が生じることが問題として挙げられている。これらを解決するために、絶縁層として誘電率の大きな材料を用いることや、強誘電体として誘電率や分極値の小さな材料を用いることが考えられ、新たな材料の研究が進められている。

4.3.2 強誘電体層、絶縁層の集積

　強誘電体ゲートFETに応用する強誘電体材料の1つとして$YMnO_3$が検討されている。$YMnO_3$は六方晶構造を有し、誘電率が小さく(≈ 20)、分極軸がc軸のみに存在するという特徴を有する強誘電体である[35]。また、$YMnO_3$のY位置を希土類イオンで置換した場合、結晶構造がイオン半径に依存し、イオン半径が小さい希土類イオンほど、強誘電性を示す六方晶相が安定化されることが報告されている[36]。これらの材料ではMnイオンが含まれているため、Mn^{3+}の価数の変化が起こるとリーク電流が増大し、材料特性を劣化させることが問題となっている。そのため、良好な強誘電特性を得るためには、組成の制御や価数の制御が重要となる。

　$YMnO_3$やYをイオン半径の小さなYbで置換した(Y, Yb)$YMnO_3$につい

て、溶液法による薄膜作製を検討した。金属アルコキシドの反応制御により、前駆体溶液の調製を行った(図 4-15)。最適な分子構造を設計することにより、金属元素の価数制御、組成制御を可能とした。これらの前駆体溶液を用いて、スピンコーティング法により Pt/TiO$_x$/SiO$_2$/Si 基板上に薄膜を作製し、大気中で仮焼、種々の雰囲気中で急速加熱処理を行うことにより強誘電体薄膜の結晶化を行い、組成及び熱処理雰囲気の影響を調べた[37-39]。その結果、アルゴン雰囲気中での結晶化によって、高い結晶性を有し、いずれの組成においても分極軸方向である c 軸に配向した薄膜が得られた。固溶体薄膜の組成は前駆体溶液の組成と一致しており、Y/Yb 組成および(Y+Yb)/Mn=1 の化学量論組成を制御できることが確認できた。作製した薄膜は図 4-16 に示すように均一で緻密な構造を有していることが確認された。また、Y/Yb 比を変えることにより、より低温での薄膜作製も可能となった。

白金電極上にアルゴン雰囲気中で結晶化を行った膜厚 400 nm の薄膜につい

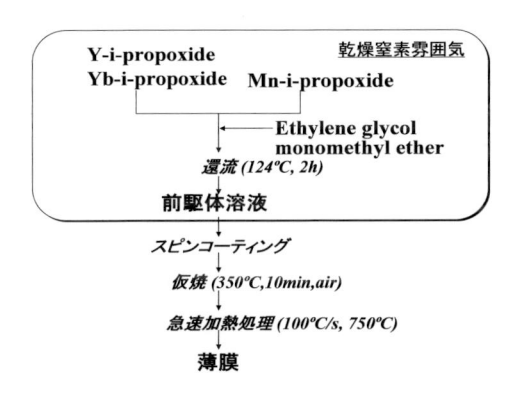

図 4-15 強誘電体薄膜の作製方法

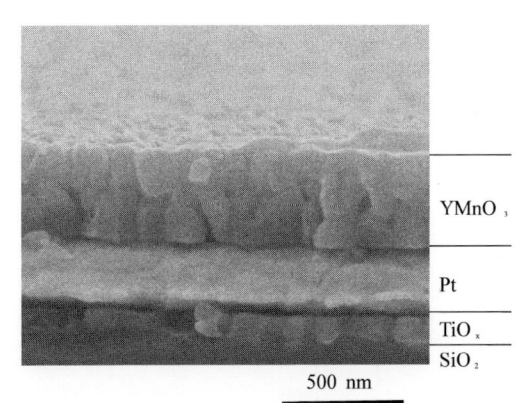

図 4-16 Pt/TiO$_x$/SiO$_2$/Si 基板上に 750℃、Ar 雰囲気で結晶化を行った YMnO$_3$ 薄膜の断面 SEM 写真

て電気的特性を評価したところ、他の雰囲気で作製した薄膜に対してリーク特性が改善され、強誘電特性を示す分極-電圧(P-E)ヒステリシスが確認できた[40-42]。この薄膜の特性は、比誘電率25、残留分極 $2\,\mu\text{C/cm}^2$、抗電界 $100\,\text{kV/cm}$ であり、バルク材料に匹敵する特性であった。この構造におけるリーク電流は $5\,\text{V}$ の印可電圧で 10^{-6}A/cm^2 以下であり、組成による変化はみられなかった。図4-17および図4-18に代表的な特性を示す。情報の記憶保持時間に関係する分極保持特性は 10^5 秒以上、また、強誘電体においてしばしば問題となる疲労特性に関しては、10^{10} サイクル以上の分極反転においても分極が安定していることが分かった。以上のように、メモリ用材料として用いるための優れた特性を有する強誘電体薄膜の作製が可能となった。

絶縁層として HfO_2 薄膜を用いて、MFIS構造の作製を行った[43-44]。シリコン基板上に作製した HfO_2 薄膜は均一な粒子からなり、平滑な表面を有していた。

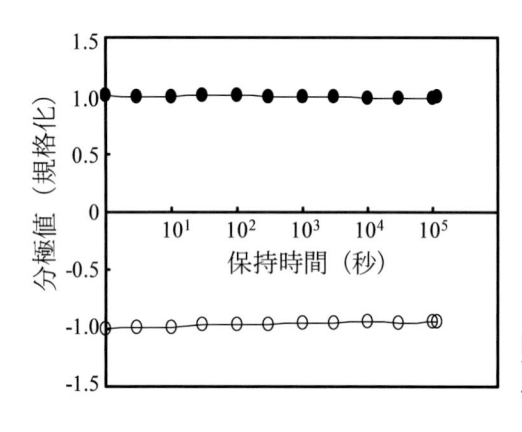

図4-17
700℃で作製した YbMnO$_3$ 薄膜の分極保持特性

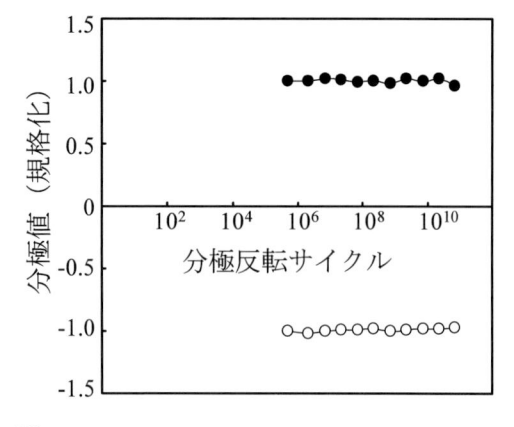

図4-18
700℃で作製した YbMnO$_3$ 薄膜の分極疲労特性

HfO$_2$上に作製した(Y, Yb)MnO$_3$薄膜は六方晶構造を有し、分極軸であるc軸に優先配向した薄膜が得られた。Pt/Y$_{0.5}$Yb$_{0.5}$MnO$_3$(200 nm)/HfO$_2$(約10 nm)/Si構造における静電容量-電圧(C-V)特性を図4-19に示す。ここでみられる時計周りのヒステリシスは強誘電体の分極反転に起因するものであり、HfO$_2$薄膜上に作製した(Y, Yb)MnO$_3$薄膜においても強誘電性を示すことが確認された。このときのヒステリシスの幅(メモリウィンドウ)は約2Vであり、容量保持特性について評価を行った結果、10^{4}秒後においても容量の変化はみられなかった(図4-20)。

　金属アルコキシドから調製した前駆体溶液を用いて、新規な強誘電体薄膜の作製が可能になり、メモリ素子への応用の可能性を示すことができた。微構造制御や膜厚の最適化により、さらなる特性の向上が期待される。

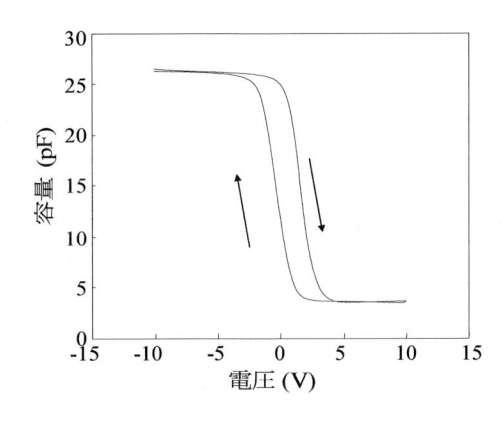

図 4-19
MFIS 構造における容量-電圧特性

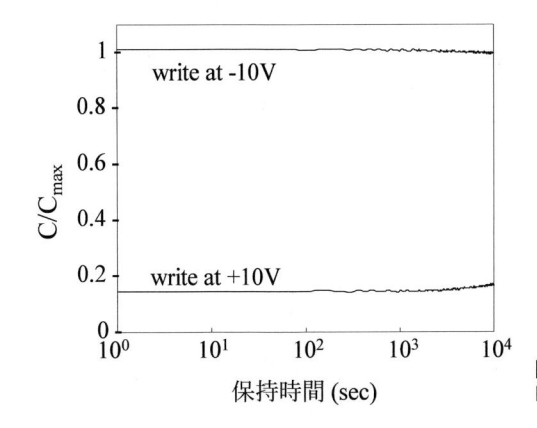

図 4-20
MFIS 構造における容量保持特性

4.3.3 おわりに

　溶液法によりシリコン半導体上へ絶縁層及び(Y, Yb)MnO$_3$強誘電体を集積し、その特性を明らかにした。今後、加熱処理温度の低温化を図るとともに、薄層化により駆動電圧の低減を行う必要がある。また、界面構造や薄膜微構造の制御を行い、特性の向上を図ることにより、メモリ素子への応用を目指す。

4.4 酸化物半導体ナノ粒子の集積
4.4.1 はじめに

　セラミックス(金属酸化物等)は数百℃での高温焼成により合成されてきたが、近年、水溶液プロセスを用いた常温での金属酸化物合成が注目を集めている。これらの手法では、高温加熱を必要としないことによる低消費エネルギー化に加え、CO$_2$排出量の低減、有機バインダー・有機溶媒の不使用といった利点が挙げられる。また、ポリマーフィルムなどの低耐熱性基板上への薄膜形成が可能になるほか、液相での形態制御により、新しい形態やナノ構造を有する金属酸化物の合成が可能となってきている。本章では、最近の金属酸化物の水溶液合成から、二酸化チタンナノ結晶集積膜の合成とそのパターニング、ならびに、酸化亜鉛ナノ結晶集積膜の合成について解説する。

4.4.2 二酸化チタンナノ結晶集積膜

　分子センサー、ガスセンサー、溶液センサー、色素増感型太陽電池、光触媒等の様々な分野において、アナターゼ型二酸化チタン(TiO$_2$)に注目が集まっている。特に、センサーや色素増感型太陽電池向け材料としては、高比表面積を有する多孔質アナターゼ二酸化チタン膜が必要とされている。また、これらのデバイスにおいては、透明導電性基板(フッ素ドープ酸化スズ(FTO)基板や、酸化インジウムスズ(ITO)基板、導電性ポリマー基板等)上への多孔質アナターゼ二酸化チタン電極層形成が求められている。これらの要求に対して、アナターゼ微粉末を塗布した後に焼結を行う手法やゾルゲル法によってゲル膜を形成した後に焼結する手法が報告されているが、高温加熱処理を必要とするため、低耐熱性ポリマー基板を用いることができないほか、ITOやFTO基板においても、透明導電膜(ITO層やFTO層)の導電率の低下が起こり、電極としての特性を大幅に劣化させてしまう問題があった。また、焼結にともない微細構造が崩れるため、加熱処理前の高比表面積構造を維持することが困難であった。さらに、加熱処理に伴う、高エネルギー消費、高CO$_2$排出、有機溶媒の使用、プロセスの複雑化なども問題となっており、高比表面積を有する金属酸化物結晶膜

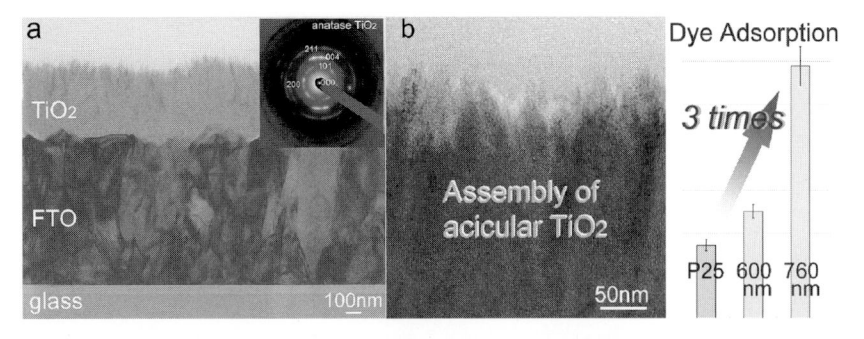

図 4-21 （左図 a）FTO 基板上に形成した二酸化チタンナノ結晶集積膜の断面透過型電子顕微鏡像と（左図 b）その拡大像。（右図）色素吸着量評価。

の低温合成が望まれていた。

　フッ化チタン酸アンモニウム（$[NH_4]_2TiF_6$）およびホウ酸を溶解した水溶液中に FTO 基板を浸漬し、50℃にて所定時間保持することにより、基板上に二酸化チタン膜を作製した[45,46]。フッ化チタン酸アンモニウムおよびホウ酸の濃度はそれぞれ 0.15 M、0.05 M である。また、浸漬時間の調整により膜厚を制御することが可能である。48 時間の浸漬により、FTO 基板上に膜厚 760 nm のアナターゼ二酸化チタン結晶集積膜を析出させた（図 4-21）。二酸化チタン膜表面は、基板に垂直方向に集積化した針状アナターゼ二酸化チタン結晶で覆われていた。また、これらの結晶が c 軸方向に異方成長していることも電子線回折パターンより明らかとなった。二酸化チタン膜の色素吸着特性を評価したところ、膜厚の増加とともに吸着量は増加し、膜厚 760 nm において、市販ナノ粒子（P25、Degussa）により作製した二酸化チタン焼結膜の 3 倍の吸着量を実現した。二酸化チタン膜表面を覆う針状二酸化チタン結晶の集積構造が、表面積を増大させ、色素吸着量を向上させたものと考えられる。

　水溶液プロセスを用いて、FTO 基板上に二酸化チタンナノ結晶集積膜を作製した。本手法では、常温での二酸化チタン結晶の合成に成功しており、高温加熱処理を必要としない。そのため、加熱処理に伴う FTO の抵抗増加を回避している。また、ポリマーフィルム等の各種低耐熱性基板上へのデバイス作製も可能である。

4.4.3　二酸化チタンナノ結晶集積膜のパターニング

　センサーや色素増感型太陽電池、光触媒等の開発において、FTO 等の基板上への二酸化チタン（TiO_2）膜形成が求められている。これらの分野において、水

溶液プロセスは、多くの利点を有する次世代プロセスとして注目されている。本手法では、基板表面の任意の箇所にのみ二酸化チタン膜を形成するパターニングを実現した。この手法により、微細な二酸化チタン膜パターンを直接形成することができる。加熱処理を必要としないため、低耐熱性のポリマーフィルム上へも製膜が可能である。また、溶液プロセスを用いているため、基板の大きさ、形状を問わず、複雑形状基板や、粒子、繊維などの表面コーティングも可能である。

以下の手法により、FTO基板表面を、超親水性表面と疎水性表面に変性した[47,48]。FTO基板に、フォトマスクを介して真空紫外線(VUV)照射(低圧水銀ランプ、PL16-110)を10分間行った。この光源での主となる光の波長は、184.9 nmおよび253.7 nmである。初期のFTO表面は、水に対する接触角96°を示す疎水性表面であるのに対し、露光時間の増加に伴い、接触角は70°(0.5分)、54°(1分)、30°(2分)、14°(3分)、5°(4分)、0°(5分)と減少し、5分以上では、接触角が計測限界以下のほぼ0°の超親水性を示した。

露光により表面変性したFTO基板を、フッ化チタン酸アンモニウムおよびホウ酸を含む水溶液に浸漬し、50℃にて保持した。浸漬前のFTO基板は、青緑色を呈していたのに対し、浸漬後の超親水性領域は、黄緑色を呈していた。また、浸漬後の疎水性領域は、浸漬前と同様に、青緑色であった。これは、FTO基板上に透明な二酸化チタン膜が形成されたため、回折される光の波長が変化したためと考えられる。製膜後のFTO基板表面の走査型電子顕微鏡像を図4-22に示す。超親水性領域は二酸化チタン膜の析出により黒色を呈しており、疎水性領域は白色であった。平均線幅は55 μmであり、ラインエッジラフネスの標準偏差より約5%のラフネスと見積もられた。最小線幅は、フォトマスクの

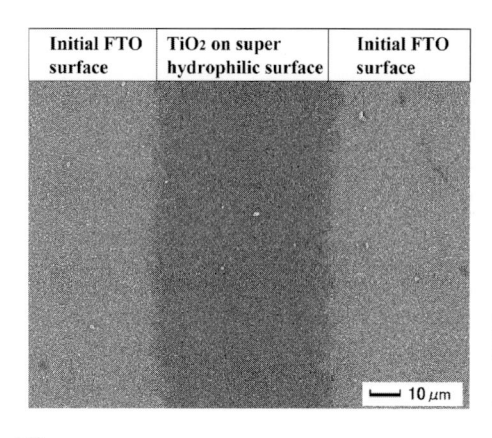

図4-22
FTO表面(超親水性領域と疎水性領域)に形成した二酸化チタンナノ結晶集積膜パターンの走査型電子顕微鏡像。

最小線幅および照射光波長に依存するため、高解像度フォトマスクの使用などにより、1 μm 以下にまで改良することが可能と考えられる。基板の表面観察からは、超親水性領域に形成された二酸化チタン膜が 10-30 nm のナノ結晶の集積体であることが示された。また、断面像からは、二酸化チタンナノ結晶が、直径約 20 nm、長さ約 150 nm の長い形状を有していることが示された。一方、疎水性 FTO 表面からは、二酸化チタンナノ結晶は観察されなかった。

　本手法では、基板の表面処理により、二酸化チタンナノ結晶の析出を制御し、二酸化チタンナノ結晶集積膜のパターニングを実現した。表面を真空紫外光により変性することにより、超親水性領域では二酸化チタンの析出を促進し、一方の疎水性領域では析出を抑制し、FTO 基板上の超親水性／疎水性パターンに沿って、二酸化チタン膜パターンを形成した。また、水溶液中での結晶成長を巧みに制御しており、c 軸方向に異方成長した針状二酸化チタンナノ結晶の集積膜パターンという特異なナノ構造体を実現している。

4.4.4　酸化亜鉛ナノ結晶集積膜

　酸化亜鉛（ZnO）は、分子センサー、DNA センサー、色素増感型太陽電池電極、ガスセンサー等への応用が期待されている。これらのアプリケーションにおいて、感度などの特性は、酸化亜鉛の形態と比表面積に大きく依存する。また、感度、効率は、酸化亜鉛と基板との間の電気抵抗にも大きく依存する。そのため、酸化亜鉛粒子や酸化亜鉛粒子膜の形態制御、基板上への直接固定化への要求は大きい。近年、シード層を用いた 2 段階法による酸化亜鉛ウィスカー膜の形成が報告された[49]。しかし、これらのプロセスでは、シード層の高温加熱処理が必要であり、加熱による FTO や ITO の抵抗増加、シード層による抵抗増加が問題視されていた。また、加熱処理を必要とするため、導電性ポリマーフィルムなどの低耐熱性基板上への酸化亜鉛デバイス形成が困難であった。

　硝酸亜鉛およびエチレンジアミンを溶解した 60℃の水溶液中に、FTO 基板を浸漬することにより、酸化亜鉛ナノ結晶集積膜を FTO 基板上に形成した[50]。酸化亜鉛ナノ結晶は直径約 100-120 nm、長さ 300-400 nm、アスペクト比 3-4 を有する六角柱状粒子であり、六角形の断面形状と 6 枚の側面を有していた（図 4-23）。また、尖った先端を有しており、基板に対して、垂直±20°で、直立して成長していた。10 μm^2 の基板面積内に、約 160 個の酸化亜鉛ナノ結晶が形成しており、酸化亜鉛ナノ結晶間には、100-1000 nm の空隙が存在していた。この酸化亜鉛ナノ結晶集積膜が酸化亜鉛単相であることが X 線回折より示された。また、(0002)面からの回折ピークのみが観察された。c 軸方向に異方成長した六角

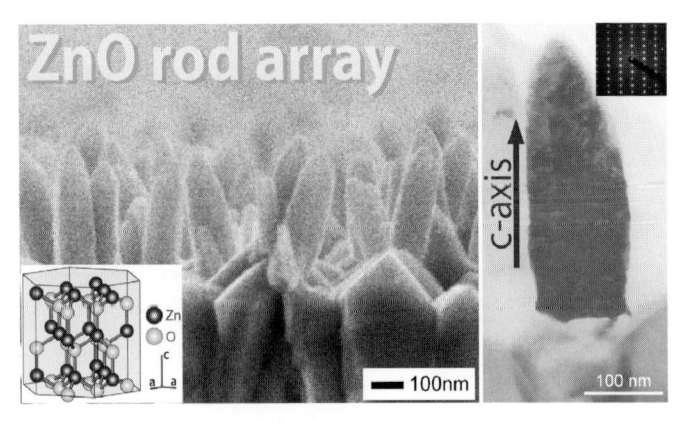

図4-23 FTO基板上に形成した酸化亜鉛ナノ結晶集積膜の断面走査型電子顕微鏡像(左図)および透過型電子顕微鏡像(右図)。

柱状粒子が基板に垂直に形成したため、高いc軸配向を示したものと考えられる。この酸化亜鉛ナノ結晶集積膜は、酸化亜鉛ナノ結晶のアスペクト比が3-4と小さいため、高い強度を有しており、流水による衝撃においても、破砕することがなかった。これは、分子センサー等への応用において、検査溶液導入時の酸化亜鉛電極破砕に対する高い耐性を示すものである。また、FTO基板との間にシード層を必要とせず、直接、酸化亜鉛が形成している。そのため、シード層での抵抗増加、および可視光透過率低下を回避している。また、60℃の水溶液中で形成されているため、高温加熱処理に伴うFTO基板の抵抗増加を回避している。本手法では、高温加熱処理を必要としないため、透明導電性ポリマーフィルムなどの低耐熱性基板上への酸化亜鉛デバイス作製へと展開可能であり、フレキシブル化(曲げられるセンサー、太陽電池等)、軽量化、低コスト化および低環境負荷合成が期待される。

4.4.5 おわりに

本章で紹介した事例を始めとして、様々な金属酸化物の水溶液合成が可能となるとともに、それらの形態制御や複雑なナノ構造の形成が実現されている。しかし、金属酸化物の水溶液合成は、新しい研究領域であるため未開拓の領域が多く、発展の余地を多分に残している。また、低消費エネルギー、低環境負荷の観点からも、ますます重要性が増しており、さらなる技術開発が必須の分野である。今後、基礎科学に立脚した研究進展および学問体系の構築が望まれるとともに、これらの新規材料により高機能デバイス、新機能アプリケーショ

ンが実現され、持続可能型社会の実現に資することが期待される。

4.5 メソポーラス材料の集積
4.5.1 はじめに

2-50 nm の範囲に孔径分布を有する多孔体をメソポーラス材料と呼ぶ。特に界面活性剤などの両親媒性分子が溶液中で自己集合する性質を利用して得られるメソポーラス材料は、ナノメートルレベルで均一に微細構造が制御されており、医薬品などの比較的大きな有機化合物の選択的な反応場として期待されていると同時に、有機金属錯体やナノ粒子の形成場としての利用に関する種々の検討が行われている。組成制御技術や形態制御技術を組み合わせることで、エレクトロニクス材料、フォトニクス材料、低誘電率材料、燃料電池電極材料、水素吸蔵材料など、様々な応用展開も期待されている[51-59]。メソポーラス材料には、吸着などの物理的機能だけでなく、骨格組成に由来する化学的機能も利用した応用展開が期待できるため、シリカ以外の組成のメソポーラス材料合成も重要な研究課題となっている。

本項では、メソポーラス材料の集積、特に薄膜合成に着目し、メソポーラスシリカ薄膜合成に関する溶液中での無機有機相互作用の存在や界面活性剤分子の自己集合現象によって誘起されるメソ構造体薄膜(メソポーラス薄膜前駆物質)の生成過程を解説し、非シリカ組成の合成へと展開するための基礎的知見を簡単に紹介する。

4.5.2 メソポーラスシリカ薄膜の合成

メソポーラスシリカ薄膜合成は酸性条件下で行われる。シリカ骨格の形成が十分に進行してしまうと構造規則性が低下してしまうので、温度、時間、濃度、pH、ケイ酸種と界面活性剤の量比などの合成条件は慎重に設定する必要があり、溶液調製の手順も重要である。メソポーラスシリカ薄膜の合成は(1)水熱条件下で基板表面(固液界面)の核発生を利用する方法[60-62]、(2)ゾルゲル法を利用して調製した前駆溶液を利用して、溶媒揮発により自己集合を誘起させる方法[63,64]に大別される。それぞれの合成過程でのメソ構造体薄膜の生成機構を模式的に図 4-24 及び図 4-25 に示す。(1)の方法では基板表面での核発生からシリカメソ構造体薄膜の成長が促される。そのため、基板の結晶構造の影響を受けた積層形態を示すことが知られており、一軸配向した 2 次元六方構造の薄膜や単結晶状の立方構造の薄膜の合成が報告されている[65-69]。メソ孔の配列制御は応用展開を目指す上で極めて重要であり、種々の方法でのパターニング技術も

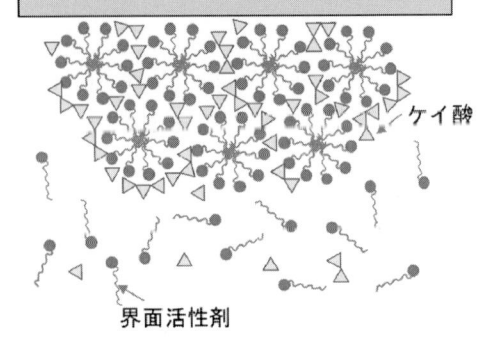

図 4-24
水熱条件下でのシリカメソ構造体薄膜の生成

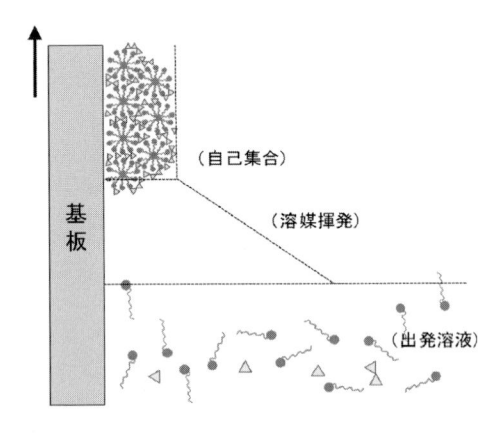

図 4-25
溶媒揮発法によるシリカメソ構造体薄膜の生成

開発されている[70]。(2)の方法では透明な前駆溶液を調製し、スピンやディップなどにより基板上に成膜する。そして、溶媒が揮発する過程で基板上の界面活性剤が濃縮され、自己集合形態を示すようになる。

いずれの合成法に於いても、無機有機間の相互作用の存在は必須である。界面活性剤分子とケイ酸種との相互作用の存在によって生成する無機有機複合化した新たな両親媒性分子を想定し、その自己集合とケイ酸種の縮合反応が協奏的に進行することでメソポーラスシリカ前駆物質が生成する[71,72]。酸性条件下では、アルキルトリメチルアンモニウム界面活性剤などのアンモニウム系界面活性剤とケイ酸種との相互作用は、ケイ酸種がカチオン種(I^+)として存在するため、ハロゲン化物イオン(X^-)を介した相互作用($S^+X^-I^+$)が想定される[71,73]。中性界面活性剤(N^0)を用いた場合には、非常に弱い静電的相互作用((N^0H^+)(X^-I^+))が存在することになる[74,75]。

4.5.3 非シリカ系メソポーラス薄膜の合成

　陰イオン性界面活性剤との相互作用(S^-I^+及び$S^-M^+I^-$)を想定することで様々な非シリカ系材料のメソ構造制御も可能になっている[71,73]。しかし、界面活性剤との相互作用が存在すれば、簡単に非シリカ系材料のメソ構造制御が実現されるわけではない。ブロック共重合体を用いた合成法の発展により、様々なメソポーラス遷移金属酸化物の合成が可能となってきたが[76-78]、焼成による界面活性剤除去の過程で、骨格の結晶化がメソ構造を崩壊させてしまうという問題を抱えている。骨格表面を化学修飾したり、ハードテンプレーティング法により、骨格が完全に結晶化したメソポーラス遷移金属酸化物の合成も幾つか報告されている[79,80]。

　薄膜合成の際には、メソ構造の崩壊は更に促進される。基板との結合が存在するため、焼成過程で薄膜は異方収縮し、骨格の結晶化なども同時に進行するとメソ構造が大きく歪んでしまい崩壊する。光触媒機能やセルフクリーニング機能を付与したコーティング材としてだけでなく、色素増感太陽電池、化学センサーなど種々の応用展開が期待できる酸化チタンメソ構造体薄膜に関して、ブロック共重合体を用いて合成した際に、メソ構造を保持したまま骨格を完全に結晶化する方法が幾つか見出されている。超臨界二酸化炭素中でメソ構造体薄膜をシリコンアルコキシドで処理するとチタニア骨格表面にシリカ層が生成し、チタニア骨格の結晶化後の粒成長を抑制することができる[81]。チタンアルコキシドを用いてチタニア層を追加することも可能である[82]。この場合には骨格の厚みが増大したことで結晶化後もメソ構造が保持されたと考えることができる。焼成法を改良することでも骨格の結晶化は可能であるが[83]、親水部と疎水部の性質の差が大きな特殊なブロック共重合体を用いてチタニアメソ構造体薄膜を合成することでも骨格の厚みが大きく増大することが報告されており、この場合にも骨格の結晶化が実現されている[84,85]。汎用性の高いトリブロック共重合体を用いた合成でも、骨格の完全結晶化が報告されており[86]、アナターゼピラーの集合体へと変化する特異な例も見出されている[87]。

　以上の合成は、主にエタノールを溶媒として合成されているが、水溶液系での合成でもメソポーラスアナターゼ薄膜の合成が実現されている[88]。実際に400℃で焼成した薄膜の高分解能透過型電子顕微鏡(TEM)観察の結果を図4-26に示す。メソ孔の立方構造の繰り返しに加え、チタニア骨格が全て結晶化(アナターゼ化)している様子が同時に観察されている。この合成では、疎水性の高い有機助剤を水溶液中に添加することでエマルジョンを生成させ、得られる薄膜中にマクロ空間を導入するという新たな手法である。マクロ孔の存在に

よって焼成過程での薄膜の収縮を相殺する効果があり、メソ構造の崩壊が抑制されていると考えられている。

シリカや単一組成の非シリカ系酸化物と比較して、金属リン酸塩のメソ構造制御は更に複雑である。一般に、金属種は陽イオンとして、リン酸は陰イオンとして水溶液中に存在しているため、界面活性剤分子との静電的な相互作用をどのように想定するのかは容易ではない。異なる2種の無機ユニットから生成する溶解金属リン酸塩種と界面活性剤分子との相互作用を想定し、界面活性剤分子集合体表面で金属種とリン酸を交互に配列させなければならない。金属の種類によっては、リン酸塩を形成する際の組成が1：1や1：2であったりするため単純ではない。金属リン酸塩のメソ構造制御に於いても、ブロック共重合体を用いた合成法の発展が重要な役割を果たしている[78,79]。金属源(塩化物、アルコキシドなど)とリン源(リン酸など)を適切な酸性度と塩基性度の組み合わ

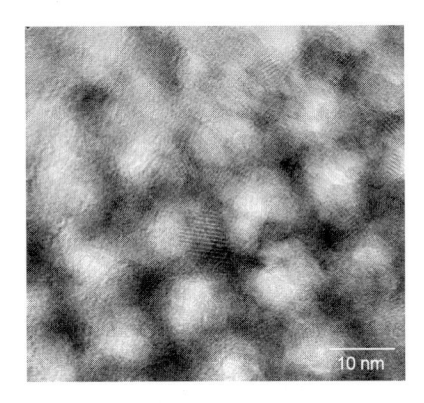

図 4-26
骨格が結晶化したメソポーラス酸化チタン薄膜の高分解能 TEM 像

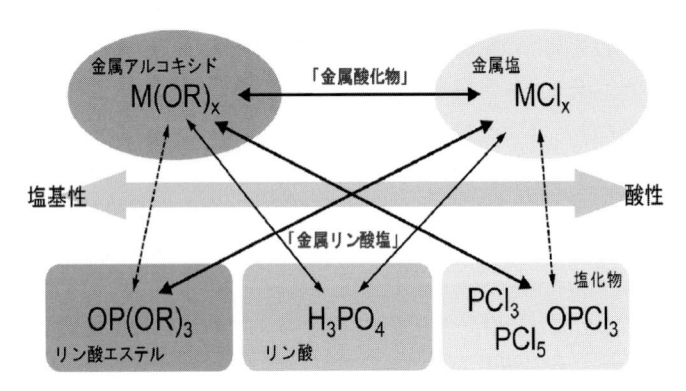

図 4-27　酸化物及びリン酸塩の骨格形成を可能とする出発原料の組み合わせ

せ(図4-27の実線)で反応させることで溶解金属リン酸塩種を生成させ、溶媒揮発によってブロック共重合体の自己集合を誘起させて金属リン酸塩のメソ構造制御が実現される。

4.5.4 おわりに

　物理的機能しか示さないシリカ系材料でも広く行われているように、無機有機複合化に関する研究が非シリカ系材料でも今後は重要になってくるだろう。既に、非シリカ系無機有機複合メソポーラス材料の合成技術として、有機基で架橋したホスホン酸を利用するという合成手法が提案されており[89-93]、薄膜化などの形態制御技術の開発も始められている[94,95]。様々な有機官能基を含むホスホン酸の合成が可能であるため、他の金属種との結合生成を利用した骨格形成から、金属リン酸塩類似ユニットと有機基が交互に繰り返された共有結合性骨格からなる新規な物質群の構築が進み、物性評価に関する研究や機能発現の探索などを通じて、メソポーラス材料の新展開が提案されてくると大いに期待できる。同時に、種々の遷移金属酸化物や金属リン酸塩のメソ構造制御やそれらの薄膜化が実現される中で、金属材料、高分子材料、カーボン材料、複合酸化物、酸窒化物などを含めて[59,80,96-99]、多様な内部構造制御された材料が既に提供可能な研究分野へと成長しており、今後益々メソ多孔体を利用した応用展開に注目が集まるだろう。

4.6　課題と展望

　本章で紹介したように、テーラードリキッド集積技術は、溶液内で形成されるゾルが反応を進めてゲル化するゾル-ゲル反応や、イオン種の溶解析出反応に基づく核形成・成長過程の制御により、様々な機能性材料を集積する技術である。本技術の鍵を握る反応は溶液化学に基づき、原料、溶媒、温度、pH、雰囲気、加水分解、重縮合などの反応条件を適切に調節することにより、集積生成物の結晶性、結晶構造、微細構造、形態を目的に応じて、多岐に渡って制御することが可能である。溶液化学に基づく集積プロセス技術の体系化は、構造-機能相互関係に関する材料学的知見を深めるためにも重要な役割を担っている。このように、テーラードリキッド集積技術は、むしろ地道で堅固な基礎的研究に支えられており、一時的な脚光を浴びるだけの短命な技術ではない。適用可能な金属元素には制限が少なく、有機・高分子材料とのハイブリッド化が可能なため、新しい範疇の材料開発が期待される。これにより、研究開発成果は、電子セラミックス分野、半導体デバイス分野、情報通信分野、バイオ・医療分

野、環境材料分野など広範な産業分野を活性化し続けることができると考える。

「未来人にも同じ地球を」継承することができるように、持続的発展の可能な技術と社会を構築することは現代人の課題である。地球環境の現状把握と今後の科学技術のあり方を考える上で、テーラードリキッド集積技術は、環境負荷が小さく、エネルギー消費の少ない環境調和型プロセスとして、未来社会を築くための重要な基盤技術として位置づけられる。

参考文献

1) D. Segal, "Chemical Synthesis of Advanced Ceramic Materials", Cambridge University Press (1989).
2) C. J. Brinker, G. W. Scherer, "Sol-Gel Science: The Physics and Chemistry Sol-Gel Processing", Academic Press, Inc. (1990).
3) 作花済夫,"ゾル-ゲル法の科学：機能性ガラスおよびセラミックスの低温合成", アグネ承風社(1988).
4) S. Sakka, "Sol-Gel Science and Technology: Processing Characterization and Applications", Kluwer Academic Publishers (2005).
5) 作花済夫,"ゾルゲル法のナノテクノロジーへの応用", シーエムシー出版(2005).
6) S. Hirano and K. Kato, Adv. Ceram. Mater., 2, 142 (1987).
7) S. Hirano and K. Kato, Adv. Ceram. Mater., 3, 503 (1988).
8) K. Kato, C. Zheng, J. M. Finder, S. K. Dey, Y. Torii, J. Am. Ceram. Soc., 81, 1869 (1998).
9) K. Kato, C. Zheng, S. K. Dey, Y. Torii, Integr. Ferroelectr., 18, 225 (1997).
10) K. Kato, J. M. Finder, S. K. Dey, Y. Torii, Integr. Ferroelectr., 18, 237 (1997).
11) K. Nishizawa, T. Miki, K. Suzuki, K. Kato, J. Mater. Res., 18, 899 (2003).
12) C. A-P. Araujo, J. D. Cuchiaro, L. D. McMillan, M. C. Scott and J. F. Scott, Nature, 374, 627 (1995).
13) 石原　宏,"強誘電体メモリーの新展開", シーエムシー出版(2003).
14) H. Ishiwara, K. Okuyama, Y. Arimoto, "Ferroelectric Random Access Memories: Fundamentals and Applications", Springer (2004).
15) M. Okuyama, Y. ishibashi, "Ferroelectric Thin Films: Basic Properies and Device Physics for Memory Applications", Springer (2005).
16) K. Kato, K. Suzuki, D. Fu, K. Nishizawa, T. Miki, Jpn. J. Appl. Phys., 41, 6829 (2002).
17) K. Kato, K. Suzuki, D. Fu, K. Nishizawa, T. Miki, Appl. Phys. Lett., 81, 3227 (2002).
18) K. Kato, K. Suzuki, D. Fu, K. Nishizawa, T. Miki, MRS Proceedings, 748, 129 (2003).
19) K. Kato, K. Suzuki, D. Fu, K. Nishizawa, T. Miki, Integr. Ferroelectr., 52, 3 (2003).

20) K. Kato, K. Suzuki, K. Nishizawa, T. Miki, Appl. Phys. Lett., 78, 1119 (2001).
21) D. Fu, K. Suzuki, K. Kato, Jpn. J. Appl. Phys. Lett., 41, L1103 (2002).
22) D. Fu, K. Suzuki, K. Kato, Ferroelectrics, 291, 41 (2003).
23) D. Fu, K. Suzuki, K. Kato, Jpn. J. Appl. Phys., 42, 5994 (2003).
24) T. Takeuchi, T. Tani and Y. Saito, Jpn. J. Appl. Phys., 38, 5553 (1999).
25) T. Takeuchi, T. Tani and Y. Saito, Jpn. J. Appl. Phys., 39, 5577 (2000).
26) H. Yan, C. Li, J. Zhou, W. Zhu, L. He and Y. Song, Jpn. J. Appl. Phys., 39, 6339 (2000).
27) K. Kato, D. Fu, K. Suzuki, K. Tanaka, K. Nishizawa, T. Miki, Appl. Phys. Lett., 84, 3771 (2004).
28) D. Fu, K. Suzuki, K. Kato, Appl. Phys. Lett., 85, 3519 (2004).
29) F. Arai, K. Motoo, T. Fukuda, K. Kato, Appl. Phys. Lett., 85, 4217 (2004).
30) K. Kato, K. Tanaka, K. Suzuki, T. Kimura, K. Nishizawa, T. Miki, Appl. Phys. Lett., 86, 112901-1 (2005).
31) K. Kato, K. Tanaka, K. Suzuki, T. Kimura, K. Nishizawa, T. Miki, Appl. Phys.: A-Mater. Sci. Proc., 80, 1481 (2005).
32) K. Kato, K. Suzuki, K. Tanaka, D. Fu, K. Nishizawa, T. Miki, Appl. Phys.: A-Mater. Sci. Proc., 81, 861 (2005).
33) K. Kato, K. Tanaka, S. Kayukawa, K. Suzuki, Y. Masuda, T. Kimura, K. Nishizawa, T. Miki, Appl. Phys.: A-Mater. Sci. Proc., 87, 637 (2007).
34) K. Kato, K. Tanaka, S. Kayukawa, K. Suzuki, Y. Masuda, T. Kimura, K. Nishizawa, T. Miki, Appl. Phys.: A-Mater. Sci. Proc., 88, 273 (2007).
35) G. A. Smolenskii and V. A. Bokov, J. Appl. Phys. 35, 915-18 (1964).
36) K. Kamata, T. Nakajima and T. Nakamura, Mat. Res. Bull., 14, 1007-12 (1979).
37) K. Suzuki, K. Nishizawa, T. Miki and K. Kato, Key Eng. Mater., 228-229, 141-146 (2002).
38) K. Suzuki, K. Nishizawa, T. Miki and K. Kato, J. Cryst. Growth, 237-239, 482-86 (2002).
39) K. Suzuki, K. Nishizawa, T. Miki and K. Kato, Ferroelectrics, 270, 99-104 (2002).
40) K. Suzuki, D. Fu, K. Nishizawa, T. Miki and K. Kato, Jpn. J. Appl. Phys., 42, 5692-95 (2003).
41) K. Suzuki, D. Fu, K. Nishizawa, T. Miki, K. Kato, Key Eng. Mater., 248, 77-80 (2003).
42) K. Suzuki, K. Tanaka, D. Fu, K. Nishizawa, T. Miki, K. Kato, J. Ceram. Soc. Japan, 112, S473-476 (2004).
43) K. Suzuki, Y. Guo, K. Nishizawa, T. Miki and K. Kato, Key Eng. Mater., 320, 73-76 (2006).
44) K. Suzuki, K. Nishizawa, T. Miki and K. Kato, Key Eng. Mater., 350, 107-110 (2007).

45) Y. Masuda and K. Kato Nano acicular anatase TiO$_2$ assembly particle and porous anatase TiO$_2$ crystal film and Method of Manufacturing Same. Japanese Patent Application Number: P2007-100949, April 6, (2007).
46) Y. Masuda and K. Kato, Thin Solid Films, 516, 2547-2552 (2008).
47) Y. Masuda and K. Kato Super-hydrophilic/hydrophobic Patterned Surfaces, Anatase TiO$_2$ Crystal Patterns and Method of Manufacturing Same. Japanese Patent Application Number: P2007-180260, July 9, (2007).
48) Y. Masuda and K. Kato, Chem. Mater., 20, 1057-1063 (2008).
49) M. Law, L. E. Greene, J. C. Johnson, R. Saykally and P. D. Yang, Nature Mater., 4, 455-459 (2005).
50) Y. Masuda and K. Kato ZnO Rod Array and Method of Manufacturing Same. Japanese Patent Application Number: P 2007-268415, Oct 15, (2007).
51) A. Sayari, Chem. Mater., 8, 1840-1852 (1996).
52) A. Corma, Chem. Rev., 97, 2373-2419 (1997).
53) K. Moller, T. Bein, Chem. Mater., 10, 2950-2963 (1998).
54) J. Y. Ying, C. P. Mehnert, M. S. Wong, Angew. Chem., Int. Ed., 38, 56-77 (1999).
55) A. Stein, B. J. Melde, R. C. Schroden, Adv. Mater., 12, 1403-1419 (2000).
56) M. Hartmann, Chem. Mater., 17, 4577-4593 (2005).
57) A.-L. Pénard, T. Gacoin, J.-P. Boilot, Acc. Chem. Res., 40, 895-902 (2007).
58) I. I. Slowing, B. G. Trewyn, S. Giri, V. S.-Y. Lin, Adv. Funct. Mater., 17, 1225-1236 (2007).
59) F. Cheng, Z. Tao, J. Liang, J. Chen, Chem. Mater., 20, 667-681 (2008).
60) I. A. Aksay, M. Trau, S. Manne, I. Honma, N. Yao, L. Zhou, P. Fenter, P. M. Eisenberger, S. M. Gruner, Science, 273, 892-898 (1996).
61) H. Yang, A. Kuperman, N. Coombs, S. Mamiche-Afara, G. A. Ozin, Nature, 379, 703-705 (1996).
62) H. Yang, N. Coombs, I. Sokolov, G. A. Ozin, Nature, 381, 589-592 (1996).
63) M. Ogawa, J. Am. Chem. Soc., 116, 7941-7942 (1994).
64) Y. Lu, R. Ganguli, C. A. Drewien, M. T. Anderson, C. J. Brinker, W. Gong, Y. Guo, H. Soyez, B. Dunn, M. H. Huang, J. I. Zink, Nature, 389, 364-368 (1997).
65) H. Miyata, K. Kuroda, J. Am. Chem. Soc., 121, 7618-7624 (1999).
66) H. Miyata, K. Kuroda, Chem. Mater., 11, 1609-1614 (1999).
67) H. Miyata, K. Kuroda, Chem. Mater., 12, 49-54 (2000).
68) H. Miyata, T. Noma, M. Watanabe, K. Kuroda, Chem. Mater., 14, 766-772 (2002).
69) H. Miyata, T. Suzuki, A. Fukuoka, T. Sawada, M. Watanabe, T. Noma, K. Takada, T. Mukaida, K. Kuroda, Nat. Mater., 3, 651-656 (2004).
70) P. Innocenzi, T. Kidchob, P. Falcaro, M. Takahashi, Chem. Mater., 20, 607-614 (2008).
71) Q. Huo, D. I. Margolese, U. Ciesla, D. G. Demuth, P. Feng, T. E. Gier, P.

Sieger, A. Firouzi, B. F. Chmelka, F. Schüth, G. D. Stucky, Chem. Mater., 6, 1176-1191 (1994).
72) A. Firouzi, D. Kumar, L. M. Bull, T. Besier, P. Sieger, Q. Huo, S. A. Walker, J. A. Zasadzinki, C. Glinka, J. Nicol, D. Margolese, G. D. Stucky, B. F. Chmelka, Science, 267, 1138-1143 (1995).
73) Q. Huo, D. I. Margolese, U. Ciesra, P. Feng, T. E. Gler, P. Sieger, R. Leon, P. M. Petroff, F. Schüth, G. D. Stucky, Nature, 368, 317-321 (1994).
74) D. Zhao, Q. Huo, J. Feng, B. F. Chmelka, G. D. Stucky, J. Am. Chem. Soc., 120, 6024-6036 (1998).
75) D. Zhao, J. Feng, Q. Huo, N. Melosh, G. H. Fredrickson, B. F. Chmelka, G. D. Stucky, Science, 279, 548-552 (1998).
76) P. Yang, D. Zhao, D. I. Margolese, B. F. Chmelka, G. D. Stucky, Chem. Mater., 11, 2813-2826 (1999).
77) B. Tian, X. Liu, B. Tu, C. Yu, J. Fan, L. Wang, S. Xie, G. D. Stucky, D. Zhao, Nat. Mater., 2, 159-163 (2003).
78) C. Yu, B. Tian, D. Zhao, Curr. Opin. Solid State Mater. Sci., 7, 191-197 (2003).
79) J. N. Kondo, K. Domen, Chem. Mater., 20, 835-847 (2008).
80) M. Tiemann, Chem. Mater., 20, 961-971 (2008).
81) K. Wang, M. A. Morris, J. D. Holmes, Chem. Mater., 17, 1269-1271 (2005).
82) K. Wang, B. Yao, M. A. Morris, J. D. Holmes, Chem. Mater., 17, 4825-4831 (2005).
83) D. Grosso, G. J. A. A. Soler-Illia, E. L. Crepaldi, F. Cagnol, C. Sinturel, A. Bourgeois, A. Brunet-Bruneau, H. Amenitsch, P. A. Albouy, C. Sanchez, Chem. Mater., 15, 4562-4570 (2003).
84) B. Smarsly, D. Grosso, T. Brezesinski, N. Pinna, C. Boissière, M. Antonietti, C. Sanchez, Chem. Mater., 16, 2948-2952 (2004).
85) D. Fattakhova-Rohlfing, M. Wark, T. Brezesinski, B. Smarsly, J. Rathouský, Adv. Funct. Mater., 17, 123-132 (2007).
86) C.-W. Koh, U.-H. Lee, J.-K. Song, H.-R. Lee, M.-H. Kim, M. Suh, Y.-U. Kwon, Chem. Asian J., 3, 862-867 (2008).
87) C.-W. Wu, T. Ohsuna, M. Kuwabara, K. Kuroda, J. Am. Chem. Soc., 128, 4544-4545 (2006).
88) X. Meng, T. Kimura, T. Ohji, K. Kato, J. Mater. Chem., 19, 1894-1900 (2009).
89) T. Kimura, Chem. Mater., 15, 3742-3744 (2003).
90) T. Kimura, Chem. Mater., 17, 337-344 (2005).
91) T. Kimura, Chem. Mater., 17, 5521-5528 (2005).
92) T. Kimura, K. Kato, J. Mater. Chem., 17, 559-566 (2007).
93) T. Kimura, K. Kato, Micropor. Mesopor. Mater., 101, 207-213 (2007).
94) T. Kimura, K. Kato, Stud. Surf. Sci. Catal., 165, 579-583 (2006).
95) T. Kimura, K. Kato, New J. Chem., 31, 1488-1492 (2007).
96) C. Sanchez, C. Boissière, D. Grosso, C. Laberty, L. Nicole, Chem. Mater., 20,

682-737 (2008).
97) A. Thomas, F. Goettmann, M. Antonietti, Chem. Mater., 20, 738-755 (2008).
98) D. A. Olson, L. Chen, M. A. Hillmyer, Chem. Mater., 20, 869-890 (2008).
99) Y. Wan, Y. Shi, D. Zhao, Chem. Mater., 20, 932-945 (2008).

第5章
薄膜配向制御技術

5.1 緒言

　持続的発展社会の構築には、高度情報化社会を支える情報・エレクトロニクス産業の更なる発展が必要である。このため、金属組成、結晶構造、キャリヤ濃度、スピン偏極などを制御することで様々な機能を示す金属酸化物材料は、21世紀を支える材料として期待されている[1]。革新的な電子デバイスの創製には新材料の開発が必要であるが、多くの金属酸化物の諸物性は結晶方位に依存する異方性を有するので、エピタキシャル成長による薄膜の配向制御が重要になってくる。

　近年、金属酸化物薄膜のエピタキシャル薄膜作製に関する研究は、主にスパッタリング、レーザーアブレーション、及び化学気相蒸着法(CVD)などの気相法により進められ、高品質なエピタキシャル薄膜が作製されている。しかしながら、高真空装置を用いるため、膜作製に要する時間とコストがかかる点や金属組成比の制御が難しいなどの問題もある。一方、化学溶液法は厳密な組成制御が可能で、高真空を用いないプロセスであるため、金属酸化物薄膜の低コスト作製プロセスとして期待されている。

　化学溶液法は、金属アルコキシドの加水分解反応により生成したゾルを基板に塗布後、焼成することで薄膜を作製するゾルゲル法と、基板に塗布した金属有機酸塩や金属アセチルアセトナトなどを焼成し、有機成分の熱分解と結晶成長を行うことで薄膜を作製する塗布熱分解法(metal organic deposition；MOD)に大別される[2-5]。塗布熱分解法では、大気中で化学的に安定な金属有機酸塩や金属アセチルアセトナトを用いるため、溶液組成は長期間安定で、取り扱いが容易であるという特徴がある。いずれも、基板に塗布した原料膜の熱平衡反応を用いて、様々な酸化物薄膜の結晶成長を制御することが可能である。また、シリコンや耐熱性のない基板上に酸化物薄膜を作製する場合は、塗布光照射法が有効である。この手法は、熱平衡反応とは異なった紫外光を用いた光化学反応を用いるため、塗布熱分解法のプロセス温度に比べて、加熱温度を低くすることができる特徴がある。

本章では、筆者らの研究を中心として塗布熱分解法による大面積超電導薄膜の作製および塗布光照射法によるペロブスカイト型マンガン酸化物薄膜の低温製膜や製膜機構について紹介し、これら薄膜の配向制御による特性向上について述べる。

5.2 X線回折法による薄膜の配向性評価

各論に入る前に、この節ではX線回折法を用いた薄膜の配向性評価について簡単に記す[6]。通常の $\theta-2\theta$ スキャンでは、図5-1(a)に示すように、試料に対するX線の入射角と出射角が常に等しく（$=\theta$）、散乱ベクトル（Q）は基板表面に垂直であるため、基板表面に平行な面からの回折ピークのみがあらわれる。例えば、c軸配向膜の $\theta-2\theta$ スキャンでは、$00l$ 反射のみが観測される。ゆえに、$\theta-2\theta$ スキャンからは、膜の面内配向性に関する情報は得られない。そこで、面内配向性を調べるために、極点図解析が行われる。極点図解析は、試料に対するX線の入射角と出射角をある $\theta-2\theta$ 角で固定したまま、試料を角度 ψ だけ傾け、回転させる（ϕ）ことで得られる［図5-1(b)、(c)］。試料を傾けると、相対的に散乱面（散乱ベクトル Q）は、基板に垂直な線から ψ だけ傾いたものとなる。ϕ スキャンはある固定された ψ において行われる。一連の ψ の角度に対して ϕ スキャンを行うことで極点図が描かれる［図5-1(c)］。様々な配向性

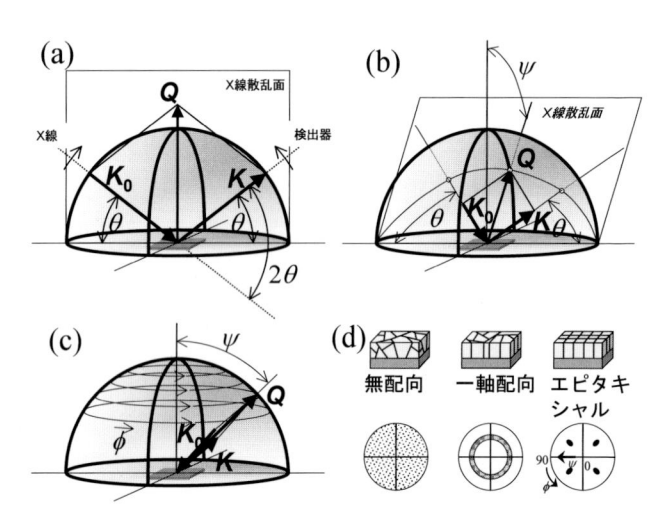

図5-1 X線回折による面内配向膜の評価、(a)通常の $\theta-2\theta$ スキャン、(b)試料を ψ 傾け、(c)様々な ψ で回転（ϕ スキャン）させることにより、極点図を得る、(d)配向性によって得られる極点図

をもつ膜の模式的な極点図形が図 5-1(d) に描かれている。すなわち、一軸配向膜では極点図はリング状となり、二軸配向膜(エピタキシャル膜)では、スポット状になる。φスキャンのピークの半値幅(FWHM)は面内配向性の程度を表す。

5.3 塗布熱分解法
5.3.1 はじめに

塗布熱分解法[7-11]は、図 5-2 に示されるような化学的な製膜方法である。所定の金属モル比の金属有機化合物溶液を作製し、それを基板に塗布して得たウェット膜を仮焼、熱分解する。その仮焼膜(前駆体膜)をさらに高温で本焼成することで目的の膜を得る。このように、「塗って焼く」だけという単純な工程から成り、高真空や高電圧を発生させる大規模な装置を使わないため、①膜の化学組成を正確にコントロールしやすい、②プロセス温度が比較的低温である、③様々な形状の大面積基板上や長尺テープなどにも応用できる、という特徴をもつ。エピタキシャル膜の作製には、通常、薄膜材料と格子定数、原子配列、配向性が類似した単結晶を基板として用いる[12,13]。そのような基板を用いれば溶液法であってもエピタキシャル膜を得ることはそれほど難しくない。例えば、本稿で詳しく述べるペロブスカイト ABO_3 関連構造の $YBa_2Cu_3O_7$(Y123)超電導体薄膜においては、ペロブスカイト構造の単結晶基板であるチタン酸ストロンチウム($SrTiO_3$；STO)やアルミン酸ランタン($LaAlO_3$；LAO)などが用いられる。

原料には、主に金属のカルボン酸塩や β-ジケトナトなどが用いられる。これらはアルコキシドと比較して空気中での安定性が高く、取り扱いが容易である。

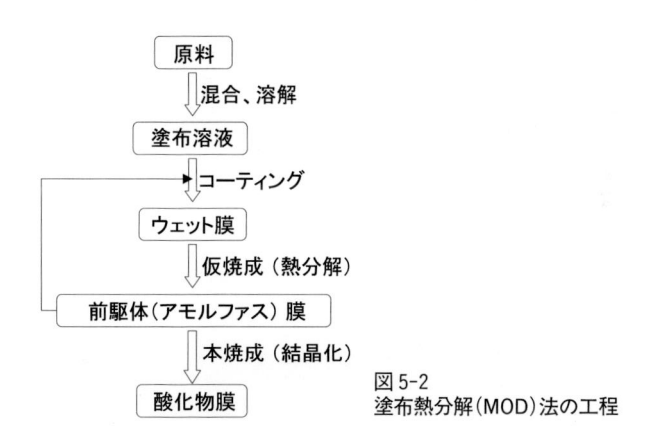

図 5-2
塗布熱分解(MOD)法の工程

もっともなじみのある原料は、図5-3に示すような2-エチルヘキサン酸塩、ナフテン酸塩、アセチルアセトナトなどである。溶媒はすべての原料を溶解することができ、基板への濡れ性がよく、乾燥や熱分解の際にクラックや発泡が生じないものから選ぶ必要がある。有機鎖の長い2-エチルヘキサン酸塩、ナフテン酸塩に対してはトルエン、キシレン、ミネラルスピリットのような非極性溶媒が主に用いられ、アセチルアセトナトに対してはアルコールのような極性溶媒が用いられている。

　基板への溶液の塗布には、スピンコーティング、ディップコーティング、スプレーコーティングなどが用いられる。スピンコーティングにおいて、ウェット膜の厚さは溶液の濃度および粘度とスピンの回転数によって変化する。ウェット膜は、乾燥、仮焼成により熱分解されて、仮焼膜(前駆体膜)が得られる。このとき、原料中に含まれる有機成分は、CO_2とH_2Oを発生しながら除去される。原料の選択と昇温速度や保持温度、時間などの仮焼成条件は、熱分解挙動が複雑なため、示差熱重量(TG-DTA)分析などの情報も参考にして経験的に決めていくことになる。通常、有機成分が完全に除去され、結晶相が生成する前のアモルファス状態の仮焼膜を得ることがエピタキシャル性の高い膜を得るために重要であると考えられている[14]。

　一回の塗布、仮焼、本焼成で所定の膜厚が得られない場合は、塗布、仮焼を繰り返すことで、膜を厚くする。その後、本焼成を行って目的の物質のエピタキシャル膜を得る。機能性酸化物は、遷移金属を含むものが多いため、原子価制御が重要であり、酸素分圧(pO_2)と温度を制御して熱処理する必要がある。気相法のような物理的手法では非平衡相を得ることができるのに対し、塗布熱分解法は、基本的に熱平衡相を得る方法である。遷移金属含有酸化物の価数および結晶相制御は、酸素の化学ポテンシャルと温度を両軸にとった各酸化物相の安定領域を示したエリンガム図を参考にすることで可能となる[15]。塗布熱分解法による機能性酸化物膜(主に多結晶膜)の作製に関しては松下らの先駆的な研究[16]以来、多くの研究開発が行われているが、単結晶的なエピタキシャル膜における飛躍的な特性向上が得られたのは$YBa_2Cu_3O_7$(Y123)超電導薄膜に関す

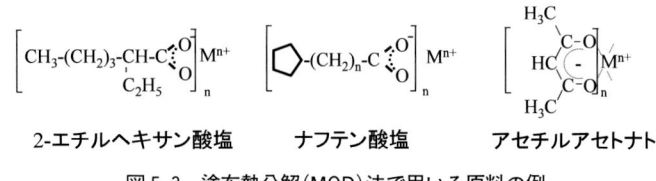

図5-3　塗布熱分解(MOD)法で用いる原料の例

るものが初めてであり、その後、$SrBi_2Ta_2O_9$[17-20]、$Bi_2VO_{5.5}$[21,22]、$Pb(Zr, Ti)O_3$[23,24]強誘電体膜、VO_2[25]、Fe_3O_4[26]膜などのエピタキシャル成長が得られている。以下では超電導膜の作製について述べる。

5.3.2　格子整合基板上への Y123 超電導膜の作製

ここでは、ペロブスカイト型構造をもつ格子整合基板上に Y123 超電導体の c 軸配向エピタキシャル膜を作製した例を紹介する。Y123 は、図 5-4 のような三重ペロブスカイト構造をもつ物質であり、陰イオン欠損のペロブスカイト $YBa_2Cu_3O_7=(YBa_2)Cu_3O_{9-2}=ABO_{3-d}$ としてあらわされる。Y123 は a, b 軸方向(c 面内)と c 軸方向で超電導特性に異方性があり、多結晶体に存在する粒界での弱結合は臨界電流の低下をもたらす[27]。塗布熱分解法による超電導膜作製は Y123 超電導体発見の直後から国際的に熾烈な開発競争が行われた。当初は多結晶的な膜しか得られずに[28,29]、液体窒素温度(77 K)における臨界電流密度 J_c も低かった[30]。

その後、低酸素分圧と STO などの格子整合基板を用いることにより、塗布熱分解法でエピタキシャル膜が作製されることが明らかとなった[31,32]。図 5-5 に、STO 基板上に作製した Y123 膜の 102 回折線を用いた極点図を示す。図 5-5(a)は、$pO_2 \approx 10$ Pa、800℃で熱処理した膜のもので、$\psi \approx 56°$ に 4 つのスポットが見られることから、c 軸配向エピタキシャル膜が得られたことがわかる。また、図 5-5(b)は、$pO_2 = 100$ Pa、800℃で熱処理した膜のものであるが、$\psi \approx 56°$ の 4 つのスポットのほかに、$\psi \approx 33°$ に 4 つのややブロードなスポットが見られ、a 軸配向エピタキシャル膜が混在していることが示された。熱処理条件が、

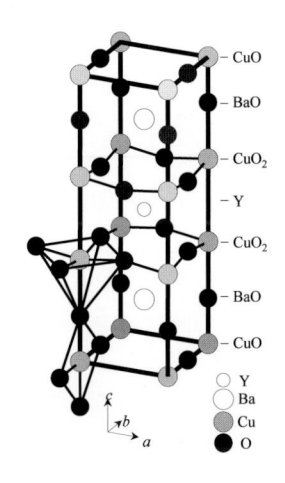

図 5-4
$YBa_2Cu_3O_7$(Y123)超電導体の結晶構造

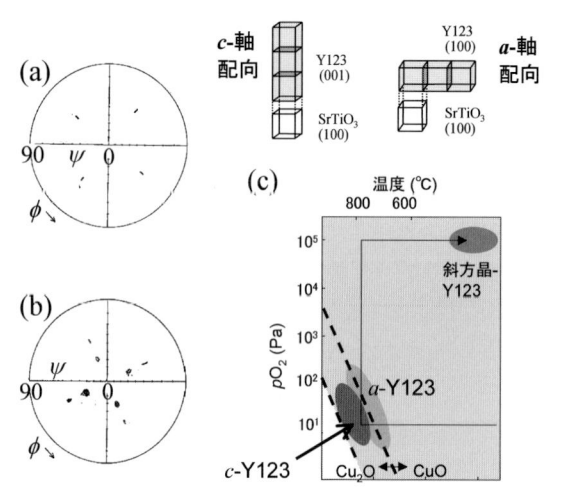

図 5-5 (a) $pO_2 \approx 10$ Pa、および(b) $pO_2 = 100$ Pa、800℃で熱処理した STO 上 Y123 エピタキシャル膜の 102 回折を用いた極点図、(c)温度－pO_2 図における熱処理プロファイル

Y123 の安定-不安定境界および Cu_2O-CuO 平衡線付近で、c 軸配向膜が得られやすく、それより酸素分圧が高い領域や、低温側で a 軸配向膜が得られやすいことが知られている[33]。これを模式的にあらわすと図 5-5(c) のようになる。Y123 超電導体は、酸素の不定比性があり、結晶成長時の雰囲気、温度では、酸素がより少ない非超電導体の $YBa_2Cu_3O_6$ となるため、冷却時に酸素 1 atm に切り替え、酸素を結晶内に取り込ませることで、斜方晶の超電導体である $YBa_2Cu_3O_7$ を得ることができ、77 K における J_c として 10^6 A (= 1 MA)/cm² 以上が得られた[31]。

次に、同じペロブスカイト構造をもつ LAO 基板上への Y123 膜についても紹介しておく[34,35]。LAO は、立方晶からわずかにひずんだ菱面体晶であり、双晶が存在するが、比較的大きな単結晶が得られる。この場合もミスマッチが非常に小さく、c 軸、a 軸配向の生じやすさは、図 5-5(c) と同様である。通常の熱処理においては、高温で熱処理するためには、必ず昇温中に a 軸配向のできやすい温度範囲を通過することになる。そこで、急速昇温の可能な赤外線加熱炉を用いて、昇温速度を変えて作製した Y123 膜の配向性について調べた[35]。X 線回折図［図 5-6(a)］が示すように、昇温速度が速くなると、a 軸配向を示す 200 反射によるピークが c 軸配向を示す 006 ピークの肩からなくなっていくことがわかる。すなわち、図 5-6(b) に示すように、a 軸配向の生じやすい低温を赤

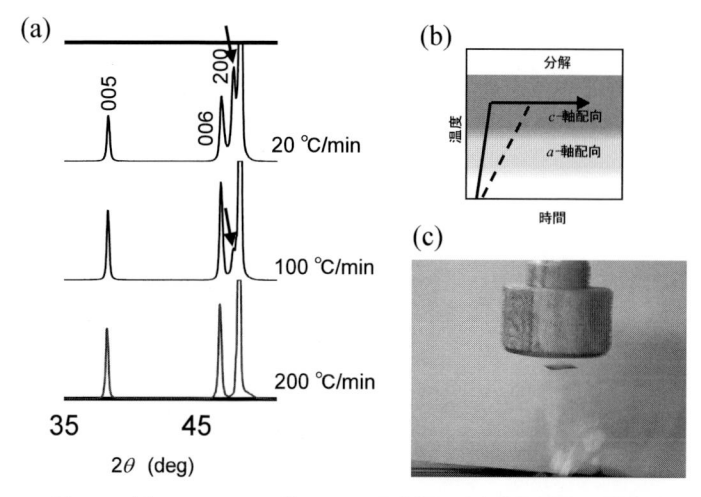

図 5-6 (a)LAO 上 Y123 膜の $\theta\text{-}2\theta$ 回折図、(b)熱処理時の温度プロファイル、(c)エピタキシャル Y123 膜を用いた空中浮遊デモンストレーション

外線加熱による急加熱によって瞬時に通過することができたため、a 軸配向成長が抑制されたと考察される。直径 5 cm の LAO 基板に作製した Y123 膜は、非常に緻密で平滑であり、マイクロ波フィルタへの応用を目指して表面抵抗(R_s)を測定したところ、測定周波数 12 GHz で 70 K のとき、$R_s = 0.37$ mΩ という低い値が得られ、また J_c も非常に高かった(> 2 MA/cm^2)。図 5-6(c)は、超電導体が磁力線をつかまえて離さない性質(ピン止め効果)を利用した空中浮遊の様子を示している。「超電導 UFO キャッチャー」と名付けたこのデモンストレーションでは、厚さ 0.5 μm の Y123 膜を厚さ 0.5 mm の LAO 基板の両面に作製した超電導体を用いており、超電導特性が高いことを反映して約 500 倍の重さの基板も含めて浮遊させることが可能であった。

5.3.3 限流器用大面積 Y123 超電導膜の作製 ── 中間層の利用

限流器応用超電導膜用の基板材料としては、熱伝導度や耐熱衝撃性が高く、大面積化が可能なサファイア(単結晶アルミナ)が最適である。しかし、サファイアは Y123 と化学反応を起こすうえ、結晶構造が異なり、格子不整合性が大きい(ミスマッチ：約 10%)ため、直接 Y123 をエピタキシャル成長させるのは困難である。そこで中間層(バッファ層)として CeO_2 を用い、格子不整合性を緩和するとともに化学反応を抑制する。ここでは、サファイア基板上に真空蒸着法

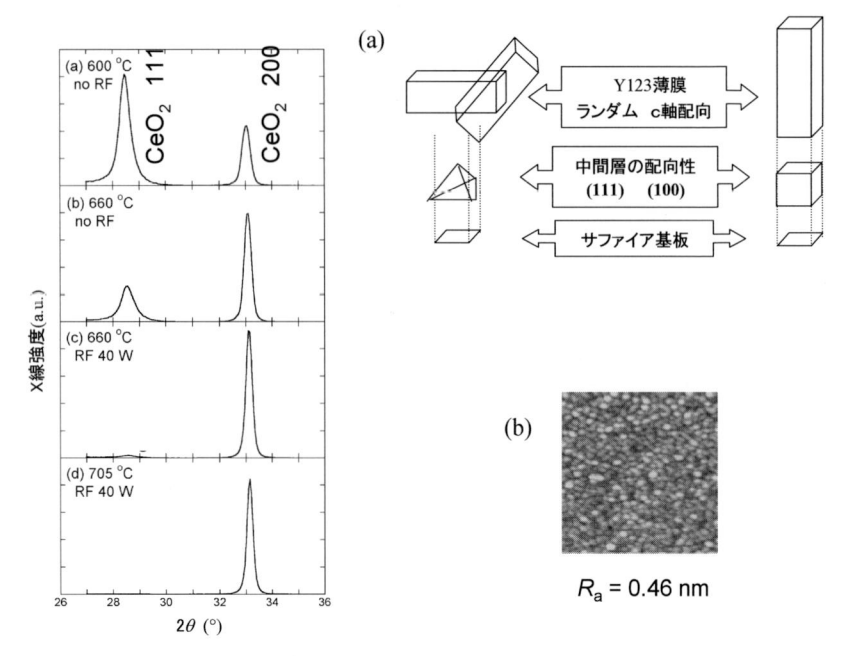

図5-7 サファイア上のCeO₂中間層の(a)X線回折による配向性評価、(b)原子間力顕微鏡による表面評価

にてCeO₂中間層を40 nm形成した[36]。その際、温度分布の均一性を向上させるためにシールドを工夫し、RF(ラジオ波)アンテナにより酸素をプラズマ化した。RFのパワーを上げ、蒸着温度を高くすることで、図5-7(a)のようにCeO₂の配向を(111)から(100)にすることができ、得られた膜は大面積にわたって均一なナノメーターレベルで平坦な表面を有していた[図5-7(b)]。このように緻密で平坦な(100)配向のCeO₂中間層を形成することにより、以下のように塗布熱分解法によるサファイア上へのY123のエピタキシャル成長が可能となった[37,38]。

原料溶液をCeO₂中間層つき基板上に塗布した後、大型管状炉にて空気中500℃での仮焼成を行い、さらに酸素分圧を精密に制御した雰囲気下(酸素分圧を10 Paから10⁵Paへ2段階に切り替える)約750℃での本焼成を行い、エピタキシャル成長したY123を形成した。熱処理条件は、格子整合基板のときとほぼ同じであるが、中間層にCeO₂を用いると、Y123との反応によるBaCeO₃生成が問題となってくる。すなわち、図5-8に示すように、高温あるいは酸素分圧が低いとBaCeO₃が生成しやすい傾向がある。もしBaCeO₃が生成すると膜中

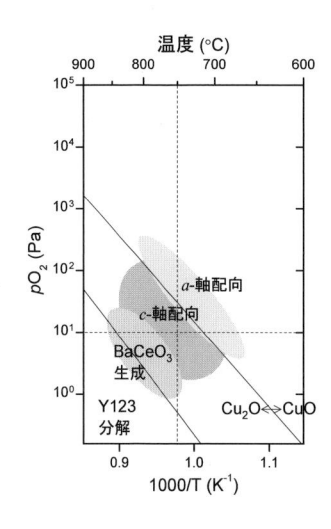

図5-8 pO_2－温度図におけるCeO₂中間層付きサファイア基板上のY123膜の配向性

のBaの量が少なくなるため、金属組成比が1：2：3からずれることにより、超電導特性が著しく低下してしまう。ここでCeO₂は、Y123との格子ミスマッチは小さいが、結晶構造がY123と異なる蛍石型構造であるため、Y123結晶成長速度は比較的小さく、格子整合基板上のときのように赤外線加熱炉を用いた急加熱は必要ないことが明らかとなってきた。そのため、温度均熱性の高い大型管状炉を用いることで、10 cm×30 cmというような大面積サファイア基板上に高特性のY123膜を作製することに成功した。すなわち、平均J_c＝2.6 MA/cm²であり、測定点の大部分で平均J_cの±20％以内という均一性が得られた（図5-9）。

現在、大面積超電導膜を用いた限流器の開発が進められている。限流器は、送電線や配電線に対する落雷などの事故によって発生する大きな電流を瞬時に抑制し、事故電流の遮断を容易にする電力機器である。多くの方式の限流器のなかで、超電導膜に過大な電流が流れると超電導膜が超電導（Super）状態から常伝導（Normal）状態へと瞬時に転移する現象を利用して事故電流を抑制するSN転移型限流器は、低損失で大容量かつ高信頼性が予想されるため、その開発に多くの期待が寄せられている[39]。ここで電力用のSN転移抵抗型限流器を作製するためには、高臨界電流密度を有する大面積（幅広かつ長尺）の超電導膜が必要である。今回、紹介した塗布熱分解法は、低コストで高性能な大面積膜が作製できる手法であり、現在までにこの方法で作製したY123膜を用いた200A級モジュールの限流動作に成功している[40]。

図 5-9
30 cm×10 cm Y123 膜の臨界電流密度(J_c)分布

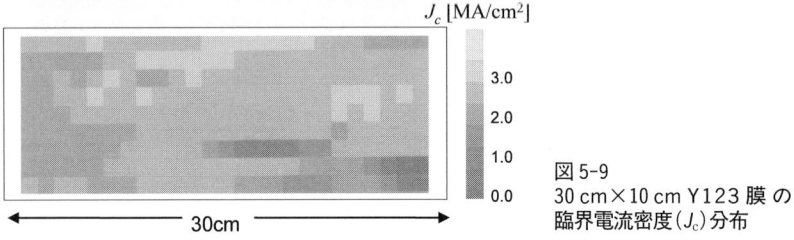

5.3.4 おわりに

　本節では、大面積 Y123 超電導薄膜のエピタキシャル成長と限流器への応用を中心として、塗布熱分解法の出発原料、基板材料および中間層材料の選択、熱処理方法の最適化等について紹介した。本方法は基本的に熱平衡プロセスであり、金属酸化物の価数および結晶相は、酸素分圧と温度の影響を受ける。ここで格子整合の基板や中間層を用いて酸素分圧を精密に制御した熱処理を行うことで、様々な機能性酸化物の配向制御膜が得られる。また、製膜の大面積化および高速化にともなって、溶液コーティング方法(スピンコーター、ダイコーターなど)の選択も重要となってくる。配向制御膜の例として挙げたエピタキシャル成長した超電導薄膜は Jc が高く大面積化が可能なため、この方法で作製した Y123 膜を用いたモジュールの実証実験が行われている。

5.4　塗布光照射法
5.4.1　はじめに

　上述のように、一般に塗布熱分解法における金属酸化物の結晶成長では500℃以上の加熱処理工程を要するので、シリコンやプラスチックなど耐熱性のない基板上への作製が困難であった。このような問題を解決するには、従来の熱平衡反応を用いないプロセスの開発が必要である。その一つの方法として、紫外光を用いたプロセスの開発が進められてきている。

　紫外光を用いた金属有機化合物の分解反応を利用した酸化物合成技術は、

1988年に森山ら[41]が発表している。この方法では、酢酸鉛に対し、過剰の酸素を供給しながらKrFレーザーを照射するとPbO_2が生成するというものである。続いて1994年Hillらの米国特許[42]では、銅、クロム、セリウム、イットリウム、バリウム、ウラニウムの有機酸塩に対し、254 nmの光を照射し、金属酸化物が得られることが報告されている。一方、1995年以降、ゾルゲル法と光照射の組み合わせにより金属酸化物を結晶化させる研究が行われた。従来、ゲルに対して光を照射すると照射部分が「不溶化」する事をパターニングに利用する方法[43]はあったが、いずれも最終的には加熱処理が必要であった。金属アルコキシドを加水分解して生成するゲルに対して、加熱工程を経ることなく、光照射により「結晶化」できれば、加熱せずにパターニングすることが可能である。SiO_2、In_2O_3に関しては、今井ら[44-46]により、ZnOに関しては、長瀬ら[47,48]により、TiO_2、In_2O_3、SnO_2、に関して阿出川ら[49]による研究が行われており、これらはいずれも多結晶膜の作製に関する研究であった。

一方筆者らは、高い特性の発現に有効な膜の結晶方位を制御するため、エピタキシャル薄膜低温成長法の研究に取り組み、$La_{1-x}Sr_xMnO_3$薄膜[50-52]、$Pb(Zr, Ti)O_3$(PZT)薄膜[53,54]、$SmBaMn_2O_6$薄膜[55,56]及びSnO_2薄膜[57-59]などのエピタキシャル膜の合成を可能にした。また、紫外レーザーを用いた光化学反応を利用した酸化物薄膜の結晶成長法に関する研究を進め、レーザーエネルギーや繰り返し周波数を変えた多段階のレーザー照射法や、金属有機化合物の選択により、TiO_2(ルチル相)[60]、$γ-Fe_2O_3$[61]、ITOおよび$PbTiO_3$(ペロブスカイト相)[53,62]Y_2O_3:Eu[63]、$SrTiO_3$:Pr, Al[64,65]、$CaTiO_3$:Pr[66]などの多結晶薄膜の作製に成功している。このように塗布光照射法は、様々な酸化物薄膜の多結晶膜やエピタキシャル膜を低温で作製出来るため、様々な新デバイスの創製に有効な方法として期待されている。

本節では、塗布光照射法によるペロブスカイト型マンガン酸化物薄膜($La_{1-x}Sr_xMnO_3$薄膜および$SmBaMn_2O_6$薄膜)の低温製膜に関する研究から得られた結果を基に、結晶成長を支配するパラメーターや結晶成長機構、熱平衡反応による薄膜成長との違いについて紹介する。

5.4.2 ペロブスカイト型マンガン酸化物の低温エピタキシャル成長

(1) エピタキシャル$La_{1-x}Sr_xMnO_3$(LSMO)薄膜の作製[50-52]

$La_{1-x}Sr_xMnO_3$(LSMO)材料は、巨大磁気抵抗、金属絶縁体転移、高温電気伝導性など様々な特徴があり、その薄膜化による新しいデバイスの創成が注目されている。筆者らは、シリコン基板上に作製するため500℃程度の基板加熱で

LSMO薄膜を作製するため、塗布光照射法を検討した。$La_{1-x}Sr_xMnO_3$($x=0.2$)薄膜の作製においては、ナフテン酸La、Sr、Mnを所定比に混合したトルエン溶液を用いた。この溶液を単結晶$SrTiO_3$(STO)および$LaAlO_3$(LAO)基板にスピンコートした後、500℃で焼成し、ArFレーザーを照射した。図5-10は、基板温度500℃、レーザーフルエンス100 mJ/cm²、繰り返し周波数10 Hz一定の条件で、照射時間を変えてLAO基板上に作製した$La_{1-x}Sr_xMnO_3$($x=0.2$)薄膜のX線回折パターンである。レーザー照射前の膜は結晶化していないが、レーザーを10分間照射することで、LSMO(00l)配向膜が結晶化し、60分間照射すると、結晶性は最大となった。更に、90分間照射した場合、結晶性の著しい改善は見られなかったが、X線のピーク位置が低角度側にシフトしていることから、長時間のレーザー照射により酸化反応が進むことが分かった。更にϕスキャン測定より、この膜は、図5-11に示すように面内も配向性している

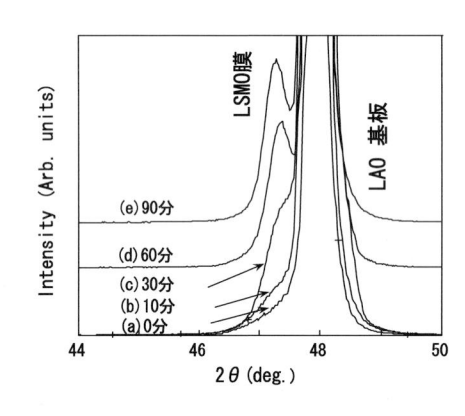

図5-10
光照射法で作製したLSMO膜/LAO基板のX線回折パターン

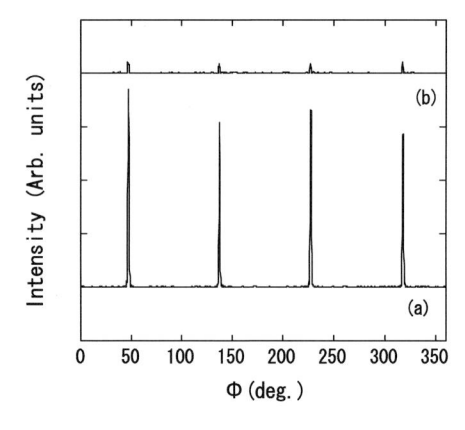

図5-11
光照射法で作製したLSMO膜/LAO基板の極点図形測定結果
(a)LSMO膜/LAO基板、(b)LAO基板

ことから、LSMO 膜が LAO 基板にエピタキシャル成長していることが確認された。また、光照射法で作製した膜の平坦性は、材料、レーザー照射条件及び膜の厚みに依存するが、この膜の表面構造は、図 5-12 に示した程度の平坦性 ($R_a = 2.5$ nm) を有している。同様に STO 基板を用いて LSMO 膜を作製した結果、70〜90 mJ/cm^2 のレーザーフルエンスで照射することで、エピタキシャル LSMO 膜が得られた。

一般に、薄膜の諸物性は、膜の厚みにも依存するため、膜の厚みの制御は薄膜作製工程で極めて重要である。本法の場合、膜の厚みの制御は、原料溶液のコーティング工程とレーザー照射工程を繰り返し行うことで可能である。図 5-13(a) は、両工程を 2 回繰り返すことにより厚膜化した膜の断面 TEM 像で図 5-13(b) は、膜と基板界面の高分解能 TEM 像であるが、LSMO 膜に不連続な部分も、膜と基板材料との反応もない。このように、基板材料との反応が低

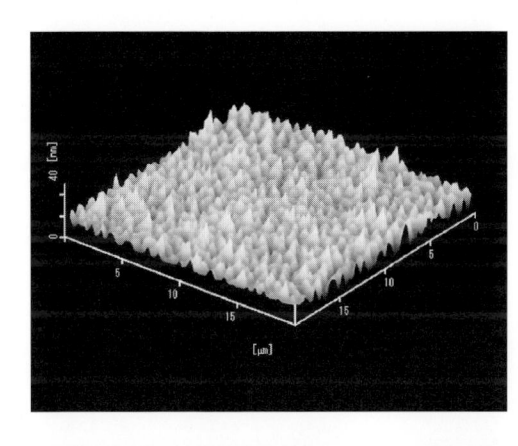

図 5-12 塗布光照射法で作製した LSMO 膜/LAO 基板の AFM 像

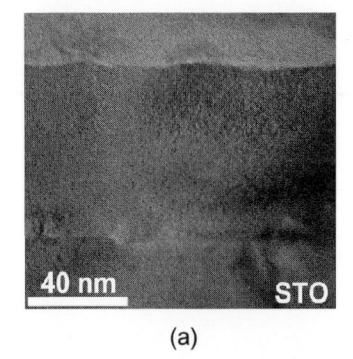

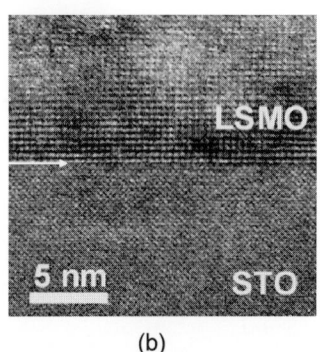

図 5-13 LSMO/STO 膜の(a)断面 TEM 像、(b)高分解能断面 TEM 像

減されることが光照射法の特徴の一つで、最適なレーザーエネルギー条件では、低温でエピタキシャル膜が成長可能である。

a. レーザー波長と基板材料が結晶成長に与える影響[67]

本プロセスでは、反応系における光の吸収により反応が起こるため、光波長の選択が重要である。表5-1に193 nm (ArF)、248 nm (KrF)、308 nm (XeCl) の波長を用いて基板とエネルギーを変えた場合に、どのような条件でエピタキシャル成長が起こるかをまとめた。LAO基板を用いて、KrFやXeClレーザーを照射した場合、フルエンスを60〜150 mJ/cm^{2}と変化してもLSMO膜の結晶は成長しない。KrFやXeClのフォトンエネルギー(5.0 eV、4.0 eV)は、LAO基板のバンドギャップ(5.6 eV)より小さいことから、基板による光化学反応が抑制されるためと考えられる。一方、STO基板では、バンドギャップが3.2 eVとLAO基板より狭い。従って、いずれのレーザー波長で照射しても、先駆体膜と同時にSTO基板もレーザー光を吸収するため、基板と膜の界面における光化学反応が起こり、エピタキシャル成長が促進されるものと考えられる。ただし本系では、LAO基板はSTO基板と比べてLSMO膜との格子ミスマッチが大きいこともあり、格子ミスマッチの違いも結晶成長に寄与しているものと考えられる。実際、熱平衡反応を用いた場合は、1000°Cの熱処理によりSTO及びLAO基板上にLSMO膜が成長するが、同焼成条件で焼成した場合の結晶性は、STO基板の方が良い。基板材料により結晶成長が異なる点は、PZT膜[54]やSnO$_2$膜の成長においても同様な効果があることも明らかになっている。

b. TEM解析によるエピタキシャル成長過程の観察

光照射法では、膜表面からレーザー光が吸収されるため、どのように結晶が

表5-1 LSMO膜のエピタキシャル成長に及ぼす基板、レーザー波長およびフルエンスの効果

レーザー(波長)	基板	レーザーフルエンス (mJ/cm^2)				
		70	80	90	100	110
ArF (193 nm)	LAO	×	×	エピ成長	エピ成長	エピ成長
ArF (193 nm)	STO	エピ成長	エピ成長	エピ成長	×	×
KrF (248 nm)	LAO	×	×	×	×	×
KrF (248 nm)	STO	エピ成長	エピ成長	エピ成長	エピ成長	×
XeCl (308 nm)	LAO	×	×	×o	×	×
XeCl (308 nm)	STO	×	エピ成長	エピ成長	エピ成長	エピ成長

エピ成長：エピタキシャル成長、×：エピタキシャル成長なし

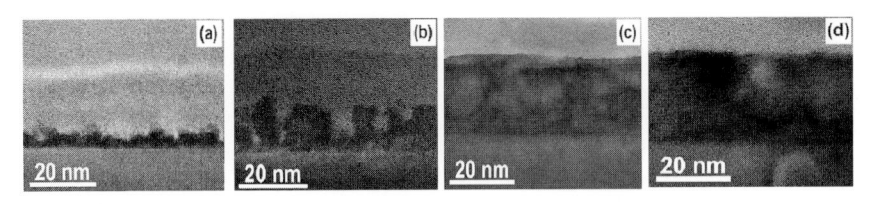

図 5-14　照射パルス数を変えて作製したマンガン酸化物膜の断面 TEM 像
(a) 100 パルス、(b) 1000 パルス、(c) 3600 パルス、(d) 10000 パルス

成長するかは様々な材料の結晶成長を制御する上で重要な課題である。図 5-14 は、光照射法によるエピタキシャル膜の成長機構を明らかにするため、パルス数を変えて作製した薄膜の断面 TEM 写真である[68]。図 5-14 から分かるように 100 パルスの照射では、基板と膜の界面から成長が始まり、3000 パルスの照射により膜全体がエピタキシャル膜となることがわかる。

　これらの現象は、$La_{0.7}Ba_{0.3}MnO_3$[69]、$LaMnO_3$[70]、SnO_2 などについても調べられ、同様な結果が得られている。レーザーの吸収は、膜表面が最も強いため膜の表面から多結晶反応が進むことが懸念されるが、基板と膜の界面からエピタキシャル成長が進行することが明らかになった。通常の熱反応を用いた場合でも格子ミスマッチの小さい基板を用いた場合、結晶核が先駆体膜に接しているため、核のないアモルファス基板を用いた場合よりも低温で結晶が成長することが知られている。本研究の光プロセスを用いた場合でも、エピタキシャル成長の速度は、多結晶成長に比べて早いため、レーザー光が膜表面から吸収しているにもかかわらず、基板と膜の光化学反応により基板界面から優先的にエピタキシャル成長するものと考えられる。現在、差分法を用いたシミュレーションを用いて、光照射により誘起される膜や基板材料の温度変化について見積もり、光化学反応や熱反応が光励起エピタキシャル成長にどのように寄与しているかについての解明も進められつつあるが[70]、成長機構の詳細な解明のためには、今後、ナノ秒の反応を正確に診断する実験手法の開発が必要である。

c．赤外センサへの応用
　以上のような基礎的研究を踏まえてペロブスカイトマンガン酸化物を用いた赤外センサ応用を目指した薄膜作製法の開発を行った。詳細は文献を参照して頂きたいが、レーザーフルエンス、照射時間、基板材料、キャリヤ濃度及び金属組成などを制御することで、図 5-15 に示したように室温 (298 K) の抵抗温度係数 TCR が 4.3%/K を示す LSMO 膜が得られた[71]。本特性は、レーザーアブ

103

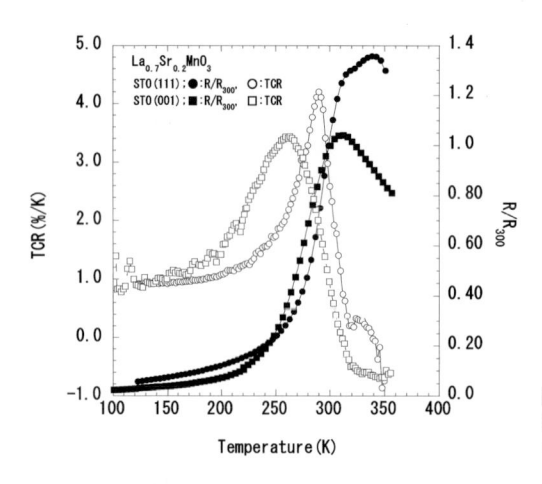

図5-15 LSMO膜/(111)STO基板の抵抗率と抵抗温度係数の温度依存性

レーション法を用いて、750～800℃の基板温度で作製したマンガン酸化物膜のTCR特性と同等であり[72,73]、低温で製膜したにも係わらず十分な特性が得られることが分かった。非冷却型赤外センサの実用化のためにはシリコン基板上へマンガン酸化物膜を作製する必要があり、低温成長が可能な本プロセスが期待されている。

(2) $RBaMn_2O_6$ 薄膜のエピタキシャル成長

(1)で紹介したLSMO等のペロブスカイトマンガン酸化物 $AMnO_3$ は、金属絶縁体転移を用いたボロメータ薄膜への応用の他に、巨大磁気抵抗(CMR)効果や光スイッチング効果などの機能を有するため、次世代デバイスへの応用が期待されている。しかしながら、低温では高いCMR特性を示すものの、室温付近では十分な特性を示さない問題がある。これらの問題を解決するため、従来のAサイトが無秩序であるマンガン酸化物(たとえばLSMOではLaとSrは無秩序にAサイトを占める)に対して、近年、Aサイトを秩序化したマンガン酸化物 $RBaMn_2O_6$(R：La, Sm)が合成され(Aサイトを占めるRとBaが交互に積層する)、その材料のCMR特性は、室温付近で1000%を超えることが報告されている[74]。これらの画期的な材料を実用的なデバイスとして用いるためには薄膜化が必要であるが、これまでにAサイトが秩序化したマンガン酸化物薄膜の製膜に関する報告はなかった。筆者らは、塗布光照射法が気相法にくらべて金属組成の制御性が良く、基板との反応を抑制できることに着目し、基板温度、レーザーエネルギー、酸素分圧などの作製条件を最適化することで以下のように、STO基板上にAサイト秩序型 $RBaMn_2O_6$(R：La, Sm)のエピタキシャル

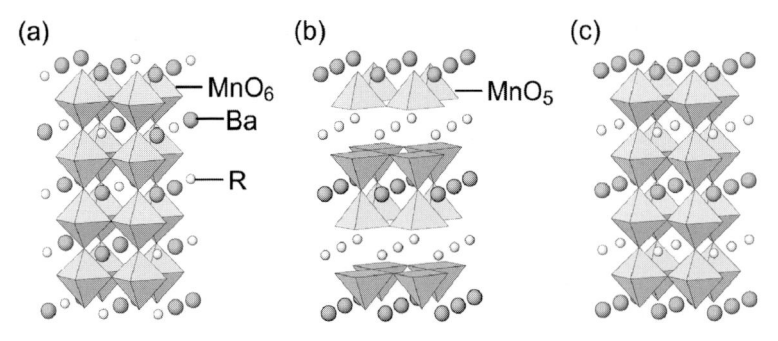

図 5-16 結晶構造模式図 (a) A サイト無秩序型 $R_{0.5}Ba_{0.5}MnO_3$、(b) 酸素欠損 A サイト秩序型 $RBaMn_2O_{6-d}$、(c) A サイト秩序型 $RBaMn_2O_6$

薄膜の製膜に成功した。

まず、所定の金属組成比に混合した原料溶液を STO(001) 基板に塗布後、500°C でアモルファス先駆体を作製した。この膜を 500°C で、248 nm のパルスレーザー光を 10 Hz で 60 分間照射した。空気中、レーザーフルエンスが 120 mJ/cm² 以下の条件でレーザー照射した場合には、A サイトイオンは層状秩序化せず、従来の A サイトが固溶した無秩序型 $R_{0.5}Ba_{0.5}MnO_3$ 薄膜が形成される [図 5-16(a)] が、Ar 雰囲気下、レーザーフルエンス 130〜150 mJ/cm² の条件でレーザー照射を行うと、図 5-16(b) に示すように、A サイトが層状秩序化したエピタキシャル $RBaMn_2O_{6-d}$ ($0 < d \leq 1.0$) 薄膜が得られることを明らかにした。レーザー照射後の薄膜は酸素が一部欠損しているためこのままでは CMR 特性は示さない。そこでさらに、レーザーの照射なしに酸素中 500°C で 3 時間程度熱処理することで酸素欠損のない A サイト層状秩序型ペロブスカイト $RBaMn_2O_6$ 膜 [図 5-16(c)] に転換できることに成功した。図 5-17 に本手法を用いて作製した $RBaMn_2O_6$ 及び $R_{0.5}Ba_{0.5}MnO_3$ 薄膜の断面 TEM 像を示す。このように塗布光照射法では、従来作製が困難であった、複雑な組成で化学反応及び結晶成長に酸素分圧の制御が必要な材料系を作製できるため、実用化プロセスの開発だけでなく、新しい材料の開発手法としても有効である。

5.4.3 おわりに

本節では、ペロブスカイトマンガン酸化物の低温製膜を中心として、塗布光照射法によるエピタキシャル成長における基板材料の効果、レーザー波長の効果および結晶成長機構の解析について紹介した。これらの因子は、磁性材料、絶縁材料、蛍光体材料など他の機能性材料への応用の際にも基本となるものである。ここで各種材料へ適用する場合には、目的とする金属酸化物膜ばかりで

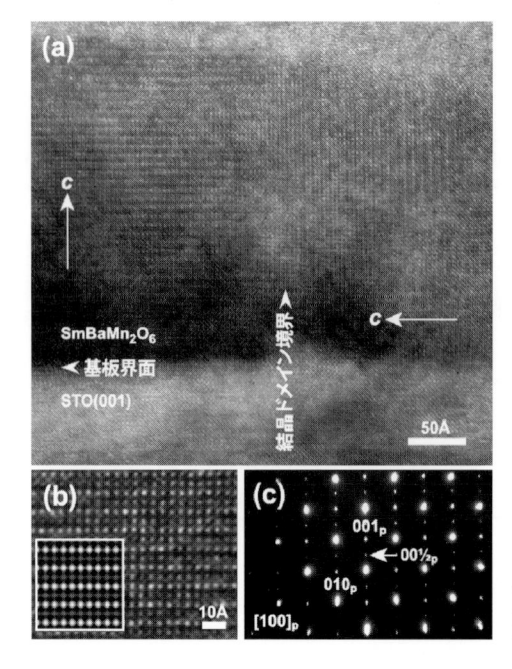

図5-17 塗布光照射法により作製したSmBaMn$_2$O$_6$膜の(a)TEM像、(b)高分解能TEM、(c)電子線回折

なく、それを構成する元素を含む金属有機化合物および基板材料について、光学吸収、熱伝導度、熱容量、密度、融点や分解温度などの体系的な研究による反応機構の解明や光反応に有効な新しい金属有機化合物や基板材料の開発が重要となってくる。また実用化を促進するためには、これらと並行して光源、光学系および同時パターニング手法などの開発も必要である。

塗布光照射法の最近の展開として、上述のレーザー照射によるエピタキシャル成長だけでなく、① Y$_2$O$_3$：Eu、SrTiO$_3$：Pr、Al、CaTiO$_3$：Pr などの蛍光体薄膜や SnO$_2$ 系透明導電膜などについて多結晶膜製造プロセスの低温化とパターニング、および②真空紫外ランプを用いることで有機基板上への RbVO$_3$ 白色蛍光体膜の作製[75] などに成功しており、本方法が従来困難であった新しいデバイスの創成にも有効であることが明らかとなりつつある。

5.5 課題と展望

本章では塗布熱分解法および塗布光照射法による薄膜の配向制御について述べた。塗布熱分解法は基本的に熱平衡プロセスであり、格子整合の基板や中間層を用い、結晶化学的な知識と酸素分圧を制御した熱処理方法を駆使することで、様々な機能性酸化物のエピタキシャル膜が得られ、特に超電導薄膜につい

ては、モジュール実証の段階にあることを示した。

　塗布光照射法は塗布熱分解法の熱処理工程の一部又は全部を紫外光照射に置き換えたプロセスであり、熱平衡相ばかりでなく非平衡相の低温でのエピタキシャル成長や(本章ではふれなかったが)同時パターニングも可能となるため、塗布法の応用分野をより広範なものとしている。赤外センサへの応用ではやはりデバイスの実用化検討レベルにある。

　化学溶液法による薄膜配向制御技術に共通する課題として、出発原料、基板材料および(必要に応じて)中間層材料の選択、製膜条件の最適化、膜厚制御、積層化などが挙げられる。また、実用化に際しては、製膜の大面積化および高速化にともなう溶液コーティング方法(スピンコーター、ダイコーターなど)の選択や(塗布光照射法では)光源、光学系および同時パターニング手法などの開発も重要となってくる。

　ページ数の制約から本稿で割愛した事例については5.3.1および5.4.1項の文献を参照していただきたい。これらの手法は、原理的に多岐分野に応用可能であるため、今後、様々な金属酸化物材料のデバイス化が期待出来る。化学溶液法は、これまで主に化学系の研究者により研究が進められてきたが、光を含む物理、化学、無機材料、有機材料ばかりでなく、精密機械工学、流体工学など境界領域の研究であるため、異分野の研究者が集まり、多面的かつ体系的に研究を推進させることが望まれる。また、いくつかの応用についてはデバイス・モジュール作製の歩留まりや耐環境性の向上など実用化レベルの検討がなされており、そこで明らかとなった知見を製膜法にフィードバックすることにより、新規な応用事例の実用化への開発が加速されると期待される。

参考文献
1) 鯉沼秀臣, "酸化物エレクトロニクス", 培風館, (2001).
2) F. F. Lange, Science, 273, 903-909 (1996).
3) R. W. Schwartz, Chem. Mater. 9, 2325-2340 (1997).
4) R. W. Schwartz, T. Schneller and R. Waser, C. R. Chimie, 7, 433-461 (2004).
5) M. S. Bhuiyan, M. Paranthaman and K. Salama, Supercond. Sci. Technol., 19, R1-R21 (2006).
6) M. Birkholz, "Thin Film Analysis by X-Ray Scattering", Wiley-VCH, (2006).
7) 熊谷俊弥, 真部高明, 水田　進, 表面技術, 42, 500-507 (1991).
8) 熊谷俊弥, 真部高明, 水田　進, ケミカル・エンジニヤリング, 36, 892-897 (1991).
9) 熊谷俊弥, 真部高明, 水田　進, 化学工業, 44, 43-49 (1993).

10) 水田　進, 熊谷俊弥, 真部高明, 日本化学会誌, 11-23 (1997).
11) 山口　巖, 真部高明, 熊谷俊弥, 水田　進, 日本応用磁気学会誌, 24, 1173-1180 (2000).
12) R. Guo, A. S. Bhalla, L. E. Cross and R. Roy, J. Mater. Res., 9, 1644-1656 (1994).
13) J. M. Phillips, J. Appl. Phys., 79, 1829-1848 (1996).
14) I. Yamaguchi, T. Terayama, T. Manabe, T. Kumagai, S. Mizuta, J. Sol-Gel Sci. Technol., 19, 753-757 (2000).
15) "電気化学便覧" 第5版, 丸善, (2000) pp.80-85.
16) 松下　徹, セラミックス, 21, 236-242 (1986).
17) T. Nagahama, T. Manabe, I. Yamaguchi, T. Kumagai, S. Mizuta and T. Tsuchiya, J. Mater. Res., 14, 3090-3095 (1999).
18) T. Nagahama, T. Manabe, I. Yamaguchi, T. Kumagai, T. Tsuchiya and S. Mizuta, Thin Solid Films, 353, 52-55 (1999).
19) T. Nagahama, T. Manabe, I. Yamaguchi, T. Kumagai, S. Mizuta and T. Tsuchiya, J. Mater. Res., 15, 783-792 (2000).
20) T. Nagahama, T. Tsuchiya, K. Tsukada, T. Manabe, I. Yamaguchi, T. Kumagai and S. Mizuta, J. Sol-Gel Sci. Technol., 19, 549-552 (2000).
21) K. Tsukada, T. Nagahama, M. Sohma, I. Yamaguchi, T. Manabe, T. Tsuchiya, S. Suzuki, T. Shimizu, S. Mizuta and T. Kumagai, Thin Solid Films, 422, 73-79 (2002).
22) K. Tsukada, T. Nagahama, M. Sohma, I. Yamaguchi, T. Manabe, T. Tsuchiya, S. Suzuki, T. Shimizu, S. Mizuta and T. Kumagai, Thin Solid Films, 425, 97-102 (2003).
23) K. Hwang, T. Manabe, I. Yamaguchi. T. Kumagai and S. Mizuta, Jpn. J. Appl. Phys., 36, 5221-5225 (1997).
24) K. Hwang, T. Manabe, I. Yamaguchi. S. Mizuta and T. Kumagai, J. Ceram. Soc. Jpn, 105, 952-956 (1997).
25) I. Yamaguchi, T. Manabe, T. Tsuchiya, T. Nakajima, M. Sohma and T. Kumagai, Jpn. J. Appl. Phys., 47, 1022-1027 (2008).
26) I. Yamaguchi, T. Terayama, T. Manabe, T. Tsuchiya, M. Sohma, T. Kumagai and S. Mizuta, J. Solid State Chem., 163, 239-247 (2002).
27) D. Dimos, P. Chaudhari and J. Mannhart, Phys. Rev. B, 41, 4038-4049 (1990).
28) T. Kumagai, W. Kondo, H. Yokota, H. Minamiue and S. Mizuta, Chem. Lett., 551-552 (1988).
29) 熊谷俊弥, 近藤和吉, 横田　洋, 南上英博, 水田　進, 日本セラミックス協会学術論文誌, 97, 454-460 (1989).
30) T. Kumagai, T. Manabe, W. Kondo, H. Minamiue and S. Mizuta, Jpn. J. Appl. Phys., 29, L940-L942 (1990).
31) T. Kumagai, H. Yamasaki, K. Endo, T. Manabe, H. Niino, T. Tsunoda, W. Kondo and S. Mizuta, Jpn. J. Appl. Phys. 32, L1602-L1605 (1993).

32) T. Manabe, W. Kondo, S. Mizuta and T. Kumagai, J. Mater. Res., 9, 858-865 (1994).
33) M. Mukaida and S. Miyazawa, Jpn. J. Appl. Phys., 32, 4521-4528 (1993).
34) T. Kumagai, T. Manabe, W. Kondo, K. Murayama, T. Hashimoto, Y. Kobayashi, I. Yamaguchi, M. Sohma, T. Tsuchiya, K. Tsukada and S. Mizuta, Physica C, 378-381, 1236-1240 (2002).
35) T. Manabe, W. Kondo, I. Yamaguchi, M. Sohma, T. Tsuchiya, K. Tsukada, S. Mizuta and T. Kumagai, Physica C, 417, 98-102 (2005).
36) M. Sohma, I. Yamaguchi, K. Tsukada, W. Kondo, S. Mizuta, T. Manabe and T. Kumagai, Physica C, 412-414, 1326-1330 (2004).
37) T. Manabe, M. Sohma, I. Yamaguchi, W. Kondo, K. Tsukada, S. Mizuta and T. Kumagai, Supercond. Sci. Technol., 17, 354-357 (2004).
38) T. Manabe, M. Sohma, I. Yamaguchi, W. Kondo, K. Tsukada, S. Mizuta and T. Kumagai, Physica C, 412-414, 896-899 (2004).
39) H. Yamasaki, M. Furuse and Y. Nakagawa, Appl. Phys. Lett., 85, 4427-4429 (2004).
40) H. Yamasaki, K. Arai, K. Kaiho, Y. Nakagawa, M. Sohma, W. Kondo, I. Yamaguchi and T. Kumagai, submitted to IEEE Trans. Applied Superconductivity.
41) 森山廣思，望月　隆，特願昭63-122895.
42) R. H. Hill et al., 米国特許5534312.
43) K. Shinmou, N. Tohge and T. Minami, Jpn. J. Appl. Phys., 33, L1181-L1184 (1994).
44) 今井宏明，土岐元幸，会澤　守，特願平7-345322.
45) H. Imai, K. Awazu, M. Yasumori, H. Onuki and H. Hirashima, J. Sol-Gel Sci., 8, 365-369 (1997).
46) H. Imai, A. Tominaga, H. Hirashima, M. Toki and N. Asakuma, J. Appl. Phys. 85, 203-207 (1999).
47) T. Nagase, T. Ooie, Y. Makita, S. Kasaishi, M. Nakatsuka and N. Mizutani, Jpn. J. Appl. Phys., 40, 6296-6303 (2001).
48) 長瀬智美，大家利彦，榊原実雄，特許3032827.
49) 阿出川豊，特願平9-267027.
50) T. Tsuchiya, T. Yoshitake, Y. Shimakawa, I. Yamaguchi, T. Manabe, T. Kumagai, Y. Kubo and S. Mizuta, Jpn. J. Appl. Phys., 42, L956-L959 (2003).
51) T. Tsuchiya, T. Yoshitake, Y. Shimakawa, I. Yamaguchi, T. Manabe, T. Kumagai, Y. Kubo and S. Mizuta, Appl. Phys. A-Mater., 79, 1537-1539 (2004).
52) T. Tsuchiya, T. Yoshitake, Y. Shimakawa, I. Yamaguchi, T. Manabe, T. Kumagai, Y. Kubo and S. Mizuta, Mater. Res. Soc. Symp. Proc. Vol. 811, pp. 419-424 (2004).
53) T. Tsuchiya, A. Watanabe, H. Niino, I. Yamaguchi, T. Manabe, T. Kumagai and S. Mizuta: Appl. Surf. Sci., 186, 173-178 (2002).

54) T. Tsuchiya, I. Yamaguchi, T. Manabe, T. Kumagai and S. Mizuta, Mater. Sci. Semicond. Process, 5, 207-210 (2002).
55) T. Nakajima, T. Tsuchiya, K. Daoudi, M. Ichihara, Y. Ueda and T. Kumagai, Chem. Mater., 19, 5355-5362 (2007).
56) T. Nakajima, T. Tsuchiya, K. Daoudi, Y. Ueda and T. Kumagai, Mater. Sci. Eng: B, 144, 104-108 (2007).
57) T. Tsuchiya, I. Yamaguchi, T. Manabe, T. Kumagai and S. Mizuta, Appl. Phys. A, 79, 1541-1544 (2004).
58) T. Tsuchiya, K. Daoudi, I. Yamaguchi, T. Manabe, T. Kumagai and S. Mizuta, Appl. Surf. Sci., 247, 145-150 (2005).
59) T. Tsuchiya, A. Watanabe, T. Kumagai and S. Mizuta, Appl. Surf. Sci., 248, 118-122 (2005).
60) T. Tsuchiya, A. Watanabe, Y. Imai, H. Niino, I. Yamaguchi, T. Manabe, T. Kumagai and S. Mizuta, Jpn. J. Appl. Phys., 38, L823-L825 (1999).
61) T. Tsuchiya, A. Watanabe, Y. Imai, H. Niino, I. Yamaguchi, T. Manabe, T. Kumagai and S. Mizuta, Jpn. J. Appl. Phys., 38, L1112-L1114 (1999).
62) T. Tsuchiya, A. Watanabe, Y. Imai, H. Niino, I. Yamaguchi, T. Manabe, T. Kumagai and S. Mizuta: Jpn. J. Appl. Phys., 39, L866-L868 (2000).
63) 土屋哲男，渡邊昭雄，中島智彦，熊谷俊弥，特願 2006-219834.
64) 土屋哲男，中島智彦，熊谷俊弥，特願 2007-212153.
65) T. Nakajima, T. Tsuchiya, T. Kumagai, Curr. Appl. Phys., 8, 404-407 (2008).
66) T. Nakajima, T. Tsuchiya and T. Kumagai, Appl. Surf. Sci., 254, 884-887 (2007).
67) T. Tsuchiya, K. Daoudi, T. Manabe, I. Yamaguchi and T. Kumagai, Appl. Surf. Sci., 253, 6504-6507 (2007).
68) K. Daoudi, T. Tsuchiya and T. Kumagai, Appl. Phys. A, 88, 639-642 (2007).
69) K. Daoudi, T. Tsuchiya, T. Nakajima and T. Kumagai., Appl. Surf. Sci., 254, 1283-1287 (2007).
70) T. Nakajima, T. Tsuchiya and T. Kumagai, Chem. Mater., 20, 7344-7351 (2008).
71) T. Tsuchiya, T. Nakajima, K. Daoudi and T. Kumagai, Mater. Sci. Eng. B, 25, 89-92 (2007).
72) M. Rajeswari, C. H. Chen, A. Goyal, C. Kwon, M. C. Robson, R. Ramesh, T. Venkatesan and S. Lakeou, Appl. Phys. Lett., 68, 3555-3557 (1996).
73) A. Goyal, M. Rajeswari, R. Shreekala, S. E. Lofland, S. M. Bhagat, T. Boettcher, C. Kwon, R. Ramesh and T. Venkatesan, Appl. Phys. Lett., 71, 2535-2537 (1997).
74) T. Nakajima, H. Kageyama, H. Yoshizawa and Y. Ueda, J. Phys. Soc. Jpn., 71, 2843-2846 (2002).
75) T. Nakajima, M. Isobe, T. Tsuchiya, Y. Ueda, T. Kumagai, Nature Materials, 7, 735-740 (2008).

第6章
エアロゾルデポジション(AD)法による常温衝撃固化現象とその応用

6.1 緒言

　近年、高機能な電子デバイスへの要求が高まる中、複合酸化物材料の集積化プロセスとして各種薄膜技術の検討が活発化してきている。薄膜プロセスは、活性な原子・分子レベルから材料を積み上げ、結晶化するため、従来窯業法に比べ大幅なプロセス温度の低減が期待でき、薄膜集積化デバイス実現の要になると考えられる。膜厚 1 μm 以下の素子レベルの集積化では、FeRAM の例に見られるように、結晶性の向上や配向制御によりスパッター法や CVD 法、ゾルゲル法など従来薄膜技術の膜特性を大幅に向上し、実用レベルを迎えたものもある。しかし、MEMS(微小電気機械システム)や高周波デバイス、高周波回路基板、光集積化デバイスなどの一部の電子デバイスや耐摩耗、耐蝕部材、高耐圧絶縁部材などでは、膜厚 1 μm 以上のセラミックス膜の集積化が求められることが多く、実用レベルでは、プロセス温度の点でも低温化が不十分であったり、成膜速度や材料組織の微細制御、成膜コストなど量産段階で多くの課題を残していたりするのが現状である。

　この様な開発状況の中、低温・高速のセラミックスコーティングを実現する興味深いプロセスが検討されている。この手法は、エアロゾルデポジション法(以下 AD 法と略す。)と呼ばれ、乾燥した微粉体を原料ソースとし、固体状態のまま基材に衝突させ基板上に膜を形成する。

　最近、このプロセスで、基板加熱を行わず全く熱的アシストの無い条件で、常温・固体状態のセラミックス微粒子がポア無く高密度、高強度に基板上に衝突付着する現象、「常温衝撃固化現象(Room-Temperature Impact Consolidation：RTIC)」が見いだされた。「セラミックスは原料粒子を高温で焼結して作る。」という常識を覆すものである。高温の熱処理を伴わないため、ナノ組織の結晶構造、複合構造をもつセラミックス膜を形成できるなどの利点がある。

　本章では、AD 法のコアとなる常温衝撃固化現象のメカニズムやその制御要素を概説するとともに、電子セラミックス材料や機能性材料に適用した場合の特性やその応用開発の現状、さらには今後の課題と展開を紹介する。

6.2 常温衝撃固化現象とエアロゾルデポジション法（AD 法）
6.2.1 はじめに

　一般にセラミックス材料は 1000°C 以上で焼き固める（焼結）のが常識であり、この時、大きな焼き縮みも生じる。このため融点が低い金属やガラス、プラスティックとの複合化、集積化が困難で、セラミックス電子部品の高性能化や構造部品の軽量化の大きな課題となっていた。これまでもエネルギー消費の低減や金属、ガラス材料などと集積化することで新しい機能部品を実現するため、この焼き固める温度（焼結温度）を下げる試みが様々な研究者の間で検討されている。この焼結温度を下げるには、1000°C 以下の温度で熔融結合を促進する材料（焼結助剤）をセラミックス原料に添加したり、セラミックス原料粒子径をナノオーダーまで微細化することが検討されてきたが、一般に焼結温度の低減は、900°C 程度が限界であった。また、多くの場合これらの低温で焼結した低温焼結体の特性は従来の高温で焼結した焼結体に比べ、密度は低く、機械的に脆い、絶縁性が低い、耐蝕性が低いなど、その電気的、機械的、化学的特性は劣っていた。AD 法は、この様な従来セラミックスコーティング技術の課題に答えようとするもので、通常トレードオフの関係にある成膜速度とプロセス温度や膜特性の両立を安価に実現しようとするものである。

6.2.2 装置構成

　エアロゾルデポジション法（AD 法）は、図 6-1 に示すように、微粒子、超微粒子粉末材料をガスと混合してエアロゾル化し、ノズルを通して基板に噴射して被膜を形成する技術である。ガス搬送により加速された原料粒子の運動エネルギーが、基板に衝突することにより開放され、基板-粒子間、粒子同士の結合を実現する。原料である粒径 0.08〜2 μm 程度のセラミックスや金属微粒子は、エアロゾル化チャンバー内でガスと撹拌・混合して、固相-気相混合のエアロゾル状態にし、50〜1 kPa 前後に減圧され成膜チャンバー内に、両チャンバーの圧力差により生じるガスの流れにより搬送、スリット状のノズルを通して加速、相対運動する基板上に噴射される。成膜装置ならびに成膜条件については、別途、参考文献を参照されたい[1-6]。

6.2.3 常温衝撃固化現象によるセラミックスコーティング

　この AD 法で、セラミックス原料粉末や金属粉末を基板加熱やプラズマなどによる粒子加熱を行うことなく、固体状態のまま基板に衝突させることで高密度な微結晶構造の膜が常温で高速形成できる「常温衝撃固化現象」が見出され

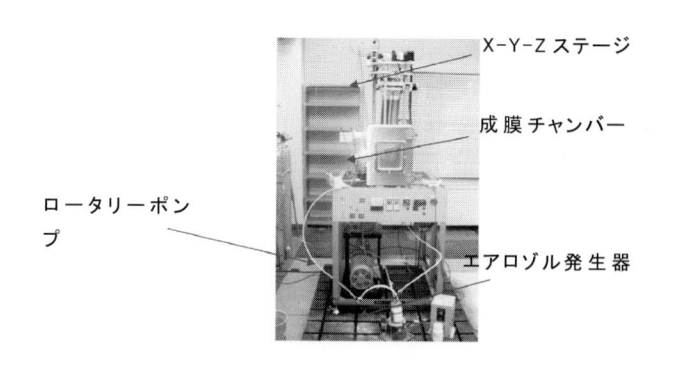

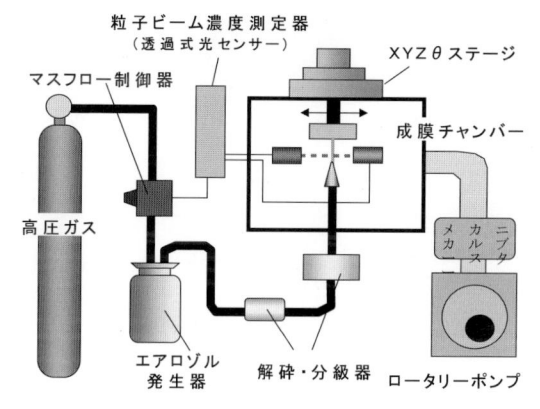

図 6-1 エアロゾルデポジション装置の概観と基本構成

た[1-4]。膜密度は理論密度の 95% 以上にも達し、バルク体と比較し遜色のない高い硬度を示す。セラミックス材料の場合でも、図 6-2 に示すように、材料によっては、高透明な膜[2,3]や 100 μm 以上の厚い緻密膜[4,6]を得ることが可能である。従来、この様な手法を用いたセラミックス材料の成膜では、粒子衝突による圧力効果により、通常のスクリーン印刷法などの粉体成形技術より緻密な膜状の成形物が得られることが期待されるものの、高温に加熱した基板に吹き付けるか、さらには高温で焼結処理をしないと、実用的な強度や密着性、電気特性は得られないと考えられていたようである[5-8]。

常温衝撃固化の起こる条件は、搬送ガスの流速や基板入射角度、ノズル形状などの成膜装置側の要因だけでなく、原料粒子の粒径、凝集状態、原料粒子・基板材料の機械特性などの要因によっても大きく左右され、成膜速度や膜密度も大きな影響を受ける[2,3,5,6,10,17]。特に、図 6-3 に示すように原料粒子径に対し

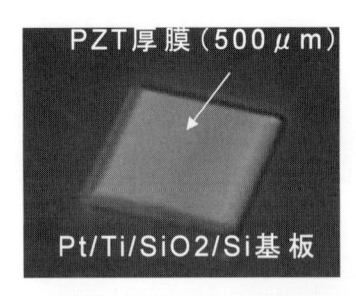

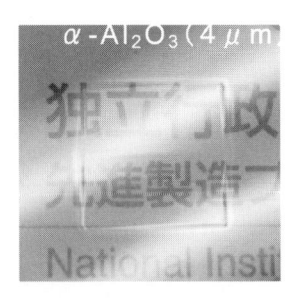

図6-2 AD法によるセラミックス材料の常温衝撃固化現象

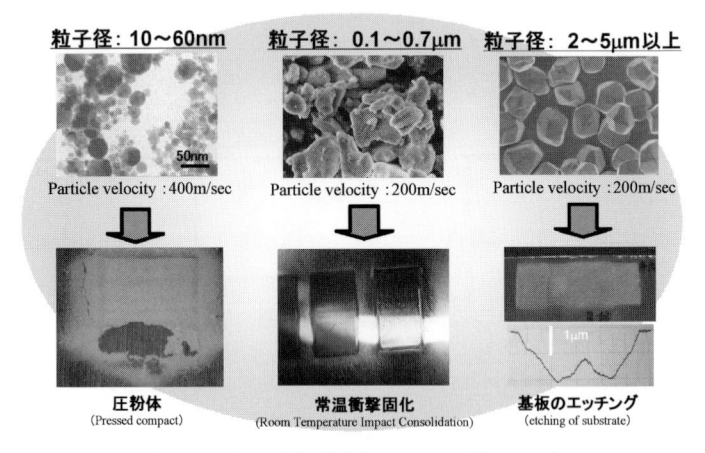

図6-3 常温衝撃固化現象の原料粒子径依存性

て、有効なプロセスウインドウがあり、粒子径が大きすぎると基板はエッチングされ、粒子径が小さすぎると圧粉体となり粒子同士、あるいは粒子基板間の強固な結合は常温では形成されない。このため、エアロゾル化室と成膜チャンバーの間に凝集粒子の解砕器や分級装置を導入し、効率的な成膜につながる、高品位なエアロゾル粒子流を得る。また、原料粒子-基板材料種の組合せにもよるが、成膜速度は通常、数 μm/min〜数十 μm/min で、基板への付着力も、一般に 50 MPa 以上と非常に強固である。これは、図6-4の断面TEM写真に示すように基板への微粒子衝突が、膜-基板界面に約150〜200 nmのアンカー層を形成するためと考えられる。

6.2.4 常温衝撃固化された成膜体の微細組織

図6-4のTEM写真、電子線回折像にもあるように、AD法による常温衝撃固

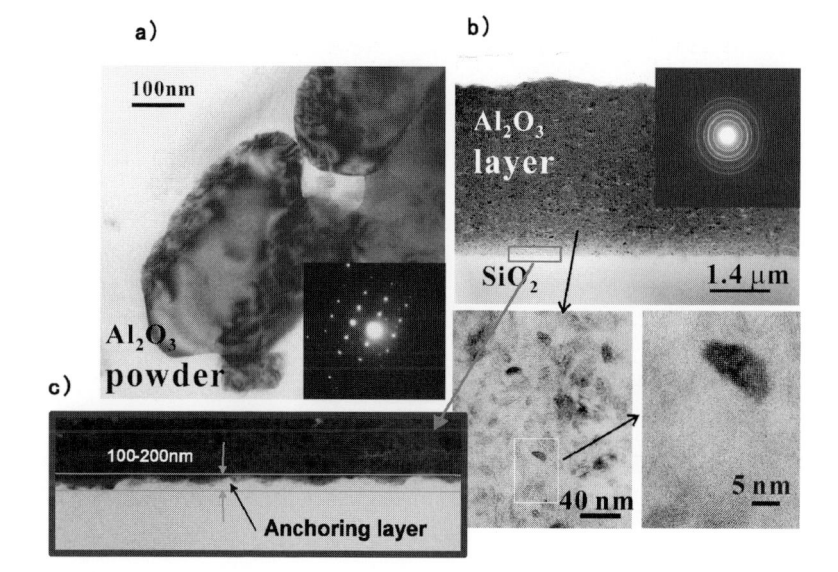

図 6-4　AD 法で常温形成された α-Al$_2$O$_3$ 膜の微細構造　a)原料粉末の TEM 像　b)AD 膜の断面 TEM 像　c)基板界面近傍

化で形成したセラミックス膜の微細構造は、結晶粒子間にアモルファス層や異相は殆ど見られず、室温で、原料粒子の平均結晶粒子サイズ(80〜100 nm 以上)より小さな、10〜20 nm 以下の無配向な微結晶からなる緻密な成膜体が得られる。また、10 nm 以下の微結晶内にも明瞭な格子像が確認され、膜内部には歪みなどを含むものの、膜組織は基板界面から膜表面に至るまで均一な構造である。XRD や EDX 分析の結果[1-5]からも、形成された膜は組成変動も少なく原料微粉の結晶構造をほぼ維持している。

　粒子速度の測定、運動エネルギーの評価などからは、粒子の基板衝突速度は、150〜400 m/sec 程度[11]、また、衝突上昇温度は数百℃程度にしかならず、この様な衝突で粒子全体が溶融したり、粒子同士が焼結を起こしたりするほどのエネルギーが供給されているとは考えにくい結果となっており、その他微細組織の観察からも、粒子衝突により原料粒子結晶が機械的に塑性変形、ブレークダウンし、同時に粒子表面が活性化し粒子間結合を生じることでナノ結晶薄膜が形成できたと考えられている[3,5,6]。従来の粒子衝突を利用したコーティング手法では捉えられていなかった観点である。AD 法で常温衝撃固化された膜は、衝突による基板温度の上昇も一切観察されず、マクロ的には室温でセラミックス材料を固化できる。焼成工程を経ていないので一種のバインダーレス超高密度

セラミックグリーンともいえる。

6.2.5 セラミックス厚膜の微細パターンニング

　マスクに形成された微細な開口を通して、原料粒子を基板に吹き付けることで微細パターンニング（マスクデポジション法）が行える。この場合、特徴的なのは、チャンバー内やマスク通過時のエアロゾル流の流れを考慮しなければならない点である。例えば、成膜時の真空度が低いと、超微粒子流はマスクのエッジなどに散乱され易くなり、高精度なパターンニングは期待できない。また、図6-5にあるように基板に吹き付けられた微粒子は、その粒径や速度だけでなく基板に対する入射角度などに応じ、堆積からエッチングに移行する[12]。従って、微細パターンニングに際しては基板や堆積物の成長表面に対する超微粒子流の入射角度も配慮する必要がある。図6-6は、この様な点を考慮し最適な条件下でPZTをSi基板、SUS基板、Pt/Si基板上に厚膜パターンニングした例[5,6,12]である。基板温度と原料粒子を調整すると、アスペクト比で1以上、線幅50μm程度パターンが得られている。圧電膜の応用で、超音波素子など10μm以上の膜厚が必要な用途で有効と考えられる。また、より精度が高く、線幅の細いパターン形成として、フォトレジスト材料マスクにしたリフトオフ法の検討もなされている。AD法は室温でセラミックス膜を形成できるので、熱に弱いレジストポリマーをマスクとして使用できる可能性がある。図6-7に示すように線幅10μm以下、アスペクト比0.2程度のアルミナやPZTのパターン形

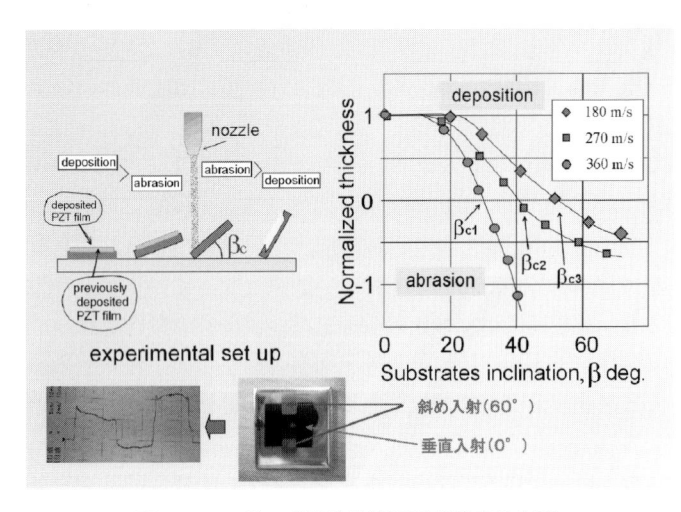

図6-5　AD法の成膜特性（粒子入射角度依存性）

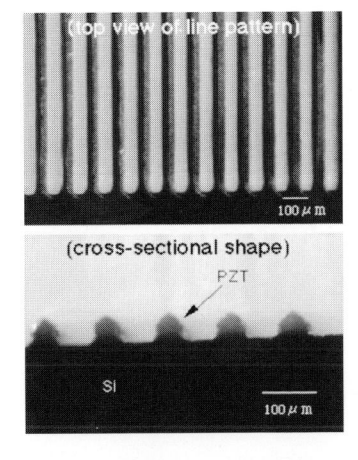

図 6-6 マスクデポジション法による PZT 厚膜の微細パターニング

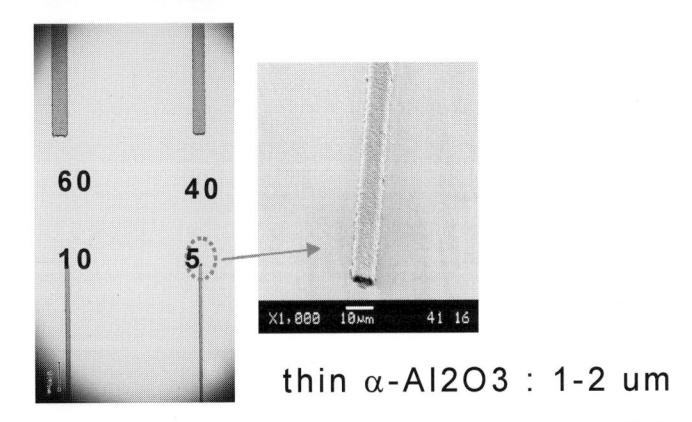

図 6-7　フォトレジストを用いたリフトオフ法による微細パターン形成

成が報告されている[13]。従来のスクリーン印刷法では、実現されていない線幅である。

6.2.6　従来薄膜プロセスとの比較

　AD 法と従来薄膜法との成膜過程の違いと特徴を図 6-8 に示す。従来薄膜法では、原材料を原子分子状態に分解し、基板上で再結晶化する。目的と意図にもよるが、基板の格子定数や成膜速度の調整で、従来のバルクプロセスに比較し低温の結晶成長が可能である。しかし、成膜速度と結晶性はおおよそトレードオフの関係にあり、また、高真空のバックグランド排気を要求されることから成膜装置は高コスト、低スループットになりがちである。これに対し AD 法

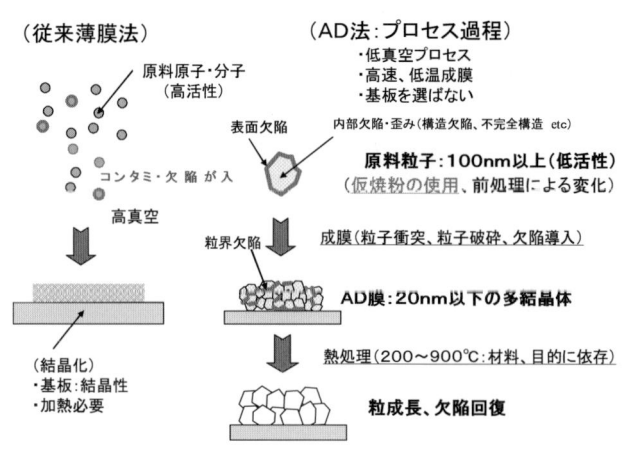

図 6-8　AD 法と従来薄膜法のプロセス過程の違い

の場合は、粉体の成形技術であり、材料供給が粒子単位なので、薄膜プロセスに比較し非常に高い成膜速度が実現できる。また、すでに結晶化された原料粒子を常温、バインダーレスで高密度に固め膜を形成するため、プロセス温度の大幅な低減も可能で複雑組成の制御性にもすぐれる。さらに、高真空の装置構成を必要としないため、工業的には、有利な点を多く持つと考えられる。ただし、その成膜原理から膜は多結晶体であり、薄膜法のようなエピタキシャル膜を得ることは困難である。また、原料粒子段階で含まれる結晶粒内の各種欠陥や粒子表面の水分、カーボンの吸着などのコンタミや構造欠陥のほか、成膜プロセス中の粒子衝突時に導入される結晶構造の乱れやそれに起因する構造歪、結晶の微細化などにより膜の結晶性は低下するので、応用に当たっては注意を要する。

6.2.7　膜の電気特性と熱処理による特性回復

室温形成された強誘電体や強磁性セラミックス材料の AD 膜は、次節 3-(1)の単純セラミックス材料の場合と同様に絶縁性などは優れるものの、強誘電性、強磁性などドメイン構造に由来する分極特性はほとんど示さず、常誘電体あるいは常磁性体的な振る舞いになる。但し、膜自体の絶縁性が高いことから、例えば PZT 膜について高い電界強度で強制的に分極反転させると在留分極値 (Pr)：$12\,\mu C/cm^2$、高電界 (Ec)：$300\,kV/cm$ と、強誘電性を示す[6]。従って、この特性低下の原因は、主に常温衝撃固化するときに結晶が 20 nm 以下に微細化されるためと推察される。

そこで、室温形成されたアズデポ膜に従来薄膜法と同程度の熱処理(大気中、500～600℃程度)を行うと、微結晶の粒成長や欠陥、構造の乱れの回復が確認され、分極ドメインは動き易くなり、大幅な強誘電性の向上が見られる。実際の電気特性の評価からも、衝撃力を利用したプロセスにも関わらず 600℃、15 min 程度の熱処理により比誘電率(ε)で 800～1200、印加電圧あたりの横方向圧電変位量である圧電定数 d 31 も約 -100 pm/V[14] と回復し、スパッター法やゾルゲル法などで作製された従来薄膜材料なみの特性(-40～-100 pm/V)が得られている。さらに、従来の厚膜プロセスと比較しても非常に高い絶縁耐圧(>1 MV/cm)とヤング率(>80 GPa)が得られる。850℃の熱処理では、Pr：38 μC/cm^2、Ec：30 kV/cm とバルク材なみの残留分極値と抗電界[15]になり、室温成膜で高密度の膜が形成できるため、従来のスクリーン印刷法のように原料粒子に低温焼結のための特別な工夫を凝らさなくとも、300～400℃程度のプロセス温度の低減が可能である。

　また、最近では、バルク材で非常に高い圧電定数をもつリラクサー系材料や非鉛圧電材料[16]のAD成膜も検討されている。10 μm 前後の膜厚で比誘電率：2530、圧電定数 d 31＝-164～-370 pm/V が得られている[17,18]。これらの値は図 6-9 に示すように、これまでのゾルゲル法やスパッター法などの薄膜法や水熱合成法、スクリーン印刷法の報告を凌駕する特性である。このように AD 法の場合、ゾルゲル法やスパッター法などの従来薄膜技術と異なり、3元系、4元系など複雑組成の圧電材料でも、原料粉末の段階で固溶が十分に調整できるものであれば容易に緻密な厚膜を形成できるのも大きな特徴の一つである。

　図 6-10 に、圧電材料について、熱処理による電気特性(強誘電性)回復の一般的な傾向を従来プロセスと比較しまとめたものを示す。これは、単純 PZT 材料

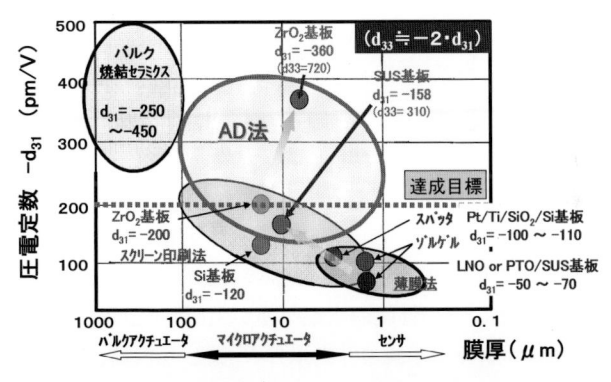

図 6-9　圧電膜の形成方法と膜厚・特性比較

（PZTの例）

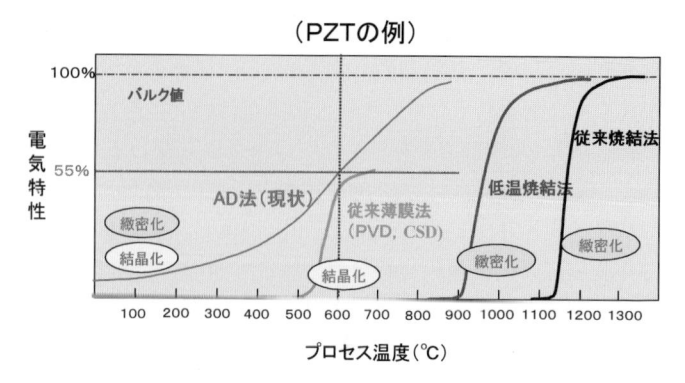

図6-10 熱処理によるAD膜電気特性の回復

の場合である。従来バルクプロセスや薄膜プロセスでは、結晶化や緻密化を実現するには600℃以上の加熱が必要であるが、AD法の場合、室温形成した状態から焼結体並みに緻密で、微結晶ではあるが原料粒子と同等の結晶構造を有していることが大きな特徴である。室温成膜体の電気特性は、バルク体に比べ非常に低いが、600℃までの低温域での熱処理に於いても、かなりの特性回復は見られ、この熱処理領域の電気特性でも、コンデンサー内蔵基板などの作製などに対し、他のプロセスと比較して十分な利点があり、デバイス応用の可能性がある。但し、この様な低温域、短時間での熱処理では、先に述べた膜内に取り込まれる原料粒子表面の吸着物や欠陥が十分に回復することができないこともあり、原料粉末への高温の熱処理と結晶化が非常に重要になる。実際、原料粉末ミル処理後に大気中で750～1000℃程度の高温の熱処理を加えた粉末を利用することで、絶縁耐圧、強誘電特性、圧電特性が大幅に改善[10,17,18]できている。

6.2.8 レーザー照射援用による膜特性の改善

次に膜特性改善に向けレーザービーム照射による欠陥回復の検討事例を紹介する。レーザー加熱は、局所加熱という点で膜温度は比較的高温になるものの、基板材料との相互拡散や基板へのダメージを最小限に抑えることが可能で、デバイス作成には実効的に有効と考えられる。図6-11-a)、b)は、その効果を検討した事例である。成膜中に CO_2 レーザー照射を行う[19]ことで、SUS基板上に残留分極値30 $\mu C/cm^2$、Ec：25 kV/cmと通常の電気炉加熱による特性回復と比較すると約1.5倍以上の高い性能の圧電厚膜が金属基板上に直接形成でき、また、図6-11-a)に示すように成膜エリア以外のSUS基板は、金属光沢を残し殆ど変化しない。CO_2 レーザーの波長では、セラミックス膜のエネルギー吸収は、

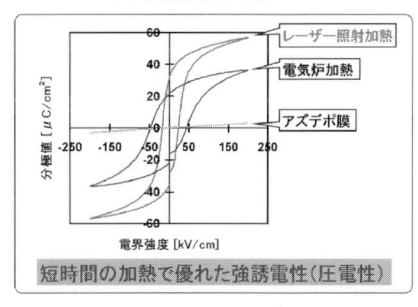

図6-11 レーザー局所加熱によるSUS基板上のPZT厚膜の特性の回復

a) ステンレス基板上の熱処理ダ
従来技術　新技術 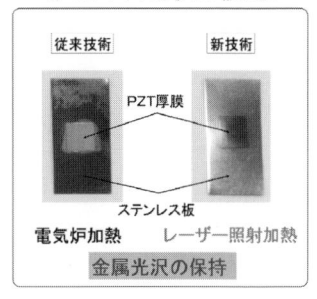
PZT厚膜
ステンレス板
電気炉加熱　レーザー照射加熱
金属光沢の保持

b) 強誘電特性の向上
レーザー照射加熱
電気炉加熱
アズデポ膜
短時間の加熱で優れた強誘電性(圧電性)

金属であるSUS基板に比べかなり高く、結果、PZT膜だけが選択的に加熱されたと考えられる。また、基板界面での相互拡散層の厚みも加熱時間が短いため、電気炉加熱の場合と比べて、かなり薄く押さえることができ、大幅な特性向上が実現できたと考えられる。バインダーの入ったセラミックスグリーンでは、レーザー照射時の急激なガス発散や膜の収縮などによりクラックが入ったり、在留物が残ったりする可能性があるが、AD法で形成した膜は、バインダーレスで緻密化と結晶化がほぼ完了しているため、短時間な効率的な加熱で容易に高性能な膜が形成できたと考えられる。

6.2.9 おわりに

AD法は、薄膜技術のような基板上での結晶成長による成膜技術ではなく、基板上でのセラミックス粒子の成形技術と捉えられ、むしろ従来窯業技術の延長線上に位置づけられるものといえる。単純セラミックス材料については、従来薄膜技術でトレードオフの関係にあった成膜速度とプロセス温度、膜特性の両立がはかれる。強誘電体、強磁性材料では、中温域の熱処理が必要となるが、常温成膜体がバインダーレス、高密度なので、従来窯業プロセスに比較し、低

温化がはかれ熱処理時間も大幅に低減できる。また、粒子成形によるコーティング技術という点で、従来薄膜技術では組成制御が困難であった複雑組成のセラミックス材料の薄膜化も容易で、さらに従来窯業プロセスでは成形困難であった難焼結性セラミックス材料の厚膜化も容易である。常温・バインダーレスで緻密な組織が得られるという特徴は、セラミックス膜の微細パターニングにおいても通常のリフトオフ法が適用でき、高価で時間のかかるエッチングプロセスが省略されるというメリットやレーザーによる局所加熱が可能というメリットが期待できる。

6.3 エアロゾルデポジション法（AD法）の応用
6.3.1 はじめに

AD法の窯業製品製造における省エネ効果の検討を目的に絶縁材料や機械構造部材への適用が、平成12年度〜14年度まで、「NEDOエネルギー使用合理化技術戦略的開発/エネルギー有効利用基盤技術先導研究開発「衝撃結合効果を利用した窯業プロセスのエネルギー合理化技術に関する研究開発」プロジェクトの中で検討され、さらに平成14年度〜18年度までの5年間にわたり、広範囲な電子デバイスへの応用を目的に、圧電材料や誘電体、磁性材料、光学材料の適用が、AD法をコア技術とする国家プロジェクト「NEDOナノテクノロジープログラム／ナノレベル電子セラミックス材料低温成型・集積化技術」プロジェクトの中で検討された。以下には、各々のプロジェクト成果に基づき、応用展開の可能性を紹介する。

6.3.2 高硬度、高絶縁セラミックス膜と実用化への試み[20-22]

AD法による常温衝撃固化現象を用いて、99.9%純度のα-Al_2O_3微粒子やイットリア（Y_2O_3）微粒子を焼結助剤や有機バインダー（結合剤）など一切の添加剤を用いず、常温で金属基板上に厚膜として固化し、ビッカース硬度：1800〜2200 Hv、ヤング率：300〜350 GPa、体積抵抗率：$1.5×1015$ Ω・cm、誘電率（ε）：9.8と、バルク焼結体に等しい電気機械特性が得られている[20]。常温でステンレス基板上に形成されたアルミナ膜の絶縁破壊強さで、150〜300 kV/mm以上とバルク焼結体を一桁上回る。結晶の微細化に伴い、絶縁破壊を起こす粒界のパスが伸びたためと考えられるが、過剰な粒子衝突速度は、絶縁耐圧の低下を招く。プラズマ耐蝕性もバルク体より優れ[21]、常温成膜にも関わらず粒子間結合が化学的にも安定していることが明らかとなった。さらに、ポア（気孔）がなく簡単な研磨を行うと数nmレベルの平滑性も得られ、500 mm四方の面積

への均一な製膜(図6-12参照)にも成功している[22]。具体的な応用例としては、民間企業で静電チャックや半導体製造装置用の耐蝕プラズマコーティングとして実用化、製品化が検討されている。静電チャックは半導体製造装置などに用いられる試料台で、静電気の力でシリコンウエハなどを吸着、固定する道具である。本開発ではAD法により金属ジャケット上に直接形成された高耐圧のアルミナ薄膜を用いることで、大幅な吸着力の応答速度の向上が確認され、液晶パネルなどのガラス材に対しても十分な吸着力が得られるようになった[21]。

6.3.3 圧電駆動デバイス応用

圧電材料は、それ自体がセンサにもアクチュエータにもなりデバイス構造が簡略化できる特徴があるため、次世代インクジェットや高速光スキャナー、ナノ位置決め用の高速アクチュエータ、微小超音波デバイスなど多種多様な用途が期待される。微小電気機械システム(Micro Electro Mechanical System；MEMS)やマイクロ化学分析システム(Micro Total Analysis Systems：μTAS)の研究分野でも注目され、圧電材料を取り入れた集積デバイスを実現するために薄膜技術や微細加工法が世界各所で精力的に研究されている。この様な用途の圧電薄膜は、ある程度の力の発生が要求されるため1 μm〜数十 μmの膜厚(この様な厚みの薄膜は「厚膜」と呼ばれている。)が必要になると考えられる。

実際のデバイスとして、共振型マイクロ光スキャナーが製作されている[23]。この様な光スキャナーは、マイクロプロジェクターや網膜投射型ディスプレーなど次世代表示デバイスのキーコンポーネントとして期待され、数十kHz以上

図6-12
プラズマ耐蝕イットリア膜の大面積成膜
(TOTO㈱提供)

の高速走査と 20°以上の大振幅動作、ミリメーターサイズのミラーと動作時の撓み(歪み)の低減や低電圧駆動が要求される。図 6-13 に AD 法と MEMS 微細加工の組み合わせにより製作された光スキャナーの SEM 像を示す。PZT 微粒子の吹き付けによる Si 梁構造の破損や膜応力による大きな変形も無く、PZT 厚膜が Si スキャナー構造上に形成されている。簡単なマスキングにより PZT 粒子のミラー部への付着も見られない。ミラーヒンジを構成する 2 本のユニモルフ圧電アクチュエータにより、大気中駆動で最大振幅 26°、共振周波数 33 kHz の高速動作が確認されている。また、厚い Si 構造のため駆動時のミラーの撓みも $1/8 \lambda$ 以下で、走査したレーザービームに歪みは無く、既報告の性能を上回る良好なスキャナー特性が得られている。この他、Si マイクロマシニングでメンブレン加工されたマイクロポンプ用ダイアフラム型アクチュエータ[24]では、高い電界駆動における長時間の繰り返し動作(ファティーグ試験)でも脱分極や基板剥離[15]は起こっていない。共振周波数 22.4 kHz では、約 8 V の駆動電圧で 25 μm の振幅が得られ、マイクロミキサー、マイクロポンプとして適用可能なことが示された。さらに、AD 法が金属基板上に良質の圧電膜を形成できる点を最大限に生かした応用例として、まだ試作段階であるが、図 6-14 に示すような直径 2 mm のステンレスチューブ上に AD 法で PZT 膜を形成し、超音波モーターが試作されている[18]。予負荷 19 mN で約 1200 rpm@7 V の動作特性が得られている。局面上への圧電体形成と言う点と、デバイス構造がステンレスでできているので、それ自体を下部電極にできるため、製造工程は大幅に簡便化され、本成膜手法の特徴を生かす応用になると期待される。

　この他、3 次元プロジェクターやホログラムメモリーへの応用を目指し、Bi-

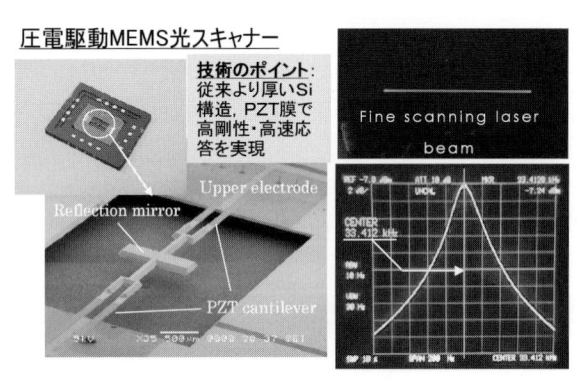

図 6-13　AD 法で形成した圧電厚膜駆動の Si-MEMS 光スキャナー

YIGなどの磁気光学効果を利用した高速の光スイッチや液晶にかわる高速応答の空間光変調器を検討されている[25,26)]。これまでマイクロコイルを用いた電流駆動方式でデバイス化されているが、素子構造の複雑さや消費電力の改善が必要であった。これに対し、応答速度数十MHzの低電圧駆動光変調素子を実現するため、プロセス温度の低温化と成膜速度に利点のあるAD法を用いて、圧電厚膜を磁気光学材料層に積層化したスマート構造の空間光変調器(PZT-MOSLM)が試作され、図6-15に示すように、磁気光学変調のためのBi-YIG層に積層された圧電層で歪みを与え、ファラディー回転角を変化させ、8Vの駆動電圧で動作周波数20MHzのピクセル反転に成功している。

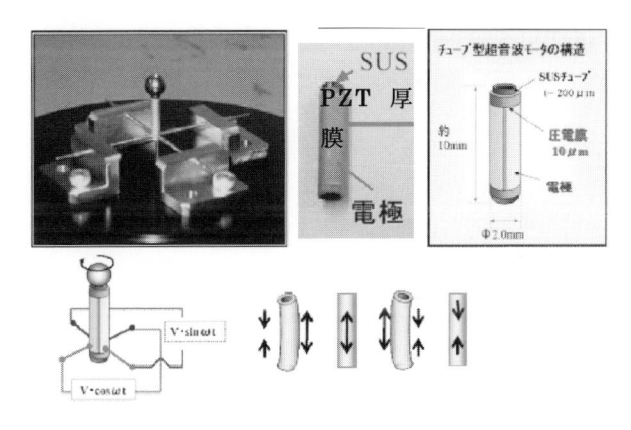

図6-14 SUSチューブ上に形成されたAD圧電膜により駆動される超音波モーター

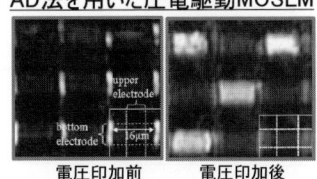

図6-15 AD法で形成した圧電厚膜駆動の磁気光学効果型空間光変調素子

6.3.4 高周波デバイス応用

　CPU の高速化、通信周波数の高周波化に伴なって、回路素子の動作周波数は GHz 帯域になり、現状の表面実装技術は近い将来、限界を迎えると考えられている。これに対応するには、各種誘電体材料、絶縁材料や電波吸収材料の高周波特性を向上させると同時に、CPU などの各種能動素子とキャパシターなどの配線距離を短くし、高周波の信号伝送特性を向上させる必要がある。このため金属配線との高精度な積層、集積化やプラスティック基板、筐体と一体化が求められる。従来技術としてセラミックス部材の低温同時焼成法(LTCC)やポリマーコンポジットを利用することが各所で検討されているが、焼成時の異種材料間での拡散反応や焼成収縮時のそりや剥離、形状寸法の変化、内部歪み、低い電気物性などの問題を抱え、セラミックス本来の高い物性を十分引き出せないのが現状である。薄膜技術の検討も考えられるが現状では成膜コストの点からブレークスルーが求められる。このような要求に対し、チタン酸バリウム系強誘電体材料をプリント基板(FR4)上の銅配線上に AD 法を用いて常温成膜し、図 6-16 に示すような、キャパシターを内臓(エンベデット)したプリント基板が作製されている[27,28]。常温成膜体にもかかわらず比誘電率(ε)200〜400、誘電損失($\tan\delta$)2〜3% が得られており、断面写真にあるように、AD 法による誘電体層の常温成膜と銅メッキを繰り返すことで 3 層構造の積層キャパシターが基板内部に形成できる。また、銅基板上へのサブミクロンオーダー膜厚の 1 層構造のキャパシターも試みられている。共に容量密度は競合技術であるセラミックス／ポリマーコンポジット膜の数十倍に相当する 300 nF/cm² 以上を実現しており、300℃以下のプロセス温度で形成したキャパシターとして現時点で世界最高性能の特性を実現している。また、これらの基板内蔵キャパシターは、ハンダリフロー処理にも十分耐えられることが確認されている。

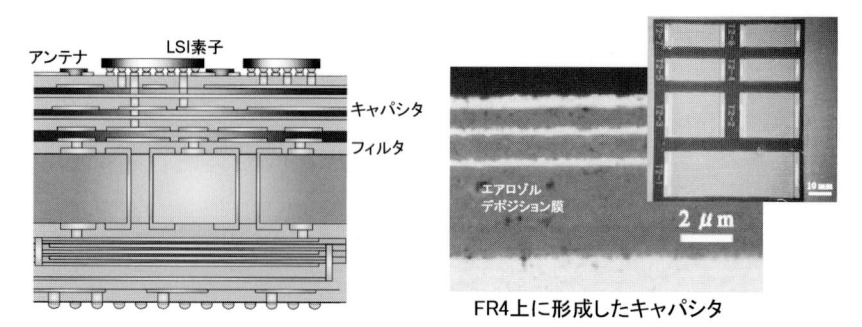

図 6-16　AD 法で常温形成した BaTiO3 薄膜による基板内蔵型積層コンデンサ

高性能な電磁波吸収体を実現するには、高電気抵抗 ρ、高複素透磁率 $\mu r''$ の材料が必要とされている。さらに、素材レベルの電磁波吸収量は体積にも依存するため、デバイスに組み込める最大の体積を持つようプラスティック筐体などに高速で厚膜の作製が可能な安価なプロセスが求められる。このような要求に対し、AD 法による常温衝撃固化現象を用いて、Ni-Zn-Cu 系フェライトと Fe の混合粉末を用いた複合 AD 膜を常温形成し、As-Depo 状態でも高い電磁波ノイズ抑制効果(Δ(Ploss/Pin))を示すことを報告されている[29]。鉄-フェライトの積層膜では、成膜速度は 5 μm/min と高速で、図 6-17 に示すように、複素透磁率は 1 GHz で $\mu r'' = 23$ と比較的高い値を示し、900 MHz、1.8 GHz、2.4 GHz において、電磁波ノイズ吸収特性(SAR 値)で 30%以上を実現している。

6.3.5　電気・磁気光学デバイス応用

　大容量の情報処理に対する要求から超高速光集積回路への期待が高まっている。図 6-18 に示すように、AD 法により PLZT 系電気光学材料を従来薄膜プロセスより 100℃程度低い温度でガラス基板上に成膜、印加電界あたりの複屈折変化量である電気光学定数(rc)が 102 pm/V の透明膜[30,31]を形成することに成功している。また、熱処理温度を 850℃まで上げると電気光学定数(rc)は、168 pm/V まで向上する。これは、ゾルゲル法でエピタキシャル成長させた PLZT や PZT 膜など従来薄膜報告値の約 2 倍以上で、単結晶ニオブ酸リチウム材の 6～8 倍程度の性能である。この様な用途でも通信に使われる光の波長から膜の厚みは 1 μm 以上が求められ、AD 法を利用するメリットは大きいと考えられる。この高い電気光学定数の薄膜を用い微細加工を施すことで、デバイスサイ

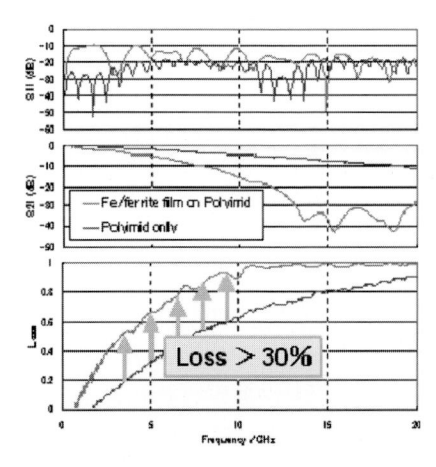

図 6-17
AD 法で常温形成した Fe-フェライト複合厚膜の電磁波吸収効果(MSL 法)

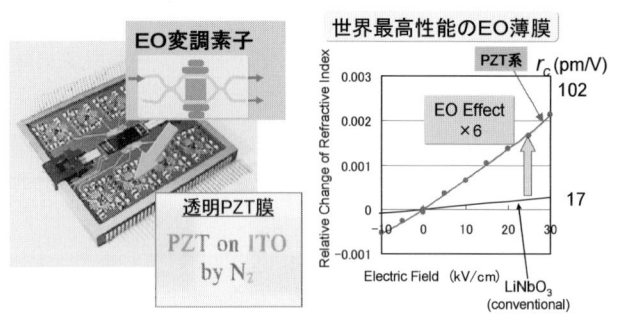

図 6-18　AD 法で形成した PLZT 系電気光学厚膜の EO 効果

ズを小型化、素子容量を大幅に低減することができることになり、半導体チップ間の光インターコネクトに使える低駆動電圧、超高速動作可能な光変調素子実現の可能性がでてきた。

　この他、EO 膜と同様に光磁気材料(MO)についても、検討されている。代表的な光磁気材料であるビスマス置換型イットリウム鉄ガーネット［Bi-YIG］粉末を AD 法で直径 125 μm の光ファイバー端面に約 10 μm 厚み常温成膜し、その磁気光学効果を利用して、GHz 領域の電磁界計測に成功している[32]。具体的には、マイクロストリップ線路上に MO ファイバープローブを配置し、MO 信号観測を試みた。線路には 100 MHz、15 dBm のパワーを印加した。その結果、スペクトラムアベレージング 10 回後の評価で、S/N 比 20 dB 以上の信号が観測されている。また、上記 EO 膜のファイバー端面への AD 成膜でも、同様の周波数領域において、高い空間分解能の大きい分布検出に成功しており[33]、このような光ファイバー端面への機能材料の AD 製膜によって、各種高機能ファイバーセンサ実現の可能性が実証されている。

6.3.6　おわりに

　アルミナやイットリアなど単純セラミックス、絶縁皮膜や耐磨耗コーティングなど構造材への応用から、強誘電性セラミックスや強磁性材料など電子セラミックス材料の電子デバイスへの応用など幅広い適用事例を紹介した。単純セラミックスに対しては、ナノレベルの緻密で微細な結晶組織になることで、バルク材の特性を上回る絶縁性や機械強度、平滑性、プラズマ耐食性が常温のコーティングで得られ、応用上大きなメリットがあるといえる。また、圧電材料や電気光学材料については、常温成膜体の組織がナノレベルまで微細化されているため、優れた特性を得るには中温域の熱処理が必要ではあるが、デバイス応

用において、従来薄膜技術と比較して基板材料の制限が少なく、さらに成膜速度の速さから膜厚領域で 1 μm から 10 μm 程度が要求される用途について、さらには、光ファイバーの先端への成膜など非平面上への機能膜形成も容易で、実用的には大きな優位性を期待できる。また、キャパシターや電磁シールで用途においては、常温成膜体でも、材料特性とデバイスデザインをあわせたトータルな設計を行うことで、従来手法では得られない製造コストやデバイス性能を実現できる可能性がある。

6.4 類似成膜手法の開発動向
6.4.1 はじめに

　微粒子の衝突現象に関する研究は、宇宙科学、高圧物理、航空工学の分野などで古くから検討されてきた。本来、この様な現象は、純力学過程に基づいた局所領域への極短時間のエネルギー解放により、高温、高圧の特殊な反応場が形成されると考えられている。従って、ある条件では基材に衝突した微粒子が強固に付着し一種の成膜現象を生じることが十分に考えられる。ここでは、AD法も含め、この様な固体微粒子の衝突付着現象に着目した成膜技術の開発の経緯と現状、ならびに、各種プロセス技術の特徴やその類似・相違点を概説する。

6.4.2 微粒子衝突を利用した各種成膜手法と開発経緯
　ここでは、AD法以外の微粒子衝突付着現象を用いた各種成膜手法の原理や特徴を、これまでの文献報告を元に紹介する。

(1) 静電微粒子衝撃コーティング法(EPID法)

　1970年代に入り井手[34]らによって、この様な微粒子の衝突現象を成膜技術に利用しようとする試みが微粒子の静電加速による手法である静電微粒子衝撃コーティング法(EPID法)として我が国で初めて始まった。この様な微粒子の静電加速装置は、1960年に米国で開発、報告[53]されており、その後、井出らと、ほぼ同時期に類似した原理の装置が、マクロンビーム(米国)[35]と呼ばれる超高圧物理の実験手法として研究されている。井手らにより開発された静電微粒子衝撃コーティング法(EPID法)は、図6-19に示すように、10-4 Torr以下の真空チャンバー内で、粒径がサブミクロン以下の超微粒子(ナノ粒子)を静電的に加速、ビーム状にして高速で材料表面に衝突させることによって精密な表面仕上げあるいは被膜形成する手法である。500 m/sec程度まで加速することで、微小なエッチングと同時にカーボンブラックやW、WCなどの高融点材料でサブ

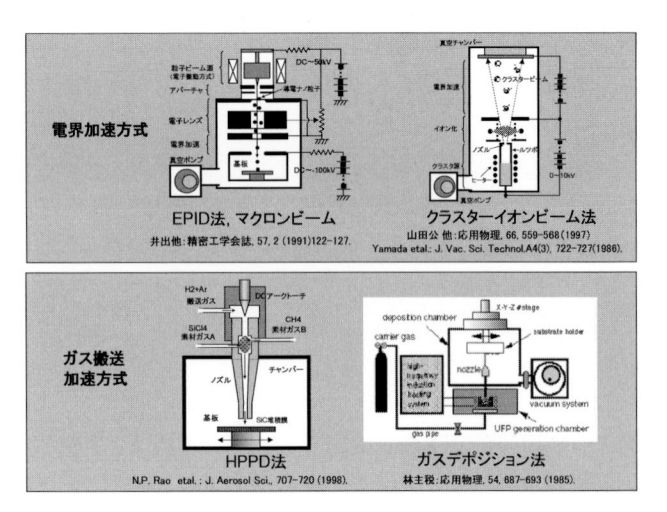

図 6-19　静電加速、ガス搬送加速による従来類似成膜技術

ミクロンオーダー厚さのコーティングが確認されており、その付着強度は数十MPa以上と報告されている。膜組織については、アモルファスからナノサイズの微結晶組織になり、カーボンブラックのコーティングでは、グラファイト構造からアモルファス或いはDLCへの構造変化[44]が認められている。また、類似した原理の装置が欧米ではマクロンビーム(米国)[35]と呼ばれる超高圧物理の実験手法として研究されていた。しかしながら、これらの方法では1μm以上の膜厚は得られず、その原因も明らかになっていない。また、原料粒子がセラミックス材料の場合、粒子帯電が困難で成膜に向かないなどの原理的課題もある。

(2) ガスデポジション法(GD法)

1980年代に入ると、林[36]らによりガス中蒸発法で形成された表面活性の高い金属超微粒子をガスと混合し細いノズルを通して加速、基板上に吹き付けて被膜形成を行うガスデポジション法[37](以下、GD法と略す。最近では「ジェットプリンティング法」と呼ばれている。)[36,37]が開発された。これは、図6-19に示すように、ガス中を浮遊するサブμm以下の超微粒子(ナノ粒子)は重力の影響をほとんど受けず、きわめて短時間で搬送ガスの速度と同じになるということを利用しており、この性質と搬送ガスに不活性ガスを用いることで、減圧されたチャンバー内で形成された超微粒子の表面活性を維持したまま超微粒子同士の融着を実現している。ちなみにこのとき、蒸発源からの熱で搬送ガスは200℃〜400℃程度になっている。主に金属超微粒子材料について厚さ10μm以

上の膜が形成されており、この場合も超微粒子材料の強固な付着が確認されている。膜組織については、原料粒子が元々ナノ粒子であり、これが積層・融着した構造になっており、「ビルドアップ法」による金属ナノクリスタル膜の形成法と見て取れる。但し、金属超微粒子を経由するためその表面が酸化されやすく、高活性な清浄表面を得るために高い真空度(10-5 Pa以上)のバックグラウンド排気と高純度不活性ガスを用いる必要がある。メッキ法の代替として電子回路の導電パターンの形成や補修、半導体素子関連で用いられる検査用突起状電極の形成などの実用化が検討されている。

(3) コールドスプレー法

同じく1980年代旧ソ連邦時代に、Papyrin、Alkimovらによりガス搬送による微粒子あるいは超微粒子の加速手法として、コールドスプレー法[38]が検討、開発され始めた。これは、図6-20に示すように、溶射に用いられるような数 μm 以上の低融点金属材料をGD法同様にガスで搬送し、基材に吹き付け成膜を行う。装置構成は基本的に減圧プラズマ溶射装置などと同じであるが、これを高温プラズマやアーク放電などを発生せずに融点以上の熱的な加熱が行われない条件で使用する。溶射法(サーマルスプレー)に対比してこの名前が付けられている。粒子速度を500 m/sec以上に上げるため、超音速ノズル(ラバルノズル)や数百度程度の比較的低温のホットガスを用いる点が、溶射装置と異なる。原

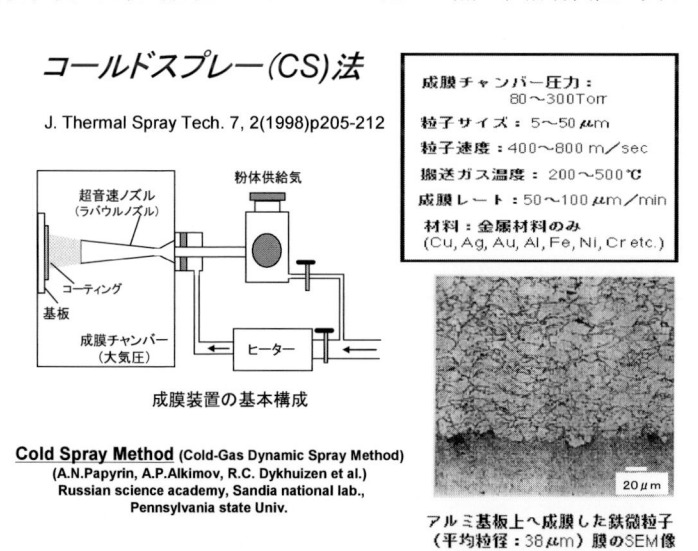

図6-20 コールドスプレー(CS)法

料粒子は基板衝突時に塑性変形をし、その表面が粒子の融点温度近くになるため強固な融着生じる[40]と考えられているが、メカニズムの詳細は不明である。金属材料について数ミリ厚から数 cm の強固な膜形成が確認されており、大気圧下でも成膜が可能であるが、セラミックス材料での成膜には成功していない[40]。また、大気圧下での成膜では、粒径の小さい粒子、或いは質量の小さな粒子は、運動エネルギーが小さいことと、基板近傍で搬送ガスの反流により減速され、成膜現象が起こらない[45]。原料粉末の成膜効率は、最大 60%程度[38]が得られている。日本でも本手法やショットコーティング法[39]、パウダービーム加工法[46]などと名付けられた類似技術が検討され始めているが、まだ、報告例は少ないようである。膜組織についても詳細な報告は少ないが、断面 SEM 写真からは、原料粒子がそのまま扁平に変形した積層構造が観察され、XRD からは結晶粒が微細化されているようである。また、従来の溶射法より緻密で、酸化など熱変質の度合いも小さい。現在、この手法は溶射技術の分野で新しい手法として注目を浴びており、国際溶射会議などで多くの発表が見られるようになってきた[47]。応用展開としては、溶射分野での応用先と酷似した比較的大きな部材への用途が検討されている。

(4) その他の手法

この他、ガス搬送を用いる手法として、原料粒子サイズをクラスターサイズにまで小さくした超音速クラスタービーム法(SCBD 法)を用い、カーボン材料や SiC の成膜、微小構造体を作成しようとする試みが検討され始めている[42]。クラスター原子を用いた手法は、図 6-19 にあるイオン化したクラスター原子を静電加速し成膜するクラスターイオンビーム(ICB)法が高木、山田[52]らにより早くより開発されていたが、これをガス搬送だけで加速して中性クラスタービームとして利用するものである。また、溶射技術の分野でも図 6-19 に示すような Hypersonic plasma particle deposition(HPPD 法)[43,48]など、CVD 法においてガス中蒸発法のように高い圧力下で一度サブミクロン以下のセラミックス超微粒子を生成し、これを基板に超音速で吹き付けてナノクリスタル膜を作製し、膜質の向上や新しい機能を得ようとする研究も始まっている。これも GD 法などと同様に「ビルドアップ法」によるナノクリスタル膜の形成技術と言える。

6.4.3 各種プロセスの比較

この以上のように、本書で紹介したエアロゾルデポジション(AD)法を始め、

固体粒子の衝突付着現象を利用した成膜技術が、これまでも幾つか報告されている。図6-21は、これまでの報告事例に基づき、エアロゾルデポジション法も含め、上述した乾式の微粒子、超微粒子衝突によるコーティング手法を原料粒子の粒径と粒子速度、成膜雰囲気温度、材質(セラミックス、金属など)で整理したものである。大きくは、電界加速による方法(EPID法[34])やマクロンビーム法[35])とガス搬送による方法(コールドスプレー法[38,40,45,47,49] GD法[36,37]など)に大別される。一般にこれらの成膜手法では、図6-22に示すように微粒子の持つ運動エネルギーが基材あるいは微粒子間の衝突により短時間の内に狭い領域に

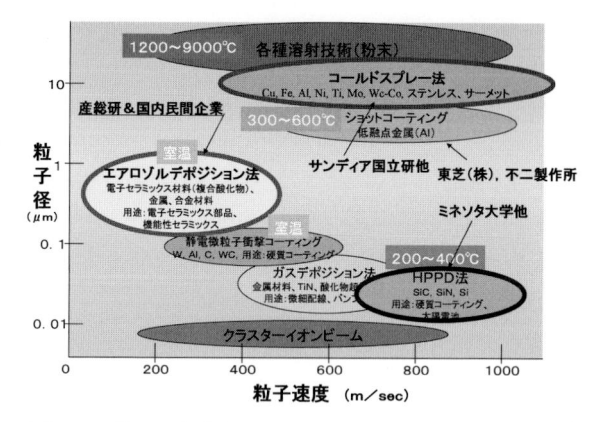

図6-21 粒子衝突速度 Vs 原料粒子径で整理した AD 法と類似成膜技術の比較

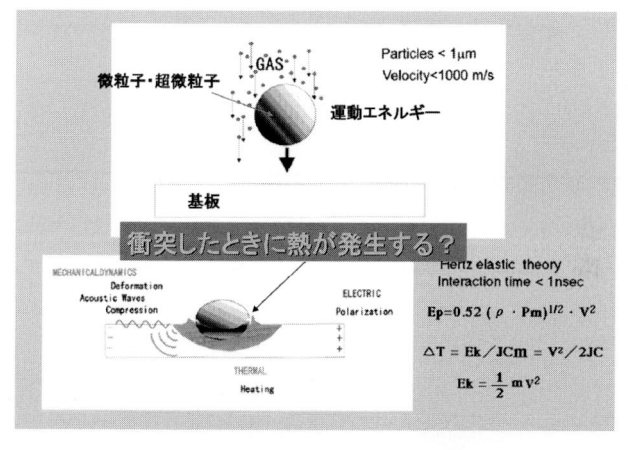

図6-22 従来成膜メカニズムの解釈

集中的に開放され、材料融点以上の高温になり粒子間結合が生じるものと考えられている[36,40]。しかしながら、この場合、微粒子同士は全体としてほぼ固体状態のままで結合していると考えられ、溶射技術のように微粒子を熱的なエネルギーアシストにより、その表面を溶融あるいは半溶融状態にして吹き付け粒子間の結合を得る成膜法とは原理的に異なるものと考えられる。

また、各手法において形成された微粒子膜（微粒子同士が結合して形成された膜）の粒子間結合状態が同じかどうかは明らかでなく、実際、粒子衝突によるエネルギー解法のメカニズムについて議論している報告例も少ない。成膜結果を現象論的にみても各々大きな違いがある。

EPID 法の場合、膜厚は時間とともに飽和し 1 μm 程度が限界[34]で、また、基板材料は微粒子材料より硬度の低い材料が用いられている。おそらく原料微粒子は衝突時に基板に埋没し、基板材料との混合層を形成している可能性が高い。従って、噴射粒子同士の結合により成膜現象が生じている可能性は低く、ガスデポジション法やエアロゾルデポジション法とは、成膜の基本メカニズムが異なると考えられる。GD 法の場合は、室温で金属ナノ結晶膜が形成されるが、膜密度は、55〜80％程度でバルク材なみの電気伝導性を得るには、基板加熱や搬送ガス加熱などの熱アシストによる結晶成長が必要となる[37,50]。また、衝突の際の粒子速度も筆者らが独自に開発した飛行時間作法で実際測定しみると、500 m/sec 以上でないと緻密な膜組織と高い密着力は得られていない[51]。各種論文の報告から、その他のガス搬送方式の類似技術である SCBD 法[42]や HPPD 法[43,48]も GD 法と同様の成膜傾向が見られる。これに対し、エアロゾルデポジション法やコールドスプレー法の場合、常温で緻密かつ高硬度な被膜が形成でき、堆積膜厚も数ミリ以上まで可能である。また、装置構成も単純で、実用性の高い手法と思われる。但し、コールドスプレー法の場合、金属、合金材料での成膜の報告例はあるが、現時点でセラミックス材料の成膜には成功していない。また、Al や Ni、Cu などの低融点材料に対しても、膜形成が可能な粒子速度（臨界速度）が 500〜700 m/sec と高い[49]。一方、AD 法の場合、高融点のセラミックス材料についても成膜が可能で、その時の粒子速度（臨界速度）も 150〜300 m/sec 程度と低く[41,51]、成膜技術としての特徴がコールドスプレー法と大きく異なる。AD 法は、成膜に用いる粒子径が、コールドスプレー法より小さく、従って、成膜を生じる粒子速度を考慮すると衝突時の粒子の運動エネルギーは、AD 法の方がコールドスプレー法より著しく小さい。コールドスプレー法では、大気圧下で成膜を行うため、ノズル吐出後の粒子飛行速度は十分速くとも、基板衝突時の粒子速度は基板近傍の空気層や搬送ガスの基板衝突後の反流により

急激に減速されることが考えられ、セラミックス微粒子に対しては、AD法のような常温衝撃固化現象が生じる粒子衝突圧力を得られず、結果、成膜現象(常温衝撃固化現象)は生じない。基板近傍の空気層による減速抵抗に打ち勝つには、十分な粒子質量が必要となる。このため、AD法に比べ比較的に大きな原料粒子径 5 μm 以上の金属系粒子でしか成膜事例は報告されていない。しかしながら、AD法では金属材料のみならず、セラミックス材料のコーティングも可能で、これらの違いが、これら固体粒子による噴射コーティング法や常温衝撃固化現象の興味深い点でもある。

6.4.4 おわりに

この様に報告された論文から詳細に各成膜条件や得られた膜組織を比較検討してみると、AD法とコールドスプレー法は、共に固体微粒子の常温衝撃固化現象という共通の成膜原理を基にしていると想像される。但し、現時点での違いは、セラミックス材料、金属材料に対し、この常温衝撃固化が異なった条件パラメータの中で生じるため、成膜技術として、異なった技術のように捉えられていると考えられる。また、各成膜法には共通点と相違点があり、使用している原料微粒子の粒径、形状、機械特性、表面物性や成膜に必要な粒子速度(臨界速度)が異なり、形成された膜密度や結晶組織も異なる。つまり、この様な固体微粒子の衝突を利用した成膜法のメカニズムへの理解は、まだまだ不十分である。今後、より一層本質的かつ統一的な理解と体系化が必要になると思われる。

6.5 課題と展望

エアロゾルデポジション法によって、セラミックス、金属原料粉末を常温で薄膜状に固化(常温衝撃固化)できる現象が見いだされ、新しいコーティング手法として電子デバイスの高機能化にも適用できる可能性が示された。電子セラミックス分野では、焼結温度低減や新機能創成のため、原料粒子の微細化、ナノ粒子化などによる新しいプロセス技術が種々検討されているが、本手法では、安価なサブミクロンオーダーの原料粒子を出発材料として用いて、これが実現できる。常温衝撃固化現象は、圧力印加が主体のプロセスと考えられ、従来の焼結過程では作製困難なナノ結晶組織、ナノ複合組織のセラミックス材料を容易に形成できる利点があり、新素材探索の点からも大変興味深い。現状でAD法の実用性を評価すると、常温成膜で優れた膜特性の得られる材料、部材への適用では、イットリアによるプラズマ耐食コーティングなどがすでに事業化に至っており、他にアルミナなどの高耐圧絶縁コーティングへの適用もその可能

性がある。また、電子セラミックス材料では多くの場合、熱処理工程が要求されるが、圧電アクチュエータ応用などで着々と実用化に向けた開発が進められている。しかしながら、より多くの用途に実用展開するには、膜厚の制御性の向上や成膜効率の向上が求められる。これらを実現するには、より安定なエアロゾル発生機構を開発する必要があり、これには微粒子粉体の表面凝着挙動や固体微粒子エアロゾルの物理的挙動についてより深い理解が求められるとともに、常温衝撃固化現象について、原料粒子レベルの圧縮破壊特性に関し、より一層の深い理解や基礎的な検討が必要である。今後は、本プロセスの特徴を生かし、金属材料、ポリマー材料なども含めた異種材料の積層、ナノ複合化やフラーレン、クラスレートなどの新機能性材料への適用も探索していきたいと考えている。

参考文献

1) J. Akedo and M. Lebedev, "Microstructure and Electrical Properties of Lead Zirconate Titanate (Pb(Zr52/Ti48)03) Thick Film deposited with Aerosol Deposition Method", Jpn. J. Appl. Phys., 38, 5397-5401 (1999).
2) J. Akedo, "Aerosol Deposition Method for Fabrication of Nano Crystal Ceramic Layer", Material Science Form, 449-452, 43-48 (2004).
3) J. Akedo, "Aerosol Deposition of Ceramic Thick Films at Room Temperature: Densification Mechanism of Ceramic Layers", J. Amer. Ceram. Soc., 89(6), 1834-1839 (2006).
4) J. Akedo, M. Ichiki, K. Kikuchi, R. Maeda, "Fabrication of Three Dimensional Micro Structure Composed of Different Materials Using Excimer Laser Ablation and Jet Molding", IEEE Proceedings of The 10th Annual International Workshop on Micro Electro Mechanical Systems (MEMS. '97), Nagoya Japan, January, pp135-pp140 (1997).
5) 明渡純，マキシム・レベデフ，"微粒子，超微粒子の衝突固化現象を用いたセラミックス薄膜形成技術 ── エアロゾルデポジション法による低温・高速コーティング ──"，まてりあ，41(7)，459-466(2002).
6) 明渡純，清原正勝，"噴射粒子ビームによる衝撃加工とナノ構造形成 ── エアロゾルデポジション法によるナノ結晶膜の形成と粉体技術の重要性 ──"，粉体工学会誌，40(3)，192-200(2003).
7) S. Kashu, E. Fuchita, T. Manabe, and C. Hayashi: "Deposition of Ultra Fine Partcles Using Gas Jet", Jpn. J. Appl. Phys., 23, L910-L912 (1984).
8) H. Adachi, Y. Kuroda, T. Imahashi and K. Yanagisawa: "Preparation of Piezoelectric Thick Films using a Jet Printing System", Jpn. J. Appl. Phys., 36, 1159-1163 (1997).
9) J. Akedo and M. Lebedev: "Influence of Carrer Gas Condtions on Electrical

and Optcal Propertes of Pb(Zr, Ti)O3 Thin Films Prepared by Aerosol Deposition Method", Jpn. J. Appl. Phys., 40, 5528–5532 (2001).
10) J. Akedo and M. Lebedev: "Powder Preparation for Lead Zirconate Titanate Thick Films in Aerosol Deposition Method", Jpn. J. Appl. Phys., 41, 6980–6984 (2002).
11) M. Levedev, J. Akedo, K. Mori and T. Eiju, "Simple self-selective method of velocity measurement for particles in impact-based deposition", J. Vac. Sci. & Tech. A, 18(2), 563–566 (2000).
12) J. Akedo, "Study on Rapid Micro-structuring using Jet-molding -Present status and structuring subjects toward HARMST-", Microsystem Tech., vol. 6,. 205–209 (2000).
13) J. Akedo, J-H. Park and H. Tsuda, "Fine Patterning of Ceramic Thick Layer on Aerosol Deposition by Lift-off Process using Photo-resist", (Submitting).
14) J. Akedo and M. Lebedev: "Piezoelectric properties and poling effect of Pb(Ti, Zr)O3 thick films prepared for microactuators by aerosol deposition method", Appl. Phys. Lett., 77, 1710–1712 (2000).
15) J. Akedo and M. Lebedev: "Effects of annealing and poling conditions on piezoelectric properties of Pb(Zr0.52, Ti0.48)O3 thick films formed by aerosol deposition method", J. Cryst. Growth, 235, 397–402 (2002).
16) S.-W. Oh, J. Akedo, J.-H. Park and, Y. Kawakami, "Fabrication and Evaluation of Lead-Free Piezoelectric Ceramic LF4 Thick Film Deposited by Aerosol Deposition Method", Jpn. J. Appl. Phys., 45, 7465–7470 (2006).
17) Y. Kawakami and J. Akedo, "Annealing Effect on 0.5Pb(Ni1/3Nb2/3)O3-0.5Pb(Zr0.3Ti0.7)O3 Thick Film Deposited By Aerosol Deposition Method", Jpn. J. Appl. Phys., 44, 6934–6937 (2005).
18) NEDO「ナノレベル電子セラミックス材料低温成形・集積化技術」第2回プロジェクトワークショップ講演資料，NEDO&MSTC，pp62-70，2月21日(2007).
19) S. Baba and J. Akedo, "Damage-free and short annealing of Pb(Zr, Ti)O3 thick films directly deposited on stainless steel sheet by aerosol deposition with CO2 laser radiation", J. Amer. Ceram. Soc., Vol. 88[6], 1407–1410 (2005).
20) J. Akedo, "An Aerosol Deposition Method and Its Application to Make MEMS Devices", Amer. Ceram. Trans., "Charactrization & Control of Interfaces for High Quality Advanced Materials", Vol. 146, 245–254 (2003).
21) 明渡純，"エアロゾルデポジションによる透光性，絶縁コーティング"，金属，75-3，16-23(2005).
22) 平成16年度NEDOエネルギー使用合理化技術戦略的開発/エネルギー有効利用基盤技術先導研究開発「衝撃結合効果を利用した窯業プロセスのエネルギー合理化技術に関する研究開発」プロジェクト成果報告書．
23) N. Asai, R. Matsuda, M. Watanabe, H. Takayama, S. Yamada, A. Mase, M. Shikida, K. Sato, M. Lebedev and J. Akedo, "A novel high resolution optical

scanner actuated by aerosol deposition PZT films", IEEE Proceedings of International Conference on Micro Electro Mechanical Systems (MEMS2003), Kyoto, Japan, January, 247-250 (2003).
24) M. Lebedev, J. Akedo and Y. Akiyama: "Actuation properties of PZT thick films structured on Si membrane by aerosol deposition method", Jpn. J. Appl. Phys., 39, 5600-5603 (2000).
25) J. H. Park, 西村一寛, J. K. Cho, 井上光輝, "磁気光学効果を用いた空間光変調器", 日本応用磁気学会誌 26, 8, 729-737(2002).
26) H. Takagi, M. Mizoguchi, J. H. Park, K. Nishimura, H. Uchida, M. Lebedev, J. Akedo, M. Inoue, "PZT-Driven Micromagnetic Optical Devices", Mat. Res. Soc. Symp. Proc., 785, pD6.10.1-D6.10.6. (2004).
27) 今中佳彦, 明渡純：セラミックス, "エアロゾルデポジション法による高周波受動素子集積化技術", 39(8), 584-589(2004).
28) S.-M. Nam, H. Yabe, H. Kakemoto, S. Wada, T. Tsurumi, and J. Akedo, "Low Temperature Fabrication of BaTiO3 Thick Films by Aerosol Deposition Method and Their Electric Properties", Tran, MRS Jpn., 29[4], 1215-1218 (2004).
29) Y. Kato, S. Sugimoto, and J. Akedo, "Magnetic Properties and Electromagnetice Wave Suppresion Properties of Fe-Ferrite Films Prepared by Aerosol Deposition Method", Jpn. J. Appl. Phys., 47, 2127-2131 (2008).
30) M. Nakada, K. Ohashi, and J. Akedo, "Optical and electro-optical properties of Pb(Zr, Ti)O3 and (Pb, La)(Zr, Ti)O3 films prepared by aerosol deposition method", J. Cryst. Growth, 275, e1275-1280 (2005).
31) M. Nakada, K. Ohashi, M. Lebedev, and J. Akedo, "Electro-Optic Properties of Pb(Zr1-xTix)O3 (X=0, 0.3, 0.6) Films Prepared by Aerosol Deposition", Jpn. J. Appl. Phys., 44, L1088-L1090 (2005).
32) M. Iwanami, M. Nakata, H. Tsuda, K. Ohashi and J. Akedo, "Ultra Small Magneto-Optic Field Probe Fabricated by Aerosol Deposition", IEICE Electronics Express, (Submitting).
33) M. Iwanami, M. Nakata, H. Tsuda, K. Ohashi and J. Akedo, "Ultra small electro-optic field probe fabricated by aerosol deposition", IEICE Electronics Express, Vol.4, No.2, 26-32 (2007).
34) 井手 敏, 森 勇蔵, 井川直哉, 八木秀次：精密工学会誌, 57, 2(1991)122-127.
35) 福澤文雄："微粒子イオンビーム(マクロンビーム)", 放射線化学, 50, 24-28 (1990), 応用物理, 60, 7(1991)720-721.
36) 林主税："超微粒子のガスデポジション", 応用物理, 54, 687-693(1985).
37) 渕田英嗣："超微粒子利用乾式成膜法とその応用", 金属, 70(6), 27-37(2000).
38) P. Alkimov, V. F. Kosarev and A. N. Papyrin: Dokl. Akad. Nauk SSSR, 315, 5, (1990) 1062-1065.
39) 須山章子, 新藤尊彦, 安藤秀泰, 伊藤義康：セラミックス, 37, 1(2002)46-48.
40) R. C. Dykhuizen, M. F. Smith, D. L. Gilmore, R. A. Neiser, X. Jiang and S.

Sampath: J. Thermal Spray Technology, 8, 4 (1999) 559-564.
41) 明渡　純編:「エアロゾルデポジション法の基礎から応用まで ── 常温衝撃固化現象による新規セラミックスコーティングのすべて ──」シーエムシー出版, ISBN 978-4-7813-0017-7.
42) E. Barborini, P. Piseri, A. Podesta and P. Milani: Appl. Phys. Lett., 77, 7, (2000) 1059-1061.
43) F. Di. Fondo, et al: Appl. Phys. Lett., 77, 7 (2000) 910-912.
44) 井手敏:"炭素超微粒子の静電加速を利用するダイアモンド状カーボン膜(DLC膜)形成法", 科学と工業, 76, 13-19(2002).
45) A. N. Papyrin, A. P. Alkhimov, V. F. Kosarev, and S. V. Klinkov: "Experimental Study of Interaction of Supersonic Two-Phase Je with a Substrate Under Cold Spray", Proc. of ITSC2001, 423 (2001).
46) 三島彰生:"パウダービームコーティング方法", 特許出願平4-130119(1992).
47) 榊和彦:"コールドスプレーテクノロジー, 溶射技術", 21, 29-28(2002).
48) N. P. Rao, N. Tymiak, J. Blum, A. Neuman, H. J. Lee, S. L. Girshick, P. H. McMurry, and J. Heberlein, J. Aerosol Sci., 707-720 (1998).
49) J. Vlcek, H. Huber, H. Voggenreiter, Proc. of ITSC2001, 417, (2001).
50) S. Kashu, E. Fuchita, T. Manabe, and C. Hayashi, Jpn. J. Appl. Phys., 23, L910-L912 (1984).
51) M. Levedev, J. Akedo, K. Mori and T. Eiju, J. Vac. Sci. & Tech. A, 18(2), 563-566 (2000).
52) I. Yamada, H. Takaoka, H. Usui, and T. Takagi, J. Vac. Sci. & Tech. A, 4(3), 722-727 (1986).
53) H. Shelton, C. D. Hendricks and R. F. Wuerker, J. Appl. Phys., 31(7), 1243-1246 (1960).

第7章
バイオカスタムユニット集積技術

7.1 緒言

　本章では、バイオカスタムユニットの活用により、生体機能を自立的に誘導するプロセスである革新的なバイオミメティック製造プロセス技術について述べる。バイオカスタムユニットとは、様々な生物機能を自立的に誘導構築するための最小単位材料(バイオユニット)のことである。その最小単位ユニットのみでは機能を十分に発揮する可能性は低いと想定されるが、2Dや3Dにユニットを集積・積層することで初めて必要とされる機能を最大限に発揮することができるように各ユニットが設計されているのが特徴である。最終出口製品として、生体人工材料や他のバイオアプリケーションを目指した場合、多種類の候補材料の中から最適材料選出の困難さ、また複雑な形状加工の必要性が、製品の多種類・少量生産の実現に大きなネックとなっている。今回提案するバイオカスタムユニット集積技術は、最小ユニットの機能を可能な限り最小限に押さえ(すなわちユニット製造は容易となる)、その後の設計・成型・接合・加工などの様々なプロセスを組み合わせることで最終製品として完成させる、すなわち、一つのバイオカスタムユニットを出発材料としてそれを集積化・部材化することで最大限の機能を発揮させることが可能な画期的な製造プロセス手法である。

　具体的には生体組織形成を促進する構造の構築ならびに細胞接着を誘導する材料表面修飾や結晶配向性のナノスケール制御等により、生体応答に優れたカスタムユニットの実現を目指している。また開発されたバイオカスタムユニットとしての機能を発現させるために、2D＆3D積層化技術や接合技術などのユニットアセンブリー技術開発も行っている。さらにすぐれた生体機能の集積されたユニット集合体の「製品」として応用(触媒担体、生体材料、食品応用など)へ展開している。

　以上の点を考慮して、ここでは、バイオカスタムユニットを活用し出口製品イメージを明確に設定した5つの研究課題(①モザイクセラミックス製造プロセスによる多孔質人工骨の設計・製造、②異方性を有する生体材料の創製、③

無機-有機ハイブリッド DDS、(4)材料-生体界面解析と生体材料への展開、(5)メソポーラスシリカの酵素固定化担体としての利用について、最近の研究動向や研究進捗について詳細に述べる。

7.2 モザイクセラミックス製造プロセスによる多孔質人工骨の設計・製造
7.2.1 はじめに

多孔質セラミックスを必用とする動機は多岐にわたる。多孔質セラミックスを人工骨として求める場合、動機は治療である。不具合のある骨、或いは失われた骨を一時的に人工骨で代替し、人工骨の気孔に骨ができ、骨代謝のサイクルにしたがい、ついには人工骨がなくなり問題のない自家骨が治療対象部位に残るような人工骨が多くの需要に応える。一方、多様な動機に対して供給される多孔質セラミックスは本質的に似たようなものである。再生医療用途の多孔質セラミックス、いわゆる人工骨としては、水酸アパタイト(HA)等生体材料を多孔体に仕上げたものが提供される。しかしそれらの生体材料製多孔体に人工骨としての積極的なアピールがあるというわけではない。

生体材料多孔体を、用途指向な特徴・機能を根拠に人工骨と言いたい。多孔質人工骨の気孔内には骨ができたりできなかったりするが、気孔は骨形成との因果関係がしっかり検証された構造に制御されるべきである。しかし、一般的な多孔体製造プロセスでは、気孔構造の制御の自由さが低く、得られる気孔構造は様々な形状要素の集合となる。従って、骨伝導に寄与する気孔構造を確度良く追求することが困難である。それにしても現在、数百ミクロンの気孔が骨を呼び込む気孔サイズ(骨伝導構造)との見解に至っている。この見解は間違っていないようではあるが、あまりに漠然としており、材料研究者はこの考えをどのように多孔体設計に反映させたらよいか迷い、ユーザーも釈然としないと想像される。また、骨形成環境から孤立した閉鎖気孔においては、全く骨形成を期待できないので、完全に連通した気孔を作ること、及び気孔の完全連通を証明する手段が必要である。さらに、人工骨が再生すべき多様な形状を造形できる多孔体製造(自由形状製造)を目指さなければならない。

上記の考えに基づいて筆者らは、材料の微小ユニット化と集積による多孔体製造 "モザイクセラミックス製造(Mosaic-like Ceramics Fabrication (MCF))" を開発した(図7-1)。MCFでは微小ユニット毎の精密気孔設計により、気孔構造、分布を明確にすることができる。必用な多孔体形状は、微小ユニットの集積によりブロック細工のごとく構築すればよい(自由形状製造)。こ

のとき、ユニット間隙は何故無く連通し(ユニット間隙＝完全連通孔)、また、明確な気孔構造は上記完全連通孔を高確度で経由して連通孔ネットワークを形成する。本稿では MCF による人工骨開発例("モザイク人工骨"と呼ぶ)を説明する。

7.2.2 モザイク人工骨の構造と集積化

モザイク人工骨で使用する微小ユニットは水酸アパタイト(HA)製とした。多孔質人工骨研究の第一義を気孔構造と骨形成の相関追求としたとき、溶解性が低い HA が好適である。微小ユニット形状は、骨伝導構造として 300 μm の円柱状貫通孔を持つ、直径約 1 mm の球状(HA ビーズ)とした(図7-2 左)。骨伝導構造の "300 μm" の根拠は現 "骨伝導サイズ" であるが、人工骨ユニットにおいては明確に円柱状貫通孔の直径として 300 μm としている。また、直径 1

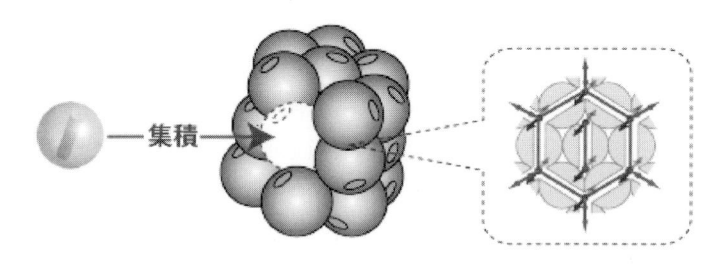

図7-1 モザイクセラミックス製造(Mosaic-like Ceramics Fabrication (MCF))の概念図

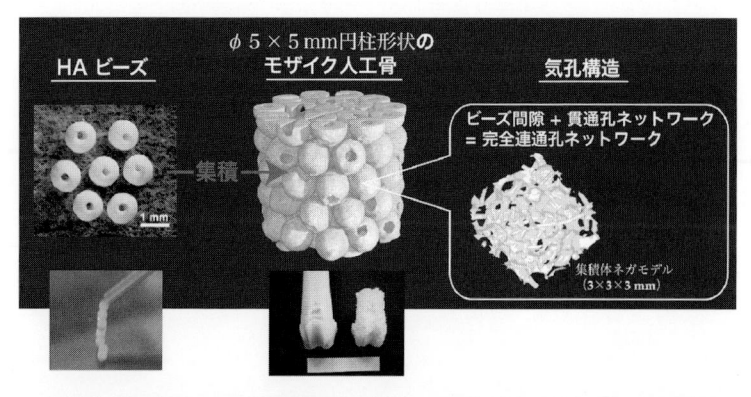

図7-2 HA ビーズによる MCF 実施例。HA ビーズ集積体及び該集積体内の気孔構造は CT データから構築したイメージ

mm の HA ビーズは 16 G より太い注射針からの吐出が可能であり、注入療法的なモザイク人工骨構築の可能性を模索することができる（図 7-2 左）。

HA ビーズを所定の方法により ϕ 5×5 ミリの円柱形状に集積することによるモザイク人工骨作成例を図 7-2 中に示す[1]。球状ユニットの集積では閉鎖空間を作ることは不可能であり、かつ貫通孔を隣接 HA ビーズで密閉することも事実上不可能なので、HA ビーズ集積体内のマクロ気孔の連通性は、"微小ユニットの集積"という製造方法により保証できる。また、この集積例ではマイクロフォーカス X 線 CT による直接的な手段によってもビーズ間隙と貫通孔の完全連通を確認している（図 7-2 右、マクロ気孔率 47.7%）。HA ビーズ集積による MCF においては、HA ビーズと同数の（仮の）骨伝導構造をほぼ均等間隔で持っており、かつそれらが比較的大きな HA ユニット間隙でつながっている。従って、後者には生体由来因子の容易な侵入が、前者には良好な骨形成が期待できる。また、MCF でウサギ頸骨膝関節近位形状の CT データをモデリングすることもできる（図 7-2 中下）。

7.2.3 モザイク人工骨の機能　～骨伝導性～

HA ビーズ集積体の骨伝導は動物実験で確認した（図 7-3）。ウサギ頸骨近位埋入後 7 日で、貫通孔内においては骨の自然治癒過程に特徴的な様式と判断できる新生骨組織、HA ビーズ内部では細胞の侵入が認められる。4 週から 13 週にかけては、広範囲に渡る新生骨形成が認められ、特に 13 週後の組織には、骨髄の貫入による皮質骨と髄空の境界が形成されつつあることを確認できた。

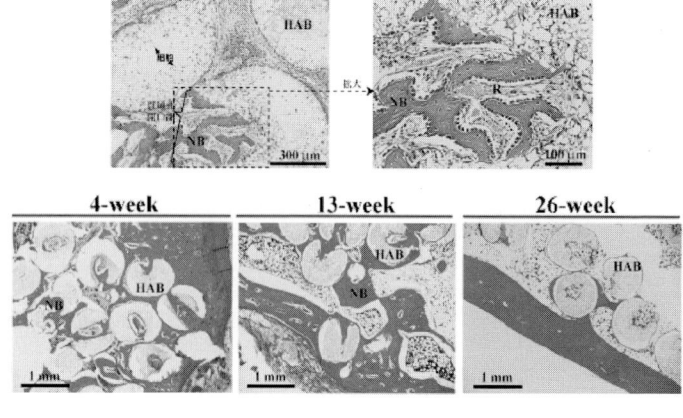

図 7-3　貫通孔及び HA ビーズ間隙の骨伝導を示す組織標本

HAビーズの例の様に、人工骨ユニットに付与する構造が直接的な手法により制御できる一方で、ビーズ間隙は人工骨ユニット形状により間接的に制御できる。人工骨内気孔構造の設計・解釈・理解のよりどころである。最密充填構造のHAビーズ間隙模式図を図7-4に示す。HAビーズ接点に向かって狭くなっていく構造が、従来人工骨にない特徴を形成している。また、例えば、間隙を内接する円として考えると、HAビーズ直径1 mmの場合、間隙内接円の直径は154.7 μmとなる。ビーズ径を変えることにより、間隙内接円もマクロ、ミクロ、ナノスケールにすることができる。また、人工骨ユニットを有突起成形体(テトラポッド等)として、突起の接合部近傍にできる凹構造の形でユニット間隙を構成することができる。

　骨伝導と相関の高い構造の追求には、多くの人が興味をもっているが、例えば最適貫通孔径を追求するために、可能な範囲の貫通孔径を持つHAビーズを用意して動物実験を繰り返し過度に行うことは好ましくはない。骨の複雑な(未解明な)要求を人工物で再現するためには、制御できる程度に単純化したモデルが有効であり、つまり、骨形成と構造に関して新たな洞察を得るために、人工骨ユニット単位の研究が有効であると考える。そこで、細胞懸濁液から各種貫通孔径のHAビーズに取りこまれる細胞数、及びその後の増殖・分化から、貫通孔径と骨伝導の相関を評価する方法を提案している。これまでに、平均孔径81、140、226、310、441 μmの貫通孔を対象に細胞増殖評価を行っている。具体的には、433 Kで2時間乾熱滅菌した各孔径HAビーズそれぞれ20個と、細胞懸濁液(マウス頭骨頂由来前骨芽細胞株MC3T3-E1、5×106 cells/ml)を、1.5 ml遠沈管内で混合し、余分な細胞懸濁液を除去した後に、6 wellカルチャーディッシュに移し(20個/well)、インキュベータ内(37℃、5%CO_2)に静置した。

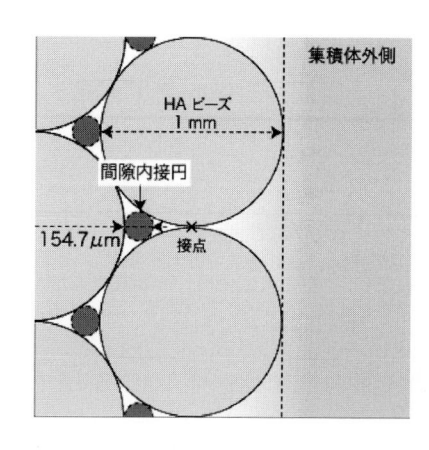

図7-4
HAビーズ間隙の構造模式図

MC3T3-E1 の培養には、α-MEM＋10%FBS＋1%ペニシリン・ストレプトマイシンを培地として用いた。上記作業から 1、3、5 日後に、HA ビーズ上の細胞から抽出した DNA 量から、HA ビーズ上の細胞数を評価した。上記評価の結果、平均孔径 226 μm の貫通孔内における顕著な細胞増殖を確認している。貫通孔径 226 μm の HA ビーズは、混合作業後 5 日において、全サンプル中最も高い細胞密度を記録し、また 5 日を越えて培養を続けた場合、貫通孔を塞ぐように細胞凝集塊が形成された。この結果は、貫通孔径 226 μm という空間の有効性を示唆している。上記現象は、貫通孔内の細胞増殖が、内壁に沿う方向だけでないことを示唆している。例えば、貫通孔内に付着した細胞が近傍同士で架橋し、新たな細胞の足場を提供するような増殖機序を考えることができる(図 7-5)。

7.2.4 おわりに

気孔構造に注目した人工骨機能の追求の過程で、「多孔体機能のユニット化と

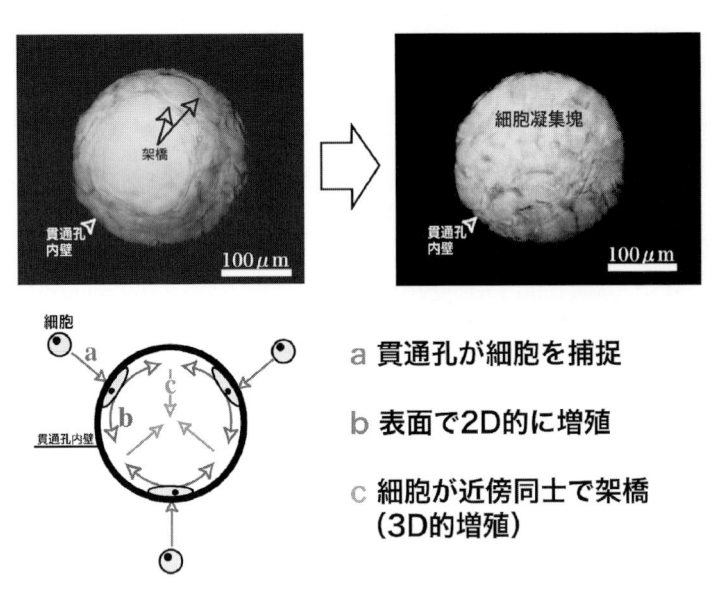

図 7-5 貫通孔に考えられる細胞増殖機序、及びそれを示唆する貫通孔内細胞画像

注 1) HA ビーズに取りこまれた細胞数を HA ビーズの表面積で除し、単位面積あたりの細胞(細胞密度)とすることにより、測定値から HA ビーズ表面積ばらつきの影響を排除している。こうすることにより、例えば、HA ビーズ表面のみで細胞が増殖している場合、cells/HA 面積は貫通孔径によらずほぼ一定となります。立体的な細胞増殖が起こっている場合は、cells/HA 面積は相対的に高い値となり、貫通孔の機能を示唆することになる。

集積」をコア・コンピタンスとした"モザイクセラミックス製造(Mosaic-like Ceramics Fabrication(MCF))"を開発した。MCFによれば、自由形状、意図的気孔構造、気孔の完全連通を実現した、多孔質セラミック人工骨を確度よく製造することができる。また、人工骨ユニットを試金石として用いることによる、構造と骨伝導の相関追求の方法を提案することができた。さらに、球状人工骨ユニットにより、注入療法による人工骨形成の可能性を示すことができた。MCFにより、人工骨の積極的な機能開発にチャレンジするとともに、汎用的な多孔体製造プラットフォームを構築していきたい。

7.3 異方性を有する生体材料の創製
7.3.1 はじめに

　生体組織においては、様々な部位において、マクロなレベルから、ミクロ、ナノのサイズに至るまで、いろいろな秩序構造の形成が観察される。歯や骨、筋肉や心臓、皮膚、毛髪に至るまで、様々な組織で配向した構造(集合組織)が観察されるが、生体における、そのような構造の異方性はその組織における機能発現と深く関わっている。例えば、筋細胞や心筋細胞の配向した構造は筋肉における強力な収縮力や、心臓において心筋細胞が全体的に協調して脈動するために不可欠であろう。骨や歯といった生体硬組織では、部位によって、リン酸カルシウム(ハイドロキシアパタイト、$Ca_{10}[PO_4]_6[OH]_2$、HA)の配向した集合組織が観察できる[2]。例えば、人歯エナメル質では、内部のエナメル象牙境から表面に向けて伸びるエナメル小柱に、その長軸とHA結晶のc軸が一致するように配向して充填されている[2]。このエナメル小柱や小柱間質(HA結晶の配向方向がエナメル小柱と異なる部分)におけるHAの結晶配向性がエナメル質の耐摩耗性に関係していると議論されている[3]。HAの結晶構造は六方晶系の空間群P63/mで、結晶軸に対する物性の異方性を有する。また、HAは主な結晶面として(100)または(010)面(a面)と(001)面(c面)を有する。これらの結晶面では唾液等の体液への溶解性に差があり[4]、タンパク質等の分子の吸着に差がある[5]。生体内ではこのようなHAの結晶面の性質の差を巧みに利用していると考えられている。例えば、人歯のエナメル質においてはHA結晶がc軸配向構造をとることにより、その表面には唾液に対して不活性なHAのc面が主に現れている[4]。また、一部のタンパク質はHAに対して強い親和性を有している。例えば、骨を構成するタンパク質の内、非コラーゲン性タンパク質で最も豊富に存在しているオステオカルシン(osteocalcin、bone Gla protein(BGP))はHAに対して高い親和性を有することが知られている[6]。その機能は不明な

点が多いが、破骨細胞の走化性の誘発に関与し[7]、骨芽細胞の活性を阻害する[8,9]ことを示唆する研究が報告されており、リモデリングの調節に関与していると考えられているが、HA の結晶面に対して分子認識能を有し、HA の c 軸に平行な面（例えば a 面）との親和性が高いと報告されている[10]。生体組織に見られる HA の集合組織では、特定方向の表面において特定の結晶面の性質が支配的に現れ、それが機能発現や生体応答の調節に利用されていると考えられる。高い結晶配向性を有する HA 材料が製造できれば、HA の特異的な結晶面の性質や物性の異方性を利用した、より高度な機能を有する有用な生体材料、例えば、HA の a 面または c 面の性質を優位に発現することでタンパク質に対する親和性に影響を与え、生体応答を調節することで生体親和性を向上させた材料の実現が期待される。しかしながら、一般的な HA 焼結体や HA コーティングは内部の結晶子の結晶の方向がランダムであり、HA 結晶の物性の異方性や結晶面の性質の差が均質化された状態にある。このため、生体材料において HA の結晶面の性質の差や物性の異方性の積極的な利用はなされていない。

7.3.2 溶射による HA コーティングによる結晶配向皮膜の形成

近年、10 T クラスの強磁場中における鋳込み成形[11]、牛大腿骨の焼成[12]、配向した HA 凝集粒子の沈降[13] など、c 軸に結晶配向した HA バルク体の作成方法につての報告がされている。また、HA のファイバー状の微結晶には主に HA の a 面が現れることから[14]、ファイバー状の HA 微結晶を沈降させた成形体では HA の a 面の性質が支配的な表面を形成される[15]。上記のようなバルク体の形成法とは別に、溶射による HA コーティング[16] による結晶配向皮膜の形成も報告されている。HA のプラズマ溶射による皮膜形成では通常、HA の熱分解により副生成物相が形成されるが、溶射後に熱処理を行うことで皮膜の配向性を維持したまま副生成物から HA が再形成できる（図 7-6）[17]。

HA 皮膜の c 軸結晶配向により皮膜表面は HA の c 面の性質が支配的に発現することが期待される。しかしながら、配向の度と c 面の性質の発現との関係や、タンパク質に対する親和性への影響についての報告は殆どない。以下にタンパク質吸着について調べた例を示す。図 7-7 は FITC ラベル（蛍光標識）した牛血清アルブミン（BSA、pI＝4.8）、免疫グロブリン G（IgG、pI＝6.06-7.08）、チトクローム C（CCC、pI＝10.87）を 22 μg/100 μl でリン酸バッファー（PBS）に溶かした溶液を調製し、試料表面に室温で 30 分吸着させた後、250 mM の NaCl を添加した PBS で洗浄し、蛍光顕微鏡で観察したものである。高い c 軸配向性を有する皮膜において、等電点（pI）が 7 以上の塩基性タンパク質である

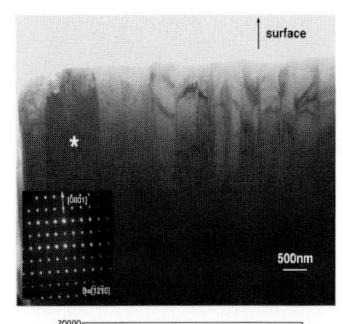

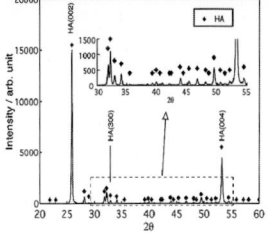

図 7-6
結晶配向 HA 皮膜の断面 TEM 像と電子線回折パターン(上)ならびに、結晶配向 HA 皮膜の XRD パターン(下)。HA の結晶子が表面方向に c 軸を向けて配列している様子が観察される。XRD パターンにおいては副生成物相のピークはほとんど観察されない。

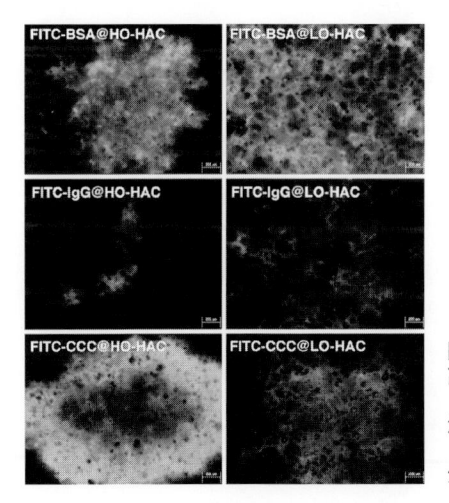

図 7-7
高配向 HA 皮膜(HO-HAC)と低配向 HA 皮膜(LO-HAC)表面に吸着した蛍光標識した牛血清アルブミン(FITC-BSA)、免疫グロブリン G (FITC-IgG)、チトクローム C (FITC-CCC)の蛍光顕微鏡像

チトクローム C が試料表面に強く吸着する傾向が観察された。一方、配向性の低い HA 皮膜へのチトクローム C の吸着は低く、HA の配向によりタンパク質吸着の選択性が発現したと考えられる。このような、高い(001)配向を有する HA 皮膜への親和性の増加はラクトフェリン(LAC、pI＝8.2-8.9)、リゾチーム(Lyz、pI＝11.1-11.35)といった、他の塩基性タンパク質においても確認された。生体材料への骨伝導の初期において、タンパク質等の吸着が細胞応答に先

行して起り、材料表面に形成されたタンパク質層が細胞応答を媒介すると考えられており、そうした初期の表面構造特性が人工関節などの医療デバイス性能を左右すると考えられている[18]。従って、材料表面に支配的に現れる結晶面の性質を利用して、タンパク質の生体分子に対する親和性を制御することで、生体応答を調製したより高度な生体インプラントの実現が期待される。

7.3.3 マスキングを併用した溶射法による凹凸形状インプラントの創製

上記のようなナノ-マイクロメータのスケールの配向構造は生体分子の親和性等に影響することで細胞応答に影響を与えると考えられるが、細胞と同程度のサイズ、または、それよりも大きなサイズの異方的な構造は生体組織の形成において決定的に影響を与えると考えられている。最近、マウスの心臓から細胞を除去した細胞外マトリックスにマウス新生児の心筋細胞や内皮細胞を移植し生体外で培養したところ、細胞がマトリックスを足場として内部を覆うように増殖し、電気刺激により脈動が起こり、ラットの胎児の心臓の約4分の1のテンポで血液を循環することが可能であったと報告されている[19]。これは適切な細胞外マトリックス(ならびに分化因子など)を用意して分化能を有する細胞を生着させることで臓器そのものを、機能を含めて再生可能であることを示唆している。前述の生体由来のマトリックスでは、従来細胞があった場所に3次元的に配向した空間が形成されており、そのような構造が移植した細胞の足場として、心臓の組織・機能再生において重要な役割を果たしたと考えられる。

生体由来でない人工の細胞外マトリックスにおいても幾何学的な構造が組織再生を誘導する上で重要な鍵になると指摘されている[20]。例えば、120 μm ならびに 350 μm の貫通孔を有する数ミリ程度の大きさのハニカム状の HA 焼結体を生体に埋植した場合、孔内に直接骨形成が行われるか、軟骨性骨形成が行われるかの差が孔径により異なることが報告されている[21]。また、コラーゲンフィルムに 100 μm の穿孔を一定間隔で形成し、骨形成タンパク質(BMP)を担持したものを生体に埋植した場合に、大腿骨骨幹の皮質骨に見られる様なハバス様の骨が穿孔内部に形成されると報告されている[22]。これらの報告は、生体組織が侵入し、足場となる様な人工物の幾何学的な構造が、生体組織の高次な秩序構造の再構築に大きく寄与することを明瞭に示している。このように、生体組織に観察される配向性と同様の配向構造を有する空間構造(多孔構造)を有する材料(異方性空間材料)は、その細孔内部に生体様の高次な秩序構造を有する組織を誘導すると期待され、埋入部位の組織に必要な機能を具備した、生体の高度な機能により近い、高度な生体材料が創製できると期待される。

一般的に利用されている人工関節等のインプラント材においては、表面における100〜500 μm程度の窪みに骨単位が侵入することが知られており、骨組織の侵入によるマイクロアンカリングを期待してインプラント表面に凹凸や細孔を形成する方法が試みられている。そのような形成方法として、チタンワイヤやチタンビーズを金属基材に融着するものや、粒径の異なるチタン粒子を配合してポーラスなチタン皮膜を溶射する方法等が臨床応用されている。しかしながら、これらの方法では形成される窪みや細孔の大きさは確率的に制御できるのみで、その形状は不定形である。凹凸の幾何学的な構造を直接的に制御しながら形成できれば、インプラントと生体骨との間に、より良好なインターフェースの形成が可能と思われる。マスキングを併用した溶射法により、表面に連結形状が異なる溝状の空間(凹凸形状)を形成したインプラントを作製し、ウサギの頸骨近位付近に埋植したところ、溝状の配向した連結構造からなる異方性空間を有するインプラントでは、埋植7日目に連結された溝状の空間内に新生血管を伴う肉芽組織が侵入し、2週目には溝状の構造壁面に沿って新生骨の形成が起こり、4週目には血管を伴った骨組織が溝状の構造内部に形成される様子が観察された。形成された骨組織は、インプラントの溝状の空間の配向構造をテンプレートとして、配向した組織が形成された(図7-8)。等方的な連結構造を有するインプラントにおいては血管を伴った骨組織の形成が観察されたが、形成される骨組織の形態に配向性は見られなかった(図7-8)。テンプレートになる空間が等方的であるか異方的であるかにより形成される骨組織の形態に違いが見られ、インプラントの表面形状を制御することで、生成される骨組織の形態を制御可能であることが示唆される。

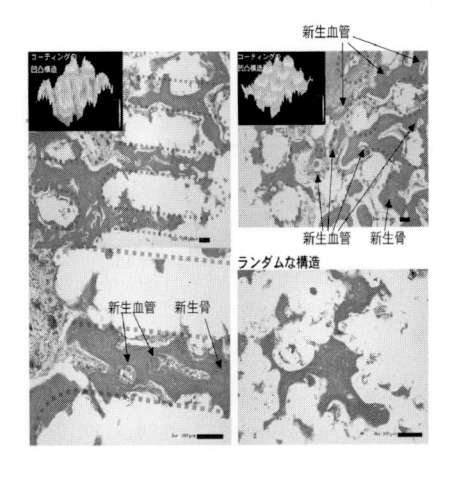

図7-8
結表面に連結形状が異なる溝状の空間(凹凸形状)を形成したインプラントにおける骨組織の形成の様子。組織侵入に最適と思われる構造のみからなる表面構造の寄与により血管を伴った骨組織の形成が観察される。比較のために作製したランダムな構造を有するインプラントではインプラント表面に偶然的にできた不定形な窪み状の構造の微細空間内に骨組織が形成される様子が観察されたが、新生血管の形成は認められなかった。

7.3.4 おわりに

多孔体内部に前述のような組織再生用の空間構造を作り込む場合、全体的に孔の連結構造を制御しつつ組織形成に有効な構造を配置する必要がある。このような構造体の形成方法として光造形法、ディスペンザーによる積層方法、粉末積層造形法、2次元的なパターン構造を数種類組み合わせて積層する方法(図7-9)等が研究されている。このような多孔質材料では、内部の空間の配置を異方性にすることで、生体様の組織再生を可能とするとともに、強度や、力学的な特性に異方性を発現し、埋植する部位の周囲の組織と機能的・力学的に調和し、かつ必要とされる強度を有するようなインプラント材を創製できると期待される。

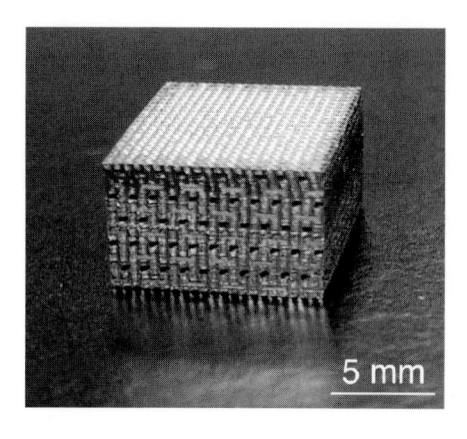

図7-9 配向した内部空間構造を有するチタン製多孔体

7.4 無機-有機ハイブリッド DDS
7.4.1 はじめに

マイクロカプセルは、微小な容器の中に機能性物質を包含したものであり、医薬品、化粧品、食品、農薬、電子材料、インク、接着剤など、幅広い分野で応用されている。医薬品分野においてマイクロカプセルを利用する際には、DDS(Drug Delivery System)担体としての利用が期待される。DDSとは、薬物を必要な部位に必要な濃度で作用させることによって、副作用など人体への負担を低減しようとするシステムである。代表的な機能として、内包した薬物が徐々に放出する徐放機能や、薬物を必要な部位に送達する標的化機能があげられる。これまでに、ポリ乳酸などの生分解性高分子を用いたマイクロカプセルに薬物を包含し、徐放機能を持たせた DDS 担体の研究が進められ、一部は実用化されてきた。

マイクロカプセルの製造方法としては、液中乾燥法、懸濁重合法、コアセルベーション法、スプレードライ法など、さまざまな手法があるが、ポリ乳酸など生分解性高分子マイクロカプセルの製造には、主に液中乾燥法が用いられてきた[23]。これは、薬物とともに疎水性溶媒に溶解した生分解性高分子を水中で撹拌し、O/W (Oil in Water)エマルションを形成させた後に油相の溶媒を揮発させることにより、薬物を包含したポリ乳酸マイクロカプセルを得るものである。この手法では、O/Wエマルションを安定させるために界面活性剤が使用される。ポリ乳酸マイクロカプセルを形成する際にもっとも良く用いられる界面活性剤は、ポリビニルアルコール(PVA)である。ところが、このPVAはマイクロスフェア形成後に洗浄してもすべてを取り去ることができず、最終生成物にも多く残留することが報告されている[24]。このPVAが残留したポリ乳酸マイクロカプセルをDDS担体として体内で用いると、生分解性のポリ乳酸は体内で分解、代謝されるが、非生分解性のPVAは体内に滞留し続けることになる。体内に滞留するPVAは、アレルギー反応の誘発やガン原生の怖れも指摘されており、PVAを使用しないでポリ乳酸マイクロカプセルを製造しようとする研究が進められてきた。

7.4.2　ポリ乳酸およびリン酸カルシウム複合体の合成とコアーシェル構造

一方、水酸アパタイト(HAp)のようなリン酸カルシウム材料が、近年DDS担体として注目されてきた。なぜならば、リン酸カルシウムは、すでに人工骨や人工歯根として実用化されてきた歴史があり、生体親和性、非毒性など、生体内での安全性がすでに裏付けられているからである。さらに、リン酸カルシウムは、生体高分子に対する優れた吸着特性を有する。この特性を利用し、リン酸カルシウムに抗体など患部に特異的に結合する機能を有する生体高分子を吸着させれば、患部にのみ薬物を送達する標的化機能を付与することが可能となる。このような知見により、図7-10に示すようなポリ乳酸とリン酸カルシウム

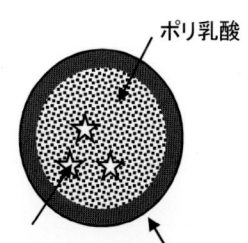

図7-10　ポリ乳酸/リン酸カルシウムハイブリッドDDS担体の模式図

を複合化したハイブリッド DDS 担体の開発を検討した。ハイブリッド化により、界面活性剤を用いないマイクロカプセルの製造を実現するとともに、徐放機能と標的化機能を合わせ持つ DDS 担体が実現すると考えられる。

　界面活性剤を用いずに O/W エマルションを安定させるために、エマルション界面での HAp の析出によりエマルションを安定化する手法を開発した[25]。ポリ乳酸は、その末端基にカルボキシル基を有するが、カルボキシル基はリン酸カルシウム析出のための結晶核生成の場となることが知られている。さらに、ポリ乳酸は疎水性高分子であり、O/W エマルション中では、油相を構成する疎水性溶媒中に存在するが、その末端基であるカルボキシル基は親水性の官能基であるため、エマルションの油/水界面にカルボキシル基が存在しやすいと考えられる。このため、水相中にリン酸カルシウムを析出させるためのイオンが存在すれば、油/水界面に存在するカルボキシル基がリン酸カルシウムの析出を誘導し、析出したリン酸カルシウムは油/水界面を安定化させるだろう。このように、生体内で分解・代謝される材料のみで有機/無機マイクロカプセルが合成されれば、DDS として安全性の高い材料となる。

　具体的な合成方法は次の通りである。ポリ乳酸をジクロロメタンに溶解したものをポリマー溶液とし、これをカルシウムイオンを含む水溶液中で撹拌し、水相である水溶液中に油相であるポリマー溶液が分散した O/W エマルションを形成させた。このエマルションに、リン酸イオンを含む水溶液を添加し油/水界面でリン酸カルシウムを析出させてエマルションを安定させる。この後、ポリマー溶液中のジクロロメタンを揮発させると、内部(コア)がポリ乳酸、外殻(シェル)がリン酸カルシウムの、コアーシェル型有機/無機マイクロカプセルが形成される。図 7-11 は、得られたマイクロカプセルの光学顕微鏡写真である。このマイクロカプセル表面の元素分析から、表面にリン酸カルシウムが析出していることがわかり、得られたマイクロカプセルは、ポリ乳酸とリン酸カルシウムの複合体であることが示された。

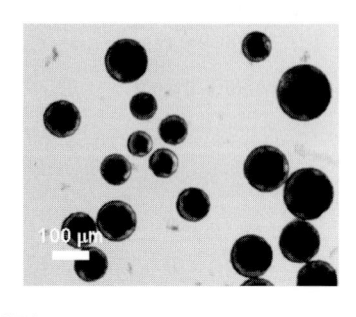

図 7-11
内部(コア)がポリ乳酸、外殻(シェル)がリン酸カルシウムの、コアーシェル型有機/無機マイクロカプセル

さらに、このマイクロカプセルは、合成方法のアレンジにより内部構造を変化させることができる。図 7-12 は、(W/O)/W エマルションの形成により、内部を多孔構造にしたものである。この場合も、界面活性剤を全く使用することなく、有機/無機の界面反応のみで安定させているため、生体に対する安全性は確保されている。また、図 7-13 は、リン酸カルシウムの析出速度の制御により球殻構造にしたものである。割れた生成物の電子顕微鏡写真は、球殻の外側表面は粗く、内側表面は滑らかな材質であり、外側がリン酸カルシウムの析出物、内側がポリ乳酸と二層の球殻構造をもつマイクロカプセルであることが示された。

得られたマイクロカプセルの薬物徐放能力を評価するため、抗腫瘍薬の一つであるシスプラチンを含有させたマイクロカプセルを合成し、リン酸緩衝液中での薬物放出挙動を検討した。その結果、3 週間以上にわたって薬物を放出することがわかり、徐放機能を有していることが示された。

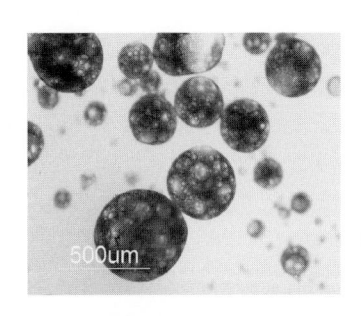

図 7-12 内部(コア)のポリ乳酸が多孔構造になるように合成した有機/無機マイクロカプセル

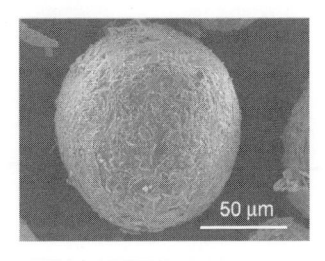

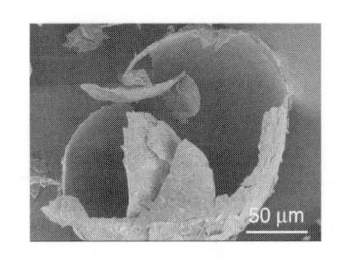

図 7-13 外側がリン酸カルシウムの析出物、内側がポリ乳酸及び二層の球殻構造をもつマイクロカプセル。右は、割れたサンプルの写真である。

7.4.3 おわりに

このように、有機-無機の界面相互作用を利用することによるマイクロカプセル合成手法が開発されている。このマイクロカプセルは、生体内での安全性が

確保されているため、DDS担体など生体材料としての応用が期待される。さらに、界面活性剤を用いないマイクロカプセル製造方法は、環境負荷の低い製造手法としても今後の発展が期待される。

7.5 材料-生体界面解析と生体材料への展開
7.5.1 はじめに

　生体材料とは、医療・歯科分野において、主に生体に移植することを目的とした金属、セラミックス、プラスチックなどをさす。人工関節、人工歯根のように体内に埋め込まれる場合は、特にインプラント材料と呼ばれる。インプラント材料開発には、物質探索から臨床試験、実用化に至るまでに数多くの開発ステップが必要である。本稿では、人工股関節を例にとり、開発ステップの上流に位置する、インプラント材料と組織/細胞界面相互作用の解析について述べる。

　現在使用されている人工股関節は骨頭・臼蓋と金属製ステムから構成されている。大腿骨にステムを固定するため、骨セメント(ポリメチルメタクリレート)が一般に用いられる。しかし、近年骨セメントが原因の合併症や長期間経過によるルーズニング(ゆるみ)が問題となり、骨セメントを用いずに大腿骨に直接固定する施術も選択肢となっている。骨のアンカリング効果を増したステム表面の設計、自家骨と強固に固着する生体親和性の高いハイドロキシアパタイトコーティングしたステム表面の創製の研究などが行われている。このようなセメントレス人工股関節の開発には、ステム表面の構造と物性の最適設計がきわめて重要であり、物理的、化学的に加えて生物学的手法を駆使したステム表面の材料化学的評価が欠かせない。セメントレス人工股関節のように長期間生体内に埋入され、自家骨と一体化し、股関節機能を代替するインプラント材料には、力学的強度に加えて、長期間の生体安全性、生体適合性が要求される。ステム表面の構造と物性の設計開発には、開発の初期段階で多くのサンプルを用いた実験が不可欠であり、小動物(マウス、ラット)、ヒト由来の正常骨芽細胞あるいは株化細胞、骨髄間葉系幹細胞を用いた試験管内実験が有効である。骨形成細胞の材料表面への接着、その後の増殖、分化、石灰化の各過程における細胞応答を生化学的、細胞生物学的に解析することで、細胞-材料間相互作用の分子レベルでの詳細な検討が可能となる[26]。

　正常骨芽細胞あるいは株化細胞、骨髄間葉系幹細胞などを材料上で増殖・分化させる細胞培養技術、細胞形態・細胞接着装置などの細胞生物学的観察、細胞-材料間相互作用に直接、間接に関与する主要な遺伝子・タンパク質発現の生

化学的測定技術、現在は主にこれらをベースとして、試験管内での生体適合性評価が行われている。細胞-材料間接着を仲介する細胞外マトリックス成分と細胞膜上のインテグリン、細胞形態制御する細胞骨格系タンパク質、細胞外刺激を伝える細胞内情報伝達系タンパク質、増殖・細胞死制御タンパク質、分化調節転写因子、分化特異的タンパク質などが主な解析対象物質である。そのための解析技術としては、位相差顕微鏡、共焦点レーザー顕微鏡、走査・透過電子顕微鏡などによる形態観察技術、細胞中の標的タンパク質検出のための抗体利用技術、遺伝子発現解析のためのノーザンブロティング法やRT-PCR法などが一般的な生化学的測定技術である。さらに近年は、ナノテク技術を応用したチップテクノロジー、ナノセンシング、ナノイメージングといった新しい研究領域がバイオ計測技術として急速に進展しつつある。DNA、タンパク質、細胞、マテリアル・ライブラリーをスライドガラスに高密度に配列させたバイオ・マテリアルチップ、半導体加工技術を応用した微細構造からなるナノバイオデバイス、原子間力顕微鏡による細胞のナノイメージング・マニュピレーションなどは、細胞-材料間相互作用の解析・評価のきわめて強力なツールとなることが期待される[27]。

7.5.2 表面粗さの異なる担体上での細胞挙動解析

バイオカスタムユニットの表面デザインのための基礎データ収集を目的に、表面粗さの異なる担体上でマウス骨芽細胞様細胞株(MC3T3-E1)を培養し、細胞の材料表面への接着、その後の増殖、分化、石灰化の各過程における細胞応答を解析し、細胞-材料間相互作用を検討した。担体にはサンドブラスト処理した表面粗さ(Ra)の異なるスライドガラス(Ra=3.77、1.99、0.98、0.48、0.04 μm)を用い、低細胞密度(1×10^3cells/cm^2)と高細胞密度(4×10^4cells/cm^2)で細胞を播種し、それぞれの条件下で表面粗さに対する細胞応答を調べた。

播種後1日目、表面粗さの小さい担体上では接着細胞は伸展した平面的形態をとり、高い配向性の発達したアクチンフィラメントが細胞内に観察された。一方、表面粗さが大きい担体上での細胞は立体的形態をとり、アクチンフィラメントは低い配向性であった。接着点を構成するインテグリン$\alpha5\beta1$とタリンの1日目の発現量と細胞形態との間にほとんど関連性が認められないことから、担体の表面形状そのものが細胞形態を決定していると考えられる。播種後1日目の細胞のDNA複製量を調べたところ、表面粗さが大きい担体上では、DNA複製は抑制され、播種後5日目までの増殖速度は極端に低かった(図7-14)。この増殖性の顕著な違いは、表面粗さによって規定される細胞形態に起

因するものと考えられる。さらに、表面粗さが大きい担体上での細胞増殖の抑制が Cx43 発現の低下を導き（図 7-15）、分化に必要なギャップジャンクション形成が顕著に阻害される結果となった。播種後 14 日目の細胞より Total RNA を抽出し、リアルタイム RT-PCR 法で代表的骨分化関連マーカーの遺伝子発現比を算出した。ALP、BGP、Runx2 遺伝子発現は表面粗さの影響を強く受け、表面粗さが大きい担体上では細胞が低い分化状態に留まっていることが示唆された（図 7-16）。さらに、播種後 21 日目の ALP（図 7-17）、BGP タンパク質発現、28 日目の石灰化も表面粗さが大きい担体上で低くなった。以上より、播種細胞密度が低い条件では、表面粗さが大きい担体上では細胞増殖が顕著に抑制され、細胞集団が形成されにくく、細胞分化に不可欠な細胞間相互作用が弱くなるた

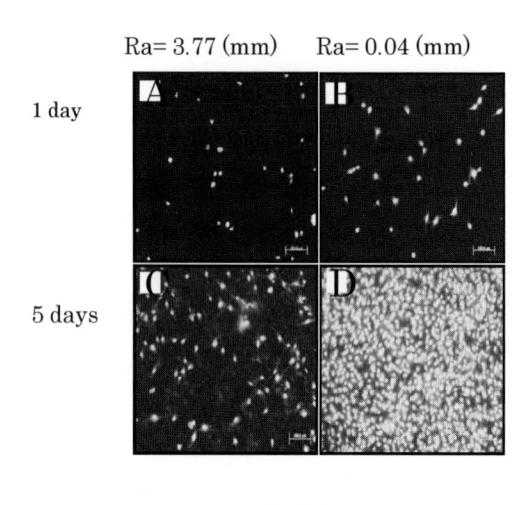

図 7-14
細胞増殖と表面粗さ

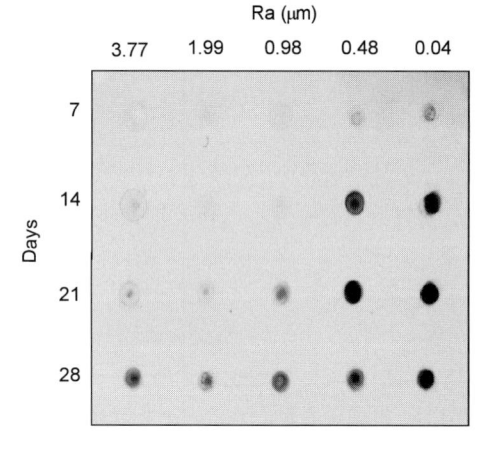

図 7-15
CX43 発現と表面粗さ

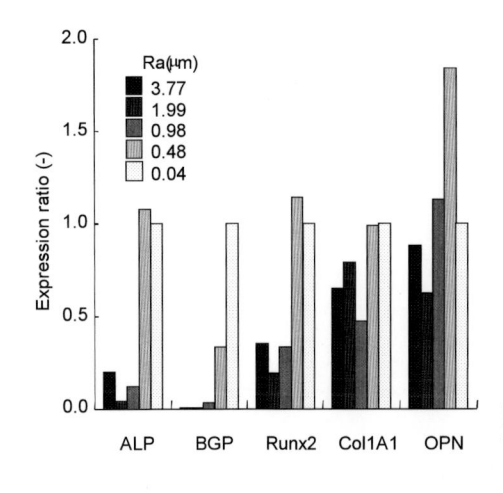

図7-16 骨分化マーカー遺伝子発現と表面粗さ

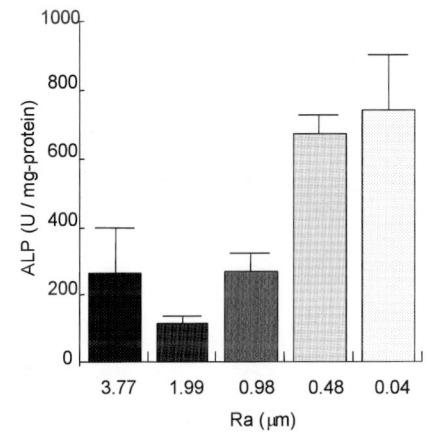

図7-17 ALP発現と表面粗さ

め、細胞が低分化状態に留まることが明らかになった。

　次に細胞分化・石灰化への表面粗さの直接的影響を調べるため、ほぼコンフルエントに近い高細胞密度(4×10^4cells/cm^2)で細胞を播種し、同様の分化実験を行った。その結果、表面粗さが Ra=3.77-1.99 mm の担体が最も分化が誘導されることが明らかになった。播種細胞密度が高い条件下では表面粗さの効果は全く逆となった。

7.5.3　おわりに

　今回の培養細胞実験から、表面粗さのようなインプラント材料の物理的要因

が力学的シグナルとなって、主に細胞形態を介して骨芽細胞の増殖、分化に顕著な影響を与えることが強く示唆された。表面粗さのような力学的シグナルが細胞内の遺伝子発現にどのような機構で影響を及ぼすのか、分子レベルでの解明が望まれる。予備的な DNA チップ解析の結果から、表面粗さ依存的に発現量が増減する多数の遺伝子が見いだされた。今後はこれら遺伝子群の中から培養初期に細胞の運命を決定づけるのに重要な役割を果たしている遺伝子群を決定し、バイオカスタムユニットの表面デザインの合理的設計に利用できる表面応答性遺伝子制御機構の解明を目指す。

7.6 メソポーラスシリカの酵素固定化担体としての利用
7.6.1 はじめに

メソポーラスシリカ(MPS)は 1990 年に早稲田大学の黒田らにより、つづいて 1992 年に Mobil のグループによって報告された。メソポーラスシリカ合成法については現在様々な報告があり、その文献を参考にしていただきたい[28]。簡単には、カチオン界面活性剤であるヘキサデシルトリメチルアンモニウム塩 $C_{16}H_{33}(CH_3)_3N^+Cl^-$ やエチレンオキシド-プロピレンオキシド-エチレンオキシド $(EO)_{20}(PO)_{70}(EO)_{20}$ のトリブロックコポリマー(P123)を水溶液中でのミセル生成のための原料として利用する。このミセルを鋳型として壁の素材が自己組織的に集積され、通常、壁材に利用さえるシリカ源は、テトラエトキシシラン $Si(OEt)_4$ である。ミセル鋳型壁上にテトラエトキシシランが反応溶液中に混合された酸(塩酸など)により加水分解を受けさらに重合反応が進行する。形成されたシロキサンネットワークを加熱熟成することによりシリカ-鋳型の複合体を合成することができる。さらに有機溶媒での溶解あるいは 500℃ 程度での焼結により、鋳型を除去することで、鋭いサイズ分布の細孔を有する細孔が生じ MPS を合成することができる。ヘキサデシルトリメチルアンモニウム塩より合成される MPS(MCM-41 など)は、ほぼ、3 nm 程度の細孔径を有し、表面積は約 1,000 cm²/g であり、エチレンオキシド-プロピレンオキシド-エチレンオキシドより合成される MPS(SBA-15 など)は、9 nm 程度の細孔径を有し、表面積は約 600 cm²/g である。これまでの合成条件の詳細な検討により、メソ細孔は、2〜50 nm 程度の範囲で制御することが可能となってきた。例えば P123 のミセル形成に膨潤試薬(例えば 1,3,5-トリメチルベンゼン:TMB)を混合することにより、細孔サイズはその混合比により変化する。また P123 をさらに大きい分子量のブロックコポリマー(F108 や F127)に変更することで、粒子外形を六角形状(2D-hexagonal)から球状(3D-hexagonal)や 18 面体(Cubic)に変化

することも報告されている。さらに粒子外形サイズについても制御可能であり、上述の方法で合成されたSBA-15のように1 μm程度のチューブ形粒子のものから、50 nm以下のナノ粒子MPSの合成手法も確立されている（メソポーラスシリカの合成法について図7-18に示す）。

このように様々な方法で合成されたMPS類はいわゆるメソポア領域(2〜100 nm)に比較的狭い範囲で細孔分布を有し、細孔容積は0.5〜2.0 cm³/g、及び比表面積は800〜1,200 cm²/gと極めて大きいという特徴を持ち、これまで報告されている多孔質シリカとは異なる性質を示す。またこの様なほぼ同様な細孔径や広い比表面積を容易に合成することの出来る酸化物セラミックスは他に例がない。その規則性の高さを利用した触媒、吸着・分離剤、クラスター合成のミクロ容器等への様々な応用が現在盛んに検討されている。さらにMPSを液晶パネルや燃料電池に利用する研究開発も開始されている。またメソ多孔体の様に材料の持つ細孔径のサイズを大きくすることで、ゼオライト等これまでも分子ふるい効果を利用した化学反応基材や吸着材は検討されてはいるが、MPSを適応することでさらに応用範囲を大幅に広げることができる。現在では、6 nm以上という細孔サイズを活用した生体分子(酵素、抗体などのタンパク質やDNAなどの核酸)をMPSに固定化・安定化させ、バイオ触媒やバイオセンサーなどへの展開を見せ始めている[29]。

生体触媒である酵素を用いた反応は、常温常圧下において反応が進行し、有機化学的手法で見られるような複雑な工程を必要としない。さらに、光学分割において基質分子の特定の部位における立体選択性に優れている。しかし、酵素は温度上昇、有機溶媒により活性が大きく低下しやすく、反応を行うのに適した環境でも比較的はやく失活する。また反応終了後、酵素のみ変性させずに回収し再利用することは実際上不可能であり、反応液中に充分な活性を持った酵素が存在していても、これを変性、失活させて除去し反応生成物を分離するため、1回の反応ごとに酵素を捨てることになり非常に不経済である。これらの

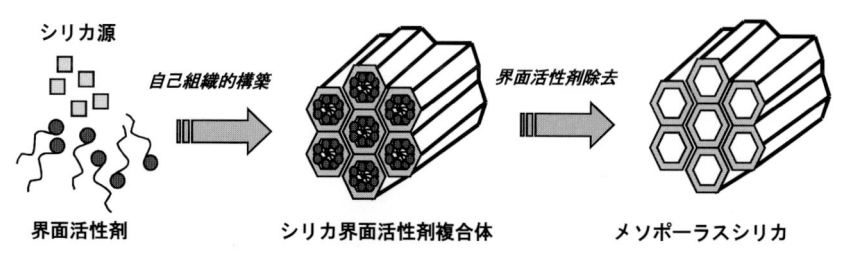

図7-18　メソポーラスシリカの合成方法（概略図）

問題を解決し利用目的に適した酵素に調整することが固定化法である。固定化法には生体触媒を水に不溶性の酵素に物理的、あるいはイオン結合や共有結合を利用することで化学的に固定化させる酵素結合法、生体触媒を2個以上の官能基を持った試薬で架橋して固定化する架橋法などがある。以上の様な酵素固定化法の開発によって初めて生体触媒の再利用が可能となる。さらに、生体触媒を固定化することにより、長期安定化や活性度上昇などが観察される場合も少なくない。現在までに展開されてきた生体触媒の固定化技術とそれらが工業化に結びついた例はいくつかあり、固定化生体触媒を利用した反応は多岐にわたっている。

　以上より、我々は、様々な性質(細孔径、粒子形、表面積、表面電荷)を持つMPSを合成し、生体触媒として利用される以下の2種類の酵素タンパク質を固定化し、その細孔内に固定化された触媒活性の特性について評価結果について下記に示す[30]。

7.6.2　メソポーラスシリカ固定化タンパク質の作成と触媒活性

　メソポーラスシリカへの酵素固定化の例として、最近当研究グループで実施された例について記載する。まず、コレステロールエステラーゼ固定化酵素の作製とフタル酸エステル類の分解反応について示す。酵素コレステロールエステラーゼ(CE、分子量400-500 kDa、等電点5.8、サイズ12×18 nm×6量体)は、ほ乳類・細菌等、広範囲に存在し、生体内コレステロールの合成・代謝の重要な酵素として機能している。また、これまでに当研究グループでは、酵素CEがコレステロールエステル骨格基質のみならず、環境ホルモン作用を持つ疑いのある化合物の一つであるフタル酸ジエステル類に対して非常に高い加水分解活性を示すことを明らかにしている。まず、細孔径の異なるMPS(細孔径3.0-30.6 nm)を用いて酵素CEを固定化した場合の、吸着量と活性発現率に与える影響について検討した。固定化法については、各MPSに酵素溶液を懸濁させて、一晩4°Cにて撹拌するのみの簡便な方法である。また固定化酵素の活性は、酵素基質であるフタル酸ジエチル溶液に固定化CEを懸濁し、室温で3時間反応させ、その後、生成物であるフタル酸モノエチルの量を高速液体クロマトグラフィーにより定量した。結果として、細孔径21.4 nmを有するMPSが最も高い活性発現率を示した。酵素のサイズは24×36 nm程度であることから、酵素のサイズと同等の細孔径を有するMPS 21.4 nmが固定化に最適なサイズと考えられた。次に有機鎖修飾したMPSを用い酵素固定化率及び活性発現率を調べた。無修飾と比較して有機鎖修飾に用いたデシル基、フェニル基、イソシ

アネート基含有 MPS が高い活性発現率を示した。デシル基及びフェニル基は疎水性が高いため、疎水性の有機鎖の存在が酵素との吸着上昇に影響を及ぼしたと考えられる。また無修飾 MPS と有機鎖修飾 MPS を用いリサイクル反応を行ったところ、無修飾 MPS と比較して 3 種類の有機鎖修飾 MPS が活性を維持することが分かった。有機鎖修飾した MPS は、無修飾 MPS 以上に酵素が強固に吸着していると考察される。

次の例として、固定化チトクロームｃの作製と硫黄酸化反応について述べる。タンパク質 cytochrome c(cyt c、分子量 12 kDa、等電点 10.0、サイズ $2.5 \times 2.5 \times 3.7$ nm)は、全生物に存在している。例えば、原核生物では細胞膜に存在し、植物など光合成を行う生物では葉緑体に存在する。本研究で利用したタンパク質 cyt c は、チオアニソールを基質として、酸化反応によりフェニルメチルスルホキシド生成することが特徴である(反応式を図 7-19 に示す)。今回細孔径の異なる MPS(細孔径 2.8-15.0 nm、7 種類)にタンパク質 cyt c を固定化した場合の、吸着量と活性発現率に与える影響を検討した。その結果、細孔径 3.4 nm が最も高い活性発現率を示した。タンパク質 cyt c のサイズは $2.5 \times 2.5 \times 3.7$ nm であることから、タンパク質のサイズと同等の細孔径を有する細孔径 3.4 nm が固定化に最適なサイズと考えられた。次に 2 種類の MPS(3.4 nm 及び 11.3 nm)を用い、MPS に対しての cyt c の最大吸着量を評価した。単位当たり MPS に対する cyt c の最大吸着量は、MPS 3.4 nm に比較して、MPS 11.3 nm は 1.5 倍量であった。

7.6.3 おわりに

今回示したメソポーラスシリカは、細孔径や粒子形及び表面特性を様々に改変可能な材料であり、薄膜やアルミニウムなど他元素のドープなども比較的容易に作製できる。以上の性質を利用することで、酵素の性質(分子量や等電点)を考慮に入れつつ最適な固定化担体として構造設計が可能であることから、数多く提案されている酵素担体と比較してもメソポーラスシリカは最適な材料の

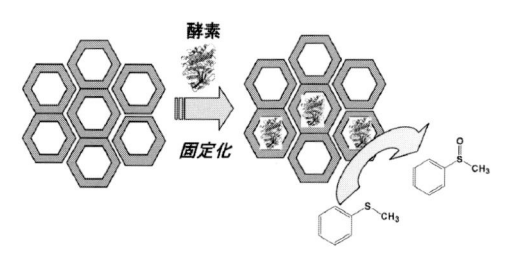

図 7-19 メソポーラスシリカ固定化チトクロームｃによる硫黄酸化反応

一つである。今後は、酵素のみならず、巨大な生体分子である抗体など他のタンパク質の固定化・安定化やDNAなど遺伝子運搬、ドラッグデリバリーなど様々なバイオ応用にメソポーラスシリカがますます利用されていくことと期待される。

7.7　課題と展望

　本章では、【生体機能を発現するために必要とされる最小の単位(ユニット)であるバイオカスタムユニットを集積化させることで必要とする(生体)機能を十分に発揮させる】というこれまでに例のない全く新しいコンセプトを提案し、バイオ、メディカル分野の革新的な製造技術について述べた。具体的には生体組織形成を促進する構造の構築や細胞接着を誘導する材料表面修飾などによる、生体応答性・生体親和性に優れたカスタムユニットの実現と共に、これらのカスタムユニットの集積によって得られる高度なバイオ機能を持った製品の製造方法について紹介した。本製造方法の特徴として、ユニットの合成が比較的容易なこと、なおかつ2Dや3Dのアセンブリーの多様性を上げることができることである。また生物が自立的に新たな機能をユニットに付加していく"生体機能模倣型"ユニットでもある。以上の様なバイオカスタムユニットの利点を利用して、生体が自立的に誘導するプロセス、つまり常温常圧下反応でかつ省エネルギー・省廃棄物なプロセスを念頭においたバイオインスパイアードプロセスの技術開発への展開が考えられる。今回紹介した5つの研究開発例の共通の課題・問題点は、バイオユニットの多様性と多量生産性の解決と考える。例えば、人工骨として必要とされるユニットの種類は、形状や表面加工などを組み合わせると多岐に渡ると想像できる。また人工骨として組み上げるためには、一定の性質を有するユニットを多量に必要とする。現在、バイオユニット多品種・多量合成を目指しプロセスの改良を行っている。また本章では多くは記載しなかったが、バイオミメティックス手法(生物構造・機能模倣材料合成技術)を利用した材料及び部材の開発が考えられる。研究開発分野として想定されるテーマとして、①蝶の羽の表面ナノ構造による電磁波の反射・回折・散乱機能を模倣して有機・無機素材をガラスや金属表面にコーティングする技術、②メソ〜ナノスケール構造土壌における毛細凝縮・現象を模倣した住宅・ビル向けの空調機能補助建材、③蓮の葉表面における疎水性を模倣した有機・無機素材の二次元/三次元表面に特定物質との親和性が高い/低い官能基を取り付ける技術等が上げられる。以上のような研究課題は、材料や部材を作製するプロセス自身が省エネルギーであり、また応用分野においても省エネ・省資源を目

指した研究開発とも言える。今後はさらにバイオカスタムユニットの多種類化・最適化を図ることによりバイオメディカル分野のみならずそれ以外の分野に対しても、革新的な材料設計・製造プロセス技術を提案していきたいと考えている。

参考文献

1) K. Teraoka, Y. Yokogawa and T. Kameyama, J. Ceram. Soc. Japan, 112, 863-864 (2004).
2) 新・骨の科学，須田立雄・他編著，東京，医歯薬出版 17-50 (2007).
3) J. M. Rensberger et al., Paleobiology, 6, 477-95 (1980); A. Boyde et al., Anat. Embryol., 170, 57-62 (1984); M. C. Maas et al., Am. J. Phys., Anthropol. 85, 31-49 (1991); M. C. Maas, Arch. Oral Biol., 39, 1-11 (1994); D. Shimizu et al., Am. J. Phys. Anthropol., 126, 427-34 (1995); S. N. White et al., J. Dent. Res., 80, 321-6 (2001).
4) 青木秀希，表面科学，10，96-100 (1989)；H. Aoki, Medical application of Hydroxyapatite. Tokyo, St Louis, Ishiyaku Euro America (1994) p.210.
5) T. Kawasaki, J. Chromatogr., 515, 125-48 (1990); R. Fujisawa et al., Biochim. Biophys. Acta, 1075, 56-60 (1991); R. Fujisawa et al., Eur. J. Oral Sci., 106, 249-53 (1998).
6) J. W. Poser and P. A. Price, J. Biol. Chem. 254, 431-36 (1979).
7) C. Chenu et al., J Cell Biol. 1994; 127: 1149-58.
8) P. Ducy, et al. Nature 382, 448-452 (1996).
9) P. V. N. Bodine and B. S. Komm, Bone 1999; 25: 535-43.
10) Q. Q, Hoang et al., Nature 2003; 425: 977-980.
11) K. Inoue et al., Mater. Trans., 44, 1133-7 (2003;); K. Inoue et al., Key. Eng. Mater. 240-42 513-6 (2003).
12) T. Nakano et al., Mater. Sci. Forum., 449, 1289-92 (2004).
13) K. Ohta et al., Chem. Lett., 32, 646-7 (2003).
14) M. Aizawa et al., BIOMATERIALS, 26, 3427-33 (2005).
15) A. Miyazaki et al., Key. Eng. Mater., 309-11, 109-12 (2006).
16) M. Inagaki et al., J. Mater. Sci. Mater. Med., 14, 919-22 (2003).
17) M. Inagaki and T. Kameyama, Biomaterials 28, 2923-31 (2007).
18) D. A. Puleo and A. Nanci, Biomaterials 20, 2311-21 (1999).
19) H. C. Ott1, et al., Nature Med., 14, 213-21 (2008) doi: 10.1038/nm1684.
20) 久保木芳徳・他：人工ECM 細胞外マトリックスの幾何学，田畑泰彦，岡野光夫編集，日本組織工学会監修，ティッシュエンジニアリング 2006，東京，日本医学館，24-33 (2006).
21) Y. Kuboki et al., J. Bone Joint Surg. 83-A, S1-105-15 (2001).
22) M. Kikuchi et al., J. Hard Tissue Biol. 9, 79-89 (2000).
23) J. M. Anderson, M. S. Shive, Adv. Drug Deliv. Rev., 28, 5-24, (1997).

24) S. C. Lee, J. T. Oh, M. H. Jang, S. I. Chung, J. Control. Release, 59, 123-132, (1999).
25) F. Nagata, T. Miyajima, Y. Yokogawa, Journal of the European Ceramic Society, 26, 533-535, (2006).
26) 尾野幹也著「生体材料とは何か」, 丸善(1987).
27) 三原久和ら著「ナノバイオ計測の実際」, 講談社(2007).
28) C. Sanchez et al., Chem. Mater. 20(3); 682-737 (2008).
29) S. Seelan et al., Adv. Mater. 18, 3001-3004 (2006).
30) A. Katiyar et al., J. Chromatogr. A, 1122 13-20 (2006).

第8章
最適特性配置技術

8.1 緒言

　金属材料においては、鋼の浸炭や表面焼き入れのように部材の表面層と内部層の組織を変化させ、靱性の高い材料の表面層のみを靱性は劣るが耐摩耗性を向上させ、部材全体として要求特性を高度に満足するよう設計し、実用に供されている部材がある。しかし、緻密なセラミックスは、通常ひとつの部材が単一の組織を有する材料で作製される。一方、フィルターに代表される多孔質セラミックスは、孔の大きさが異なる二層あるいは、三層を積層構造にし、各部に最適な特性を与えた部材が開発され、フィルターとして市販されている。本章では、セラミックスの特性を効率的かつ効果的に部材構造中に配置する最適特性配置技術について述べる。従来の材料開発はミクロレベルの構造制御が主体であり、その成果よりセラミックスの特性は、同一成分であっても微量添加物や微細組織により大幅に変化することが解ってきている。一方、構造部材に対する要求は、例えば表面と内部などの部材の各部で異なる。部材の必要な部分にミクロレベルの構造制御を行い必要な特性を与えた組織をマクロレベルで配置することで、各部の要求特性を高い水準で維持することが可能となり、単一素材で構成される従来の部材に対してさらなる特性・機能の向上が可能となってきている。これらの最適特性配置技術を多孔体であるセラミックスフィルター部材、および近年開発された二層構造を有する緻密体のセラミックス摺動部材への適用例を基に紹介する。

8.2　セラミックスフィルター部材
8.2.1　はじめに

　昨今、化石燃料に替わる新エネルギーの創出、リサイクルや環境浄化など地球環境保全の観点からセラミックス多孔体の展開が期待されている。セラミックスは、耐熱性、耐食性に優れる事から、天然ガスと高温水蒸気の反応による水素生成および分離のための水素製造膜[1-3]、ディーゼル車の排気ガス中に含まれる微粒子を除去するためのDPF(Diesel particulate filter)[4]、食品や医薬品

の精密分離、各種細菌を分離し、大きな透水量が要求される水処理場での浄水フィルター、産業機器から排出される排気ガスの浄化フィルター、廃液分離フィルターなどが開発中、あるいは実用化されている。加えて、バイオエタノールの分離にもセラミックスは耐食性に優れる事から分離膜や支持体として展開が期待されている。以上のフィルター部材は、高温で腐食性ガスに[5-7]、あるいは薬品洗浄に曝され、更には使用による目詰まりを取り除くために高圧での逆洗浄や、ろ過効率向上のための高速ろ過など、強度や耐食性が要求されている。また、アメリカ合衆国では、廃棄焼却時に大量の炭酸ガスが放出されるため有機樹脂フィルターの使用を法律で禁止する州も出てきており、リサイクル可能なセラミックスフィルターの展開が益々期待されている。本節では、このような現状の中で、セラミックス多孔体の傾斜構造化の基礎、および微細構造の制御手法について製造プロセスの視点から詳述する。

8.2.2　傾斜構造フィルターについて

多孔質セラミックスフィルターは、支持体、中間層、分離膜と細孔径が異なる傾斜構造からなり、実際、ガス分離や浄水場等で利用されている。図8-1にチューブ形状フィルターの概念図を示す。浄水場でのフィルターを例に取ると、大腸菌等のバクテリアを分離するための分離膜は数百nm程度、中間層は数μm、支持体は数十μmmの細孔径を有しており、三層傾斜構造を有している。同様に水素分離用のフィルターでは、分離膜が数nm以下、中間膜が数～数十nm、基材が数百nmの細孔径を有している。このように傾斜化させるのは、(1)微細な細孔を有する分離膜を、粗大な細孔を有する基材に直接被膜させるのが困難であること、(2)数回被膜を行う事で欠陥を低減させることが目的である。これら所望の細孔を多孔体へ付与し傾斜構造化させるためには、出発原料の選定が大変重要である。数十nm以下の細孔を付与するには、金属アルコキシド、

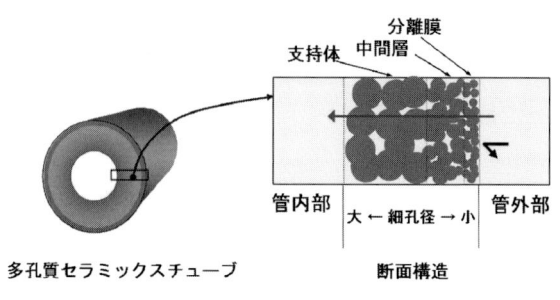

図8-1　多孔質セラミックスチューブの概念図

ゾル溶液、無機高分子などの溶液法を用い、シリカや γ-アルミナが主に開発対象となっている。一方、数百 nm から数十 nm の細孔を付与するには、細孔より 2～5 倍程度の粒径を有するセラミックス粒子を緻密化しない温度で焼成し、あるいは緻密化しない程度の量の焼結助剤を添加し焼成し作製する[3,8-9]。緻密化していないため、粒子間には隙間が存在している。即ち、これが細孔である。分離対象物質が何かで細孔径が決定するが、出発物質の粒径を変えることで細孔径を比較的簡単に変える事ができる。また粒径が揃った粉体を出発原料に用いれば、細孔径分布は均一になる。以上は、粉体を部分的に焼結させることから、部分焼結法(partial sintering method)と呼ばれている[3,8-12]。

その他、各細孔径を付与する製造プロセスとしては、有機物あるいは炭素をセラミックス粉体に導入し、焼成中あるいは焼成後に有機物を燃焼除去し細孔を付与する手法、原料粒子と分散媒(スラリー)からなる溶液をスポンジ等に含浸させ乾燥させた後、スポンジ部を燃焼除去する手法、またはスラリー中に界面活性剤を添加し発泡させ、焼成中に燃焼除去する方法等がある。これらの手法は高気孔率体を得やすいが、燃焼除去を伴うためボトルネックが形成しやすい点、細孔径が添加する有機物のサイズに依存してしまう点、かつ有機物の燃焼除去時に大量の炭酸ガスを放出するため環境に悪影響である点などの問題点が指摘されている。

フィルターの原料としては、その用途に従って炭化ケイ素(SiC)、アルミナ(Al_2O_3)、窒化ケイ素(Si_3N_4)、コーディエライト($2 MgO \cdot 2 Al_2O_3 \cdot 5 SiO_2$)などを中心に検討が進められている。DPF や高温水素製造など高温での用途は、耐熱性や熱衝撃に優れた、炭化ケイ素、窒化ケイ素、コーディエライトなどの使用が観られる。それ以外の用途では、構造体としての実績と安価(1 kg 当たり数十～数百円)なことから、アルミナが主に用いられている。

8.2.3 傾斜構造化技術

図 8-2[12] に、筆者らが試作した多孔質アルミナチューブの概観写真を示す。チューブは、押し出し成形により形状付与し、膜はろ過製膜法[14]により製膜した。本節では、傾斜構造化の製造プロセスの基礎について概説する。チューブ形状を付与するには、セラミックスの代表的な成形方法である押し出し成形を用いる。写真に示したチューブ形状に加え、ハニカムやモノリスタイプのフィルターも、この方法を用いて成形する。

次に、図 8-3 に押し出し成形のフローチャートを示す。押し出し成形では、原料を混練(混ぜて練る、つぶすこと)し、それを型に入れ圧力を加えることで

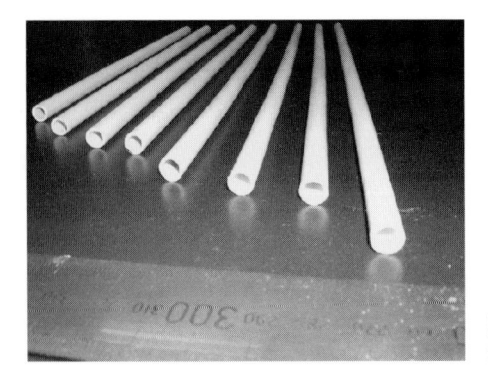

図 8-2
多孔質セラミックスチューブ写真[12]

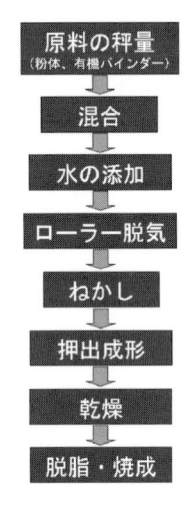

図 8-3
押し出し成形フローチャート

 金型(口金)から原料を押し出し、乾燥させ、場合によっては乾燥体を加工し、脱脂(バインダーを焼成除去)、焼結、の工程を経て部材を得る事が出来る。この製造プロセスで最も重要なのは、最初のステップである原料の混合割合(セラミックス粉末、有機バインダー、水)と混練である。
 押し出し成形をする事が出来る原料は、可塑性(plasticity)を有していなければならない。可塑性とは、外力に対して破壊をおこさず、連続的かつ永久的に変形し、外力が無くなった際にはその形を保つ性質のことである。可塑性が大きいというのは、亀裂、切断がなかなか起こりにくく、塑性変形が大きいということであり、身の回りでは粘土を想像して頂きたい。ただし、フィルターの原料であるアルミナ、炭化ケイ素、窒化ケイ素、コーディエライトなどの粉末に水を添加しても可塑性は発現しない。そのため、原料粉末にメチルセルロー

ス、ポリビニルアルコール、カルボキシメチルセルロースなどの有機バインダーを添加し、必要に応じて可塑剤や潤滑剤等を添加し、水を加えて混練し、可塑性ある原料坏土を得なければならない。これらのバインダーの選択および添加量は最も重要であるが、経験的に行われているのが現状であり、各社のノウハウにもあたるため系統的な報告は余りされていない。

図8-4には、アルミナ粉体の混練から成形、乾燥までの一連操作の写真を示す。各写真では、(a)混練開始時、(b)水を添加し2時間混練後の坏土、(c)ローラーによる脱気、(d)スクリュータイプの押し出し機、(e)ピストンタイプの押し出し機、(f)チューブの乾燥、を示している。まず、アルミナ粉末と有機バインダー(ユケン株式会社 YB-131D)を秤量し、1時間攪拌機を用いて混合した。その後、水を添加し攪拌してゆくと、徐々に粉体に"粘り気"が出てきて、写真(b)に示すように粉体が粘土状に変わる。ここで攪拌を止め、写真(c)に示す三本ローラー機を用いて、得られた坏土をローラー機に通し、すりつぶして脱気を行う。写真(c)は、坏土がローラーによりつぶされ伸びて排出されている状態を示している。混練前の粉体ではアルミナ粒子同士が接触し、隙間に空気を含む状態であるが、バインダーとの混合、水の添加、攪拌と、一連の操作を経て、アルミナ粒子はバインダーと水に覆われている状態に変化する。そして、坏土をローラー機に通す事で、隙間に含まれている空気を取り除く事が出来る。ローラー機により脱気した後には、"ねかす"工程がある。"ねかす"とは、乾燥しない状態で長時間静置することである。これにより水分が一層均一に坏土中に分散するため可塑性が増大することが知られており、陶磁器業だけでなく、

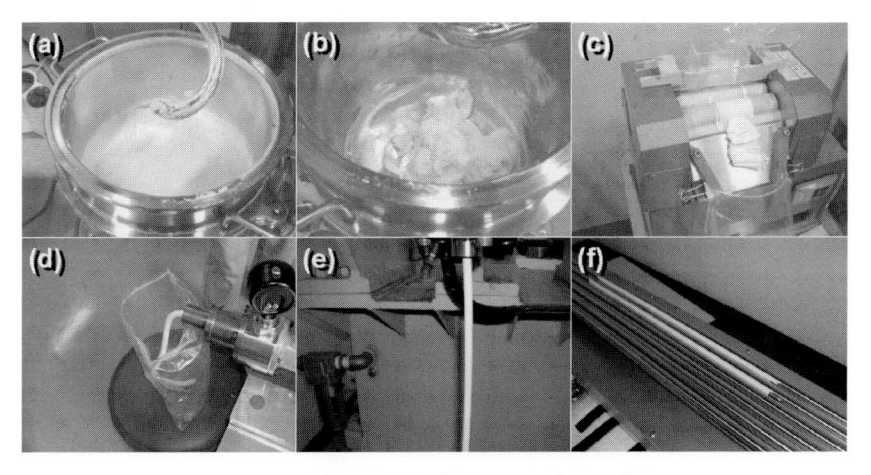

図8-4 混練から成形、乾燥までのプロセス例

工業的にも品質安定の目的で利用されているようである。

"ねかした"後は(d)や(e)に示すように、坯土を型に入れ口金を通して押し出すことでチューブ形状を付与する事が出来る。坯土の混練の重要性は再三の既述の通りであるが、口金を通過し押し出される流動性、ハンドリング(手で持ち運びできる程度の強度)に耐えられる強度、乾燥するまでの保形性も重要である。口金や装置内部を傷つけずに滑らかに通過する平滑性も生産上重要であり、潤滑剤の添加など工夫が必要である。押し出したチューブは、(f)のようにローラー上で乾燥することにより、平滑かつ歪みの少ない形状を得る事が出き、脱脂および焼成することで焼成体が得られる。以上、簡単にチューブ製造プロセスを概説したが、混練や坯土の可塑性評価、押し出し成形機の詳細等については各専門書を参照されたい[13]。

次に、この焼成体に膜を堆積させる。先のチューブは、構造体の強度と流体を速やかに透過させる役割を担っている。それに対して膜は、異物を分離する役目を持っている。そのため、膜に粗大な欠陥が存在すると分離できなかった異物が通過してしまうことになる。従って、欠陥が少なく厚みが均一な膜を堆積しなければならない。筆者らは、以上の点で欠陥や膜厚にムラが出にくいフィルター製膜法(ろ過製膜)を用いた[14,15]。この手法は、(1)チューブ基材を、チューブより細かいアルミナ微粒子からなるスラリーに浸漬する、(2)チューブ内側からポンプで減圧し、水やバインダーをこしとりチューブ外側に膜を堆積する方法である。スラリー濃度や真空度によって製膜速度を調整する事が可能である。製膜後、乾燥機にて乾燥し、脱脂および焼成により膜が堆積したチューブを得る事ができた。図8-5に水銀圧入法で得られた細孔径分布とSEM観察による界面の微細構造を示す。細孔径分布のピーク値は、チューブが20 μm で、膜は

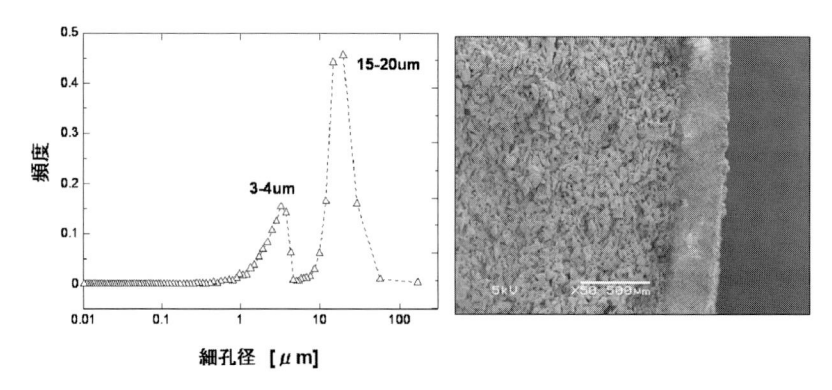

図8-5 チューブの細孔径分布および組織

3 μm であった。SEM 観察では、膜厚はおよそ 300 μm であり、膜が基材と強固に欠陥なく接着している様子が伺えた。

以上、傾斜構造化技術のプロセスの一例を示した。写真に示すような二層、あるいは三層の傾斜構造多孔体が製造され廃液処理をはじめ浄水場、ビール工場等でも実用化されている。

8.2.4 微細構造制御技術

前節までは傾斜構造化技術を述べたが、本節では微細構造について既述する。本章で取り扱うセラミックス多孔体は部分焼結法に関するものである。多孔体製造にあたっては、どうしても焼結温度や焼結時間に留意してしまいがちだが、出発原料の状態にも注目しなければならない。粒子の隙間が細孔となるため、原料の状態(粒子形状、粒子サイズ、サイズ分布)は、得られる多孔体の細孔や気孔率に大きな影響を与えるためである。本節では、ペレット状サンプルを用いて、原料の粒子サイズが細孔へ与える影響を検討した、筆者らの例について説明する。

出発原料には α-アルミナ(昭和電工株式会社製、A43-L、平均粒径 1.1 μm)を用いた。これをボールミルにて 3 日あるいは 7 日間湿式粉砕し、その後乾燥粉体を 40 MPa にて円筒状(ϕ 20 mm×5 mm)に金型成形し、一部は冷間等方圧プレス(CIP；Cold isostatic press)により 100 MPa で加圧処理した試料を用いた。表 8-1 に粉砕時間、成形方法の条件をまとめる。

図 8-6[12] は、各条件で成形、および焼成した試料の相対密度(気孔率)を示す。焼結温度は、もちろん、粉体の粉砕時間、成形圧も密度(気孔率)に大きな影響

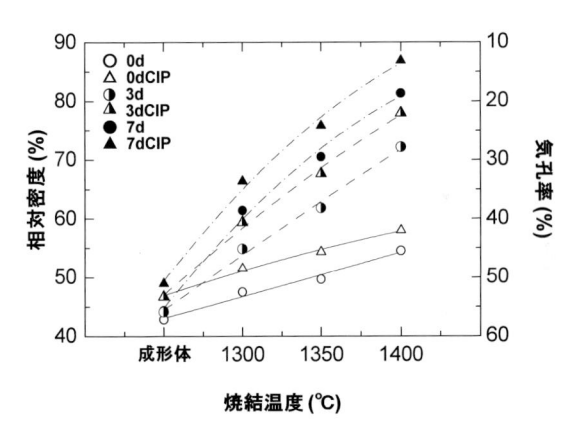

図 8-6　出発原料、成形圧、焼成温度、相対密度の関係[12]

を与えているのがわかる。成形体で、既に密度が異なる。長時間粉砕することで、出発原料に存在する凝集が解かれ微粉が生成しているため、充填密度が増大したと考えられる。また、CIP処理した試料は、未処理と比べて3-4％程度密度が増大している。CIP処理により、粒子間の隙間が小さくなり、より充填されるためである。次に、焼成体の密度では、粉砕時間が長いほど、成形圧が高いほど、焼結温度が高いほど増大している。以上のように、気孔率、密度は焼結温度だけでなく出発原料の状態にも大きく影響を受けるのがわかる。

図8-7[12]に水銀圧入法により測定した多孔体の細孔径分布を示す。1300℃で焼成した試料3dおよび3dCIPではピークの右側(細孔径が大きい側)に第二のピークも観られたが、これは粉砕しきれなかった一部の粒子が形成している細孔を示している。また試料0dも対称ではなく小細孔径側に尾を引いていた。一方、高温焼成すると細孔径が増大しているのがわかる。また、CIP処理は粒子をより充填させ、細孔径も小さくなっている。細孔径も、焼成温度に加えて、出発原料によって大きく異なるようである。

表8-1 粉砕時間と成形条件

試料標記	粉砕時間	Press	CIP
0 d	0 日	40 MPa	無し
3 d	3 日		
7 d	7 日		
0 dCIP	0 日		100 MPa
3 dCIP	3 日		
7 dCIP	7 日		

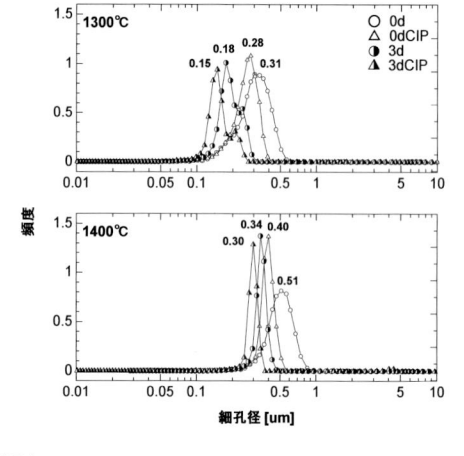

図8-7
原料粉砕時間、成形圧、焼成温度が異なる多孔体の細孔径分布[12]

以上の密度および細孔径の結果は、プレス成形だけでなく各成形にもあてはまり、成形圧が高いほど密度は増大し、細孔径が小さくなる。

　図 8-8[12]に試料 0 d(a、b)と 3 d(c、d)の FE-SEM 観察結果を示す(1300℃焼成；a、c、1400℃焼成；b、d)。高温で焼成すると収縮が進むため細孔は潰され小さくなるのではないかという誤解をよく聞く。ここに示した観察結果を観れば明瞭であるが、高温焼成では一般的には細孔(および粒子サイズ)は大きくなる。そして、収縮とはミクロ的には粒子の中心間距離が短くなることであり、それは言い換えれば粒子の合体、粒子サイズの増大であり、すなわち粒成長を意味する。粒子間空隙が細孔となるため、粒成長により細孔は粗大化するのである。

　粉砕と焼成温度は粒子形状にも影響を与えている。(a)には凝集粒子と考えられる部位(点線)が存在しているが、(c)では観られない。粉砕により壊砕されたものと考えられる。1400℃焼成で(b)の粒子形状は、湾曲してゆがんだ形状の粗大粒子(点線)が観察された。加えて、100 nm 程度の微粒子(矢印)も未だ存在しており、粒子サイズの分布は大きいようである。試料 3 d(d)の粒子形状は、球状粒子に加え一部に楕円球状の粒子(点線)、いびつな形状の粒子も若干存在するが、粒子サイズは、0 d に比べ比較的揃っている。

　密度も多孔体の焼結状態を反映している。未粉砕の試料 0 d では、1400℃焼成後も密度は 60%以下であった。焼結能に劣る粗大な凝集粒子が、焼成時の密度増大を阻害していたためである。一方、これら凝集体が壊砕された試料 3 d で

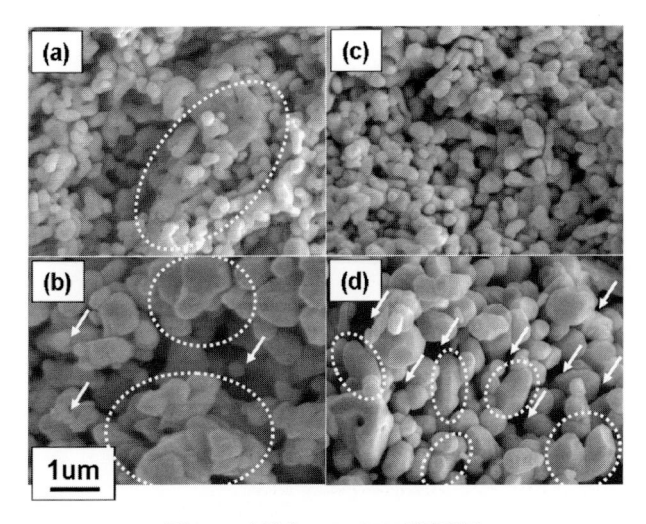

図 8-8　多孔体の FE-SEM 観察例[12]

は、密度が1400℃で約70%まで増大した。こうした密度の変化と焼結に関しては、初期焼結、中期焼結、終期焼結と分類されており、成形体を50%程度とすると、それぞれ順に50-60%、60-95%、95-100%とされている[16]。多孔体で重要な段階は、当然初期及び中期焼結である。本節で例に挙げた、試料0dと3dは、初期から中期焼結前半の段階に相当する。

　初期焼結前半では、表面拡散により粒子間接触部（ネック）の成長が寸法変化無しに起こる。Greskovichらによると、初期焼結の中盤から後半にかけて、粒子サイズや粒子形状、粒子の接触状態の変化も起こり、かつ収縮が進行する事から、表面拡散に加え粒界拡散、体積拡散など複数の物質移動が進行するとされている[17]。試料0dでは、高温焼成で粒子サイズ、形状が変化していた。また、ゆがんだ形状の粗大粒子が観察され、かつ粒子サイズにも分布があるようであった。未粉砕の原料粉末では、接触している粒子同士の粒径の差が大きく、従って、合体後はいびつな形状の粒子になったものと推察される。

　一方、写真(d)の試料3dは、その密度から中期焼結の段階にある。高温焼成で細孔が粗大化し、細孔付近（矢印で示す）に比較的粗大な粒子が観察された。細孔の粗大化は、焼成中に粒子同士が合体することが原因である。従って、細孔付近の粗大粒子は、粒子同士の合体を示唆している。加えて、点線で示したように、もともと存在しない約1μm前後の大きな粒子も観られた。これも粒子同士の合体により形成したと考えられるが、これには明瞭な粒界が見られない。試料3dが中期焼結前半の段階であることからも、この現象は粒界の表面への移動に起因するものと考えられる。以上、原料、焼成温度、細孔の関係について述べた。購入した市販原料をそのまま焼成しても、所望の細孔サイズや細孔径分布が得られない場合がある。本節で述べたように、焼成温度だけでなく原料の壊砕、粒子サイズ、粒子形状などが細孔のサイズや形状に影響を与える。従って、焼成温度だけに留意せず、原料の壊砕や成形圧など製造プロセスを的確に管理する必要がある。

8.2.5　おわりに

　傾斜構造セラミックス多孔体は、透過量、強度、分離能に優れフィルターとして開発中あるいは実用化されているものもある。本報では、このような構造体を得る方法である押し出し成形、製膜方法、微細構造制御の重要性について述べた。プロセスで焼成が重要であるのに違いないが、混練時の坏土の状態、原料サイズやその分布などの重要性について特に紹介した。セラミックスフィルターは、その性能に加えて廃棄時にリサイクル可能であること、長寿命であ

ること、などの利点から徐々に認知されつつある。今後は、気孔率の飛躍的な向上、細孔の配向性制御、など新たな展開を期待したい。

8.3 セラミックス摺動部材
8.3.1 はじめに

実際に使用される機械部品では、ひとつの部品であっても部品の各所に要求される特性が異なる。多くの機械部品では、表面には耐摩耗性のために硬さが要求され、内部は大きな破壊を生じないように高い靱性が求められる。一般に硬さと靱性は相反する特性であるため、単一の材料でこの両者を高度に満足することは困難である。このため、金属材料では、表面焼入れ、表面窒化、浸炭、ショットピーニングなどで靱性の高い母材の表面を硬化して使用される例が多い。また、硬質メッキ、肉盛り溶接、溶射などの方法で異種材をコーティングして使用される事例もある。

セラミックスは、一般にひとつの部品が単一の組織を有する材料で作製される。セラミックスにおいて鋼のような表面硬化材が用いられず、単一の特性を有する材料で部品全体が作製される理由は、同一材で異なる組織や機械特性を出現させることが広くは知られていないためと考えられる。例えば、各社のアルミナ焼結体のカタログでは、材料が純度で記述され、同一純度で機械的特性の異なる材料が記述されていない[18]。ここでは、代表的な構造用セラミックスであるアルミナを例として、微細組織制御による機械的特性のコントロールと表面と内部の微細組織を変化させた耐摩耗／高靱性二層構造アルミナを紹介する。

8.3.2 アルミナの微細組織と機械的特性

市販のアルミナ焼結体の機械的特性は、曲げ強度が250〜350 MPa、破壊靱性は、3〜4 MPa・m$^{1/2}$ 程度であり[18,19]、曲げ強度、破壊靱性とも窒化ケイ素やジルコニアに比較して劣る。しかし、易焼結高純度粉末の開発により曲げ強度が1 GPa を越える焼結体も開発されている[20]。また、通常、曲げ強度と破壊靱性は、相反する特性であるが、微細組織制御により両者ともに高めた材料も得られている[21,22]。材料の破壊靱性を高めると損傷許容性が増加し、信頼性が向上する。また、切断や研削加工時にエッジ部分に発生する微少な割れ（チッピング）などが減少するとともに、ハンドリング時の欠けなども発生し難くなり、取扱いが非常に容易となる。図8-9 に市販の低ソーダアルミナ粉末と、これに少量のマグネシアを添加し、1500〜1800℃で焼結した試料の曲げ強度と JIS R 1607 で定

められる SEPB 法により測定した破壊靱性の関係を示す[23]。図中の数字は、焼結温度である。低温で焼結したマグネシア無添加の試料は、強度が高く、破壊靱性が低い。焼結温度が高くなると強度は低下するが、破壊靱性が大きく向上する。マグネシア添加材でも強度と破壊靱性は、相反する特性であることは同様であるが、焼結温度の上昇による特性の変化が少ない。図 8-10 にマグネシア無添加(A)と添加した低ソーダアルミナ(B)を 1600℃で焼結した試料の破面の

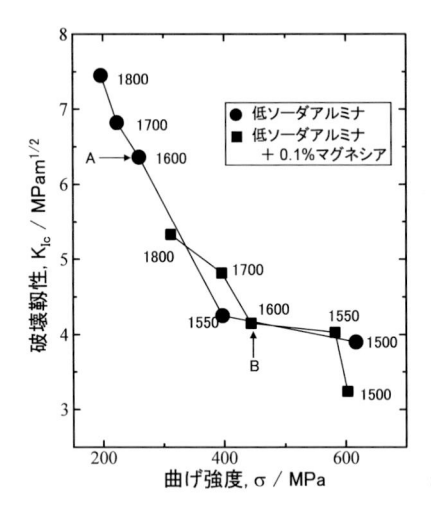

図 8-9 マグネシア無添加と添加した低ソーダアルミナの曲げ強度と破壊靱性の関係。図中の数字は焼結温度[23]

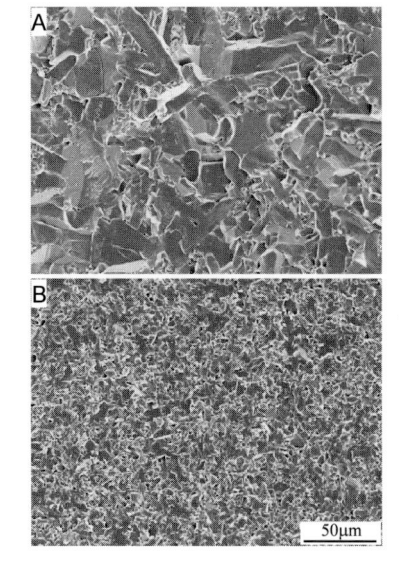

図 8-10 マグネシア無添加(A)と添加した低ソーダアルミナ(B)を 1600℃で焼結した試料の破面の SEM 写真

SEM写真を示す。これは、図8-9中のAとBに対応する。マグネシア添加材の結晶粒径は、無添加に比べて著しく細かい。これは、マグネシアの添加が粗大粒の生成や粒成長を抑制するためである[23]。図8-11は、高純度アルミナ(a)に0.1 mass%の(b)MgO、(c)SiO$_2$、(d)CaOを添加し、1500℃で焼結した試料の破面のSEM写真である。同一温度の焼結であるが、組織は大きく変化し、微粒、異方性を有する粗大粒などの組織となる。また、これに伴って、機械的特性も大幅に変化する。このように同一の原料粉末を用いても、焼結温度や微量の添加物で焼結体の微細組織や機械的特性は、大きく変化する。逆に言うと同一温度で組織や機械的特性が異なる焼結体の作製が可能である。

一般的にアルミナは、他の窒化ケイ素やジルコニアなどの構造用セラミックスと比べて耐摩耗性に優れていると言われているが[24]、耐摩耗性も、破壊靱性などと同様に微細組織により変化することも知られている[25-28]。筆者らの研究でも同一組成のアルミナであっても、微細組織により、乾式のボール・オン・ディスク法で測定される比摩耗量(摩耗体積を摺動距離と垂直加重で除して規格化した値)が3桁以上変化することが分かっている。図8-12[22]は、マグネシア無添加(A)とマグネシアを添加した低ソーダアルミナを同一温度で焼結した後、乾式のボール・オン・ディスク法で摩耗試験を行った試料の外観写真と摩耗痕の光学顕微鏡写真である。無添加の試料では、大きな摩耗痕が観察され、比摩耗量は、3×10^{-7} mm^2/N、最大摩耗深さは、25 μmに達している。一方、マグネシアを添加試料では、微かに摩耗痕が観察される程度であり、最大摩耗深さは、0.3 μm、比摩耗量は、2×10^{-10} mm^2/Nと3桁以上も耐摩耗性が改善される。同一条件で摩耗試験を行った軸受鋼(SUJ-2)の比摩耗量は、1×10^{-8}〜6×10^{-7} mm^2/Nであり、マグネシア添加材は、2桁以上耐摩耗性に優れるが、粒径が大きく、破壊靱性の高い無添加剤では、軸受鋼に劣る結果となる。部材の信頼性向上のためには、破壊靱性を高める必要があるが、耐摩耗性との両立は、現在のところ困難である。一方、図8-10、11に示すように同一温度での焼結であっても、微量の添加剤により、破壊靱性や耐摩耗性を変化させることが可能であることは、ひとつの部品の中でも、部分によって特性を変化させる二層アルミナ焼結体の作製可能性があることを意味する。セラミックスでは、焼入れ硬化や加工硬化が期待できないため、表面改質の方法に制限があるが、添加剤によって粒径を部分的に変化させることで、部分的な特性を変化させることが可能である。

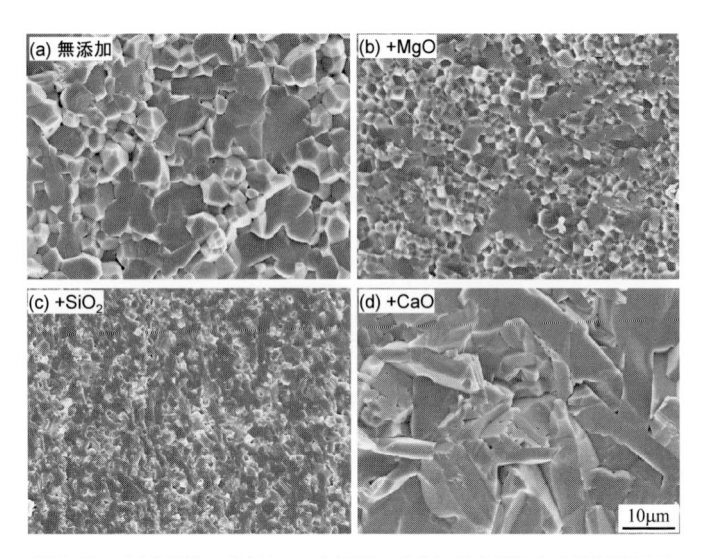

図 8-11　(a)無添加、(b)MgO、(c)SiO$_2$、(d)CaO を添加した高純度アルミナを 1500℃で焼結した試料の破面の走査電子顕微鏡写真

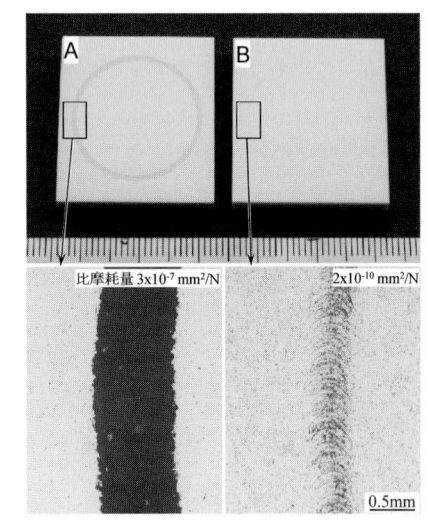

図 8-12　マグネシア無添加(A)とマグネシア添加低ソーダアルミナ焼結体の摩耗試験後の外観(上部)と光学顕微鏡写真(下部)[22]

8.3.3　二層構造アルミナ

　耐摩耗用部材を考えた場合、部材の表面層は、耐摩耗性に優れた材料である必要がある。一方、他の部分は、それほど高い耐摩耗性は要求されないが、部材の信頼性の観点から、高靱性であることが望ましい。しかし、上述のように

耐摩耗性と高破壊靱性を単一の材料で達成することは困難である。一方、アルミナにおいても、組織制御により種々の特性を与えることが可能なことから、鋼における浸炭や表面焼入れのように表面層は耐摩耗性に優れ、内部は、靱性が高い部材を作製できる基盤技術は確立されつつある。前述のように同一温度の焼結で大幅に異なる機械的特性を付与できることは、耐摩耗／高靱性二層アルミナ焼結体の実現性の高さを意味する。

　耐摩耗性に優れた表面層と、高靱性を有する内部層からなる二層アルミナの作製手法には、接合やコーティング、粉末積層法、および溶液含浸法などが考えられる。あるいは、焼結する時に、試料内で温度差が生じるような焼結方法が可能であれば一つの試料の各部で粒径の異なる焼結体の作製の可能性もある。ここでは、最も単純な粉末積層法とプロセスが簡単で複雑形状にも対応可能な溶液含浸法を紹介する。図8-13に粉末積層法と溶液含浸法による二層アルミナの作成手順を示す。粉末積層法は、成形の際に高靱性層の原料粉末と耐摩耗層用の2種類の粉末を積層してプレスし、その後、焼結するプロセスである。この場合、両者の熱膨張係数、成形体密度、焼結密度、焼結曲線(緻密化挙動)などが、概ねほぼ等しい必要がある。同じ純度のアルミナであれば、熱膨張係数の差は無視できる。表面層と内部層に同じ粉末を使用し、微量の添加物を加えた系では、成形体密度差も小さいため、添加物が焼結を阻害、あるいは、加速する効果が小さければ健全な二層焼結体が作製可能である。本法は、単純形状で耐摩耗層の厚さが厚い場合に有効であり、かつ自動化し易い。一方、複雑形状や部分的な二層化、あるいは、薄い表面層を有する二層アルミナの作製に

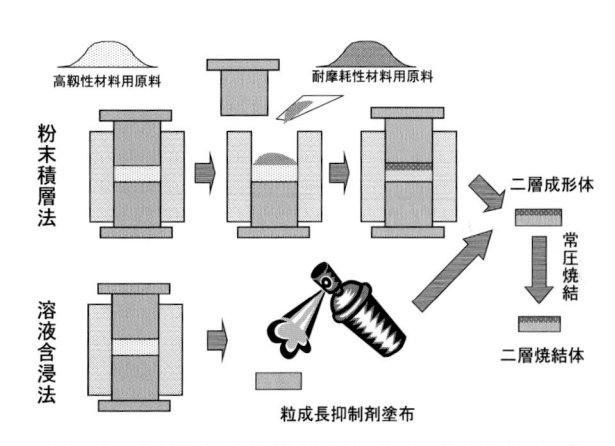

図8-13　粉末積層法と溶液含浸法による二層アルミナの作成手順

は、溶液含浸法が適する。母材としては、異方性を有する結晶粒子を形成し、高靭性が得られる組成の粉末の成形体、あるいは、仮焼結体を準備し、耐摩耗性が必要な部分にマグネシアなどの粒成長抑制剤を含む溶液を含浸した後、高温で本焼結を行う。本法では、粒成長抑制剤が異方性粒子を形成させるための添加物の効果を上回る必要が有り、かつ、含浸することにより焼結性に大きな変化が生じないことが必要である。また、両相の界面に有害な化合物や異常粒を形成しない添加物を選択する必要はあるが、粉末積層法で二層材を作製する際に問題となる二層の成形密度差などの問題などは生じない。また、仮焼結体を使用し、密度と含浸(塗布)溶液の濃度、粘度を制御することで、薄い表面層の作製も可能である。例えば、図8-10に示すマグネシア無添加の粉末で成形体を作製し、マグネシウムイオンを含む溶液を含浸させ、焼結すると内部と表面層に図8-10の上下の写真の組織となる。図8-14に粉末積層法、図8-15に溶液含浸法で作製した低ソーダ基と高純度基の二層アルミナ焼結体の破面のSEM写真を示す。どちらも内部の結晶粒が大きく、表面層(写真上側)の粒径が細かくなっていることが観察される。また、両相の間に粗大粒子などの欠陥も観察されず、破面も連続的である。これらの観察より、健全な二層焼結体が作製できたと判断される。表8-2に市販材、単層の基材、および溶液含浸法で表面層が0.3mm程度になるように作製した二層アルミナ焼結体の機械的特性を示す。基材である高靭性材は、破壊靭性が6MPa・m$^{1/2}$以上と高い値であるが、比摩耗量は、市販材に比較して一桁、高純度材では二桁も劣る値である。それぞれを二層化した材料では、比摩耗量が著しく改善され、市販材より一桁以上良

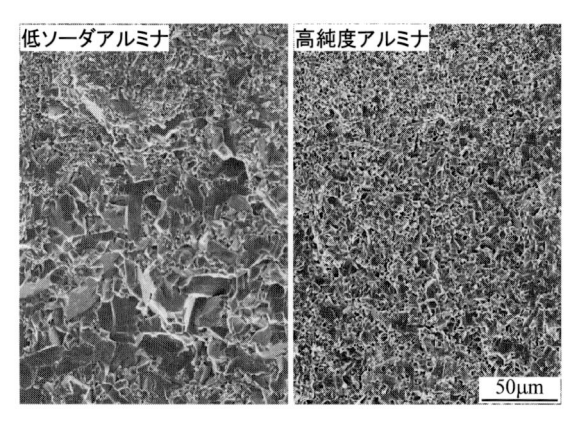

図8-14 低ソーダと高純度アルミナ基の粉末積層法による二層アルミナ焼結体の破面

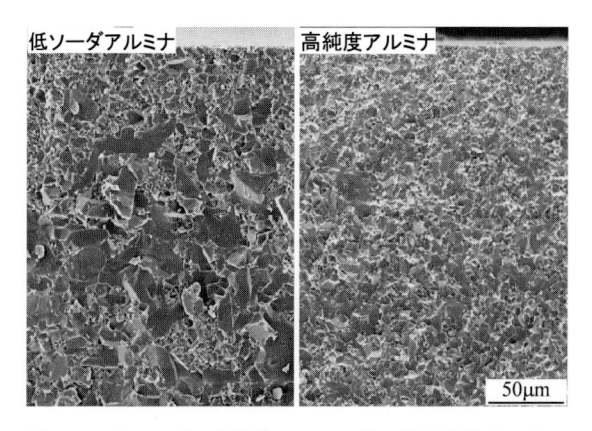

図 8-15 低ソーダと高純度アルミナ基の溶液含浸法による二層アルミナ焼結体の破面

表 8-2 基材と二層アルミナの機械的特性

		強度 MPa	破壊靱性 MPam$^{1/2}$	比摩耗量 mm^2/N
市販材	99%	270	2.9	3 e-09
	99.7%	360	4.6	6 e-09
試作材	高純度高靱性材	440	6.2	2 e-07
	高純度二層材	560	5.0	<1 e-10
	低ソーダ高靱性材	260	6.4	6 e-08
	低ソーダ二層材	490	6.3	2 e-10

い値となり、耐摩耗／高靱性二層アルミナの特性が確認される。また、表面層が厚いため、副次的に曲げ強度も改善されている。

8.3.4 おわりに

　耐摩耗／高靱性二層アルミナは、既存の材料の組み合わせと簡単な手法で作成でき、表面層の厚さも広範囲に制御可能である。複雑形状品への対応や部分二層化の技術も開発済みであり、多くの耐摩耗部材や工具などの高性能なセラミックス部材に広く用いられることが期待される。また、本技術は、セラミックスにおいても、必要な場所に必要な特性を与えることができることを示す例であり、他のセラミックスにも適応可能なコンセプトである。

8.4 課題と展望

　多層構造のセラミックフィルターは、浄水用フィルターなどとして実用化しており、耐久性や信頼性が評価され、市場は拡大している。基材、中間層、表面層と多孔体の孔径を順次小さくしていく技術は確立しているが、それぞれで焼結が必要なことから、エネルギー消費や工程の多さ、これに起因するコストが問題であり、改善が望まれる。今後、セラミックスの持つ耐熱性、耐食性や高強度を利用したガス分離などの水処理以外への用途がおおいに期待される。一方、緻密体の特性配置に関しては、実験室レベルでの試作品が出来はじめたところである。一般的にセラミックスは組織による特性の変化が広くは知られていない。セラミックス各社のアルミナセラミックスのカタログでも純度による区分があるのみで、同一純度で異なる特性の材料を上市していない。二層アルミナなどの緻密体の特性配置部材の開発には、材料組織の制御による機械的特性の変化が広く認知される必要がある。また、緻密体は、焼結時に大きく縮むために多孔体に比べて多層化することが困難である。このため、健全な二層組織を得るためのプロセッシングと、このプロセスに適した材料設計の必要がある。構造用セラミックスは、現在供給不足や価格高騰が問題になっているレアメタルをほとんど使用していないため、機械的特性が向上すれば、一部の金属材料の代替も視野に入ってくる。本章で記述した耐摩耗／高靱性二層アルミナなどの使用条件での優位性を示し、既存の単一組織のセラミックを越える特性を有する部材が産業界に広く使われることを希望したい。

参考文献

 1) K. Kusakabe et al., J. Membr. Sci., 103, 175-180 (1995).
 2) M. H. Zahir et al., J. Membr. Sci., 247, 95-101 (2005).
 3) M. Fukushima et al., J. Am. Ceram. Soc., 89, 1523-1529 (2006).
 4) S. Ichikawa a et al., Bull. Ceram. Soc. Jpn., 38, 296-300 (2003).
 5) E. Kikuchi a et al., Catal. Today, 56, 75-81 (2000).
 6) M. Fukushima a et al., J. Ceram. Soc. Jpn., 114, 1155-1159 (2006).
 7) M. Fukushima a et al., J. Eur. Ceram. Soc., 28, 1043-1048 (2008).
 8) P.-K. Lin and D.-S. Tsai, J. Am. Ceram. Soc., 80, 365-372 (1997).
 9) M. Fukushima a et al., Mat. Sci. Eng. B, 143, 211-214 (2008).
10) S.-T. Oh a et al., J. Am. Ceram. Soc., 83, 1314-1316 (2000).
11) D. Hardy and D. J. Green, J. Eur. Ceram. Soc., 15, 769-715 (1995).
12) 福島学，吉澤友一，材料システム，26, 41-46　2008.
13) セラミックス編集委員会　基礎工学講座小委員会編，"セラミックスの製造プロセス —— 粉末調整と成形 ——"，169-183(1984)．
14) 秋津康男ら，セラミックス，41, 643-644(2006)．

15) http://www.ngk.co.jp/academy/course02/04.html
16) K. Ishizaki et al., "Porous Materials, process technology and applications", Kluwer (1998) pp. 38-49.
17) C. Greskovich and K. W. Lay, J. Am. Ceram. Soc., 55, 142-146 (1972).
18) 各セラミックスメーカーカタログ.
19) R. Morrell, "Handbook of Properties of Technical & Engineering Ceramics, Part 2, Data Reviews, Section I, High-Alumina Ceramics", Her Majesty's Stationery Office, London, (1987).
20) T. Iga and Y. Izawa, Trans. Mater. Res. Soc. Jpn., 11, 3358-69 (1993).
21) Y. Yoshizawa et al., J. Ceram. Soc. Jpn., 106, 1172-1177 (1998).
22) 吉澤友一, セラミックス, 41, 68-71(2006).
23) Y. Yoshizawa et al., J. Ceram. Soc. Jpn., 108, 558-564 (2000).
24) 足立幸志, 加藤康司, 日本セラミックス協会第31回高温材料技術講習会, (1999) pp.72-73.
25) F. Xiong et al., J. Am. Ceram. Soc., 80, 1310-1312 (1997).
26) R. H. Dauskardt, Acta Metall. Mater., 41, 2765-2781 (1993).
27) A. K. Mukhopadhyay and Y-W. Mai, Wear, 162-164, 258-268 (1993).
28) S-J. Cho et al., J. Am. Ceram. Soc., 72, 1249-1252 (1989).

第9章
セラミックスのミニマルプロセスとステレオファブリック造形

9.1 緒言

　環境との調和を図りつつ、製造産業の持続的な発展を実現するには、「最小の資源・エネルギー」「最小の廃棄物」で「最大限の機能・特性」を発揮する製品を高効率で作る生産プロセス技術の確立が不可欠である。このため次世代の製品には、機能・精度・生産性(効率・コスト)のさらなる向上や、ライフサイクル全体における低環境負荷性と機能・生産性の両立が求められる。これを実現する生産技術体系を産総研では「ミニマルマニュファクチャリング」と呼んでおり、様々な技術分野で実現に向けた取り組みが進められている。これまで我々はエンジニアリングセラミックスを使って、ミニマルマニュファクチャリングをどう解釈し、実現していくかを考えてきた。

　一般にセラミックスは高度に精製された原料を使用し、高温で焼き固めて作製されており、その製造過程で多大なエネルギーを消費している。一方、その優れた特性を活かし、使用過程における環境負荷を下げることもできる。

　環境調和と競争力の両立を狙いとしたミニマルマニュファクチャリングでは、各過程でのロスを少なくすると同時に、ライフサイクル全体での環境負荷バランスも考慮した開発を進めることが必要である。

　具体的には原料や成形、焼成過程に関わるロスを出来るだけ小さくし、無駄を省き、効率のよいプロセスを開発すると同時に、適用分野を選択し、適用に必要な技術課題を解決していくことがミニマルマニュファクチャリングへの道筋であると考える。

　本章では、上記視点にたって、主に窒化ケイ素セラミックスについて、その低品位原料利用技術、成形技術、接合技術、焼成、使用条件等の具体例や考え方を紹介する。

9.2 低品位原料利用技術
9.2.1 はじめに

　強度や靱性の高い窒化ケイ素セラミックスを作製するには、高純度で微細な

原料粉末を使用する必要が有った。こうした原料を用いる限り、製品のコストは高く、普及拡大を図る上での大きな課題になっていた。特に後述する大型部材にセラミックスを適用する場合、全体コストに占める原料コストの比率が高くなる。このため、低コストの材料を使っても優れた特性を示す窒化ケイ素セラミックスの実現が望まれていた。

9.2.2 窒化ケイ素の合成プロセス

図9-1には窒化ケイ素を得るための代表的なプロセスを示す。原料とその後の焼結方法に着目すると、大きく三つに分類される。一つ目はイミド分解で得られた高純度で微細な粉末を用いて、アルミナやイットリア等の助剤を添加し、成形、焼成する工程である。イミド分解で得られる原料は焼結性に優れ、緻密で高い強度を有する焼結体を比較的容易に得ることができる。二番目はケイ素を窒化後、破砕し、粉体とした原料を使用して、上記と同様の工程を経て焼結体を得る方法である。この工程で使用される粉末は直接窒化粉とも呼ばれ、イミド分解で得た原料に比べて安価である。様々なグレードの粉末が市販されており、その仕様にもよるが、比較的高い強度の焼結体を得ることは可能である。三番目はケイ素と焼結助剤でなる混合粉末を成形、窒化した後、高温に加熱し窒化、焼結させる方法である。他の方法にくらべて一見コンパクトなプロセスであるが、窒化を促進させるために、ケイ素を微細化する必要があることや、窒化過程で精密な温度制御を要するため、却ってロスが大きくなるといった欠

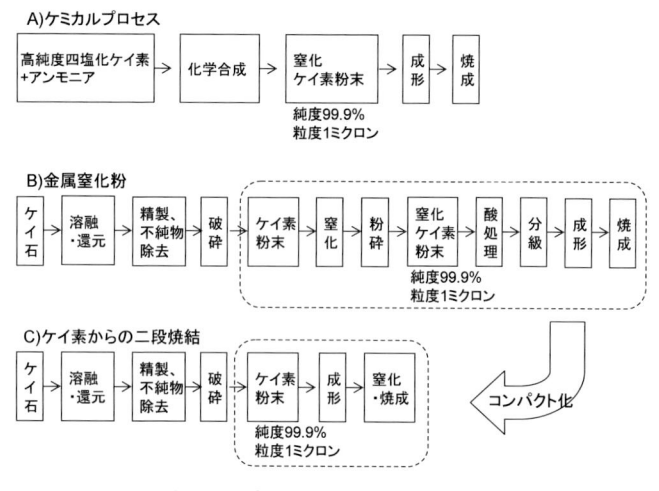

図9-1 窒化ケイ素の製造プロセス

点もあり、普及するに到っていない。しかし、窒化と焼結を同時に行うことが可能であることから、原理的に最も省エネ化できるポテンシャルを有するプロセスと考えており、筆者らは本方法をベースとして、実用化に向けた課題を解決するための開発を進めてきた。

9.2.3 反応焼結、及び二段焼結法

ケイ素の直接窒化によって窒化ケイ素セラミックスを直接作製する手法、いわゆる反応焼結窒化ケイ素が、上記手法のベースである。反応焼結窒化ケイ素はイギリスのParrとPorterによって見いだされたとされており、1970年代を中心に盛んに研究がなされた[1]。反応焼結法は通常の窒化ケイ素作製プロセスである液相焼結とは異なり、焼結温度が低い、ケイ素が窒化ケイ素へと転化する際に約22%の体積増があるために焼結時の収縮が小さい、高温での強度劣化が少ない等の長所、ならびに不可避的に気孔が残存し、一般に強度が緻密材料に比べて小さいといった短所がある。

また、焼結助剤を添加し、反応焼結後にさらに温度を上げて従来の窒化ケイ素セラミックスと同様の手法で緻密化を行ういわゆる二段焼結法も同様に焼結後の収縮率が小さい、安価なケイ素粉末が利用可能である等の利点を有し、反応焼結窒化ケイ素とは異なり、緻密質で通常の窒化ケイ素セラミックスと同等の焼結体が得られる。

一方で安価である粒径の大きなケイ素粒子を原料として使用した場合、窒化困難となるため焼結体中にケイ素が残留し、得られた焼結体の強度は低くなる。本課題を解決すべく、低品位なケイ素原料を用いても従来とほぼ同等の物性を有する窒化ケイ素セラミックス材料を得るため、粗大なケイ素が低温短時間で窒化可能であり、従来の窒化ケイ素セラミックスと同等の物性を有する材料を目指した材料及びプロセス開発を行った。

9.2.4 窒化触媒の検討と得られた焼結体の特性

図9-2に熱重量分析で調べた各種酸化物の添加がケイ素の窒化に及ぼす影響を示す。重量増加率は、重量増加量を初期ケイ素量にて除したものである。従来からよく知られている窒化触媒である酸化鉄は[2]、明らかに高い重量増加率を示した。また、窒化ケイ素の焼結助剤として一般的に用いられるAl_2O_3、Y_2O_3、MgO、$MgAl_2O_4$などは、Si(ケイ素)のみの場合とほぼ同等の重量増加率であった。特徴的なものはZrO_2(ジルコニア)であり、焼結助剤としても使用可能でかつ、高い重量増加率を示すことが確認された。Siの窒化反応は以下の式で

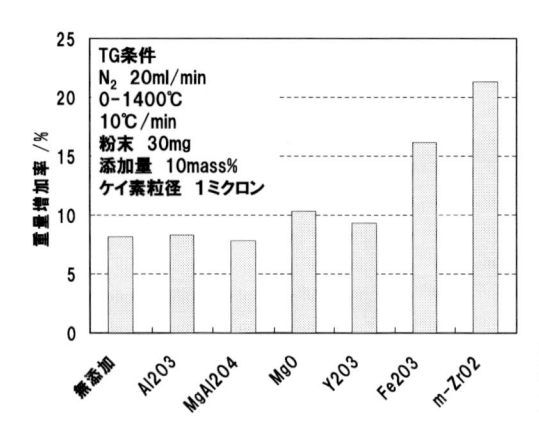

図9-2 各種酸化物の添加がケイ素の窒化に及ぼす影響

表される。

$$3Si + 2N_2 \rightarrow Si_3N_4$$

窒素雰囲気中でSiは窒素と反応し、上記反応が完全に進行した場合、重量は1.665倍となる。すなわち、重量分析での重量増加はSiの窒化度を表す尺度となる。一方、共有結合性の高い窒化ケイ素セラミックスの緻密体を作製する際には、一般的にY_2O_3、Al_2O_3等の酸化物を添加し、液相焼結によって緻密体を作製する。窒化効果が高いとされるFe化合物は窒化ケイ素セラミックス内に残存した場合欠陥として作用する[3]。一方、ZrO_2は、ホットプレス時の焼結助剤またはガス圧焼結時の焼結助剤としての効果が報告されており[4]、ZrO_2は反応焼結時の窒化促進の触媒として作用に加え、焼結助剤としても有効である。さらにZrO_2の窒化に及ぼす影響を詳細に調べるため、ZrO_2を窒化触媒としてSi粉末に添加し、実際に反応焼結時の窒化挙動を調べた。図9-3にZrO_2添加・無添加の反応焼結体の重量増加率を示す。本図は所定の温度まで昇温した場合の各温度での窒化率を示している。明らかにZrO_2を添加することで、低温での窒化率が高くなっていることが確認された。Siの窒化反応が発熱反応であり、窒化を行う温度がSiの融点付近(1413℃)であることを考えると、低温での反応促進は、制御が容易になり、品質の安定化をはかる上で大きな利点を有する。ZrO_2の窒化促進効果の機構は、各温度における状態図から推定される構成相と熱力学による計算から以下の通りと考えられる。

添加したZrO_2は反応焼結初期(<1200℃)にSi及び雰囲気ガスであるN_2と反応し、ZrNを生成する。一般にSiの表面にはSiO_2(酸化ケイ素)の被膜が形成されており、生成したZrNはSi表面に存在する酸化被膜と反応、Si表面の酸

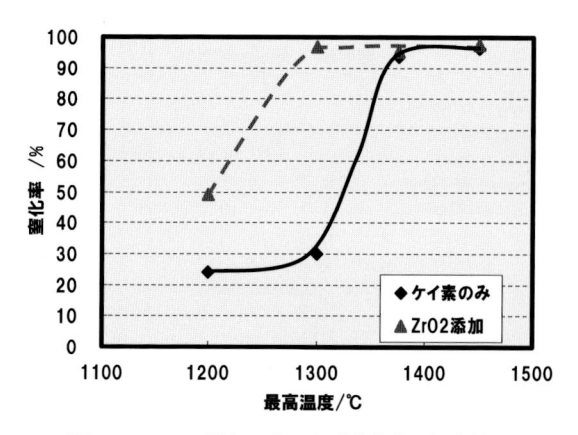

図9-3　ZrO$_2$の添加によるケイ素窒化の促進効果

化被膜を除去することにより、活性の高いSiを表面に出す役割を果たす。また、このとき生じたZr$_7$O$_{11}$N$_2$は雰囲気であるN$_2$及び未反応のSiと反応することで、再びZrNとなり、同様の反応を繰り返しているものと考えられる[5]。このため保護膜でN$_2$の拡散律速でしか反応が進行しないSiをより高速で窒化することが可能となり、低温・短時間での窒化促進効果を有すると考えている。さらに反応焼結終期において、未反応のSiが無くなるとZrNは生成しなくなるため、窒素分圧の高い表面にのみZrNが残存し、内部には再度ZrO$_2$が生成し、内部の結晶相としてはSi$_3$N$_4$、ZrO$_2$となる。また、本条件で反応焼結した場合には反応焼結時の電力消費量が、Siのみの反応焼結条件と比較して約60%となり、電力量低減によるコスト削減及び低環境負荷にも寄与する。また、低級Si原料(金属ケイ素グレード、Fe：0.4%含有)に対して、ZrO$_2$及び焼結助剤としてのMgAl$_2$O$_4$を添加し、同様の手法において反応焼結及び本焼結を行った結果、ZrO$_2$のみを添加した場合と同様に反応焼結時に低温・短時間での窒化促進効果が確認された。得られた反応焼結体を1750℃で8h、窒素中9気圧の条件下で焼結することで緻密質の窒化ケイ素セラミックスが得られる。

　図9-4に異なる粒径のSi粉末を原料として、ZrO$_2$と焼結助剤を添加することで作製した窒化ケイ素セラミックスの4点曲げ強度を示す。いわゆる高純度窒化ケイ素原料粉末を用いて作製した窒化ケイ素セラミックスの強度及び靱性はそれぞれ950 MPa、6.0 MPa・m$^{1/2}$程度であるのに対して、微細なSi粉末を使用した場合780〜880 MPa、5.4〜6.0 MPa・m$^{1/2}$となった。従来の窒化ケイ素原料を使用したものに対して若干強度が低いが実用上十分なレベルであった。また、粗大なSi粉末原料を使用した場合においても700 MPa、5.5 MPa・m$^{1/2}$

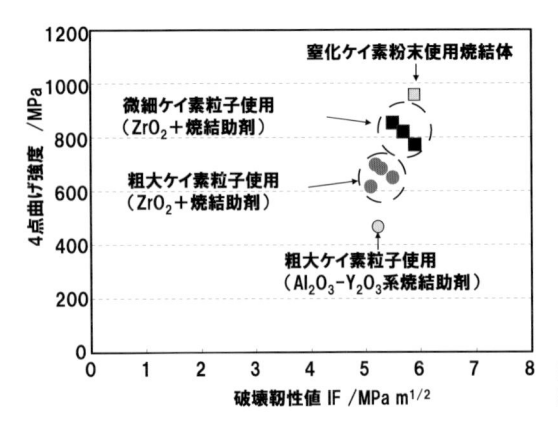

図9-4 焼結体の強度及び靭性

(グラフ: 横軸 破壊靭性値 IF /MPa m$^{1/2}$、縦軸 4点曲げ強度 /MPa)
- 窒化ケイ素粉末使用焼結体
- 微細ケイ素粒子使用（ZrO_2＋焼結助剤）
- 粗大ケイ素粒子使用（ZrO_2＋焼結助剤）
- 粗大ケイ素粒子使用（Al_2O_3-Y_2O_3系焼結助剤）

であり、同条件で作製したAl_2O_3-Y_2O_3系のものと比較して高い値を示した。これは、従来のAl_2O_3-Y_2O_3系助剤においては、反応焼結時に窒化されずに残留したSiが破壊源となるためである。以上の研究を通じ、低級なケイ素原料を使用し低温高速な反応焼結条件でも、高い強度を有する窒化ケイ素セラミックスが得られる可能性を示すことが出来たと考えている。

9.2.5 おわりに

後述するステレオファブリックでは主に大型部品への適用を中心に考えており、製品価格に占める原料コストの割合が高いことから、上記低コスト原料の利用技術は重要である。

9.3 成形技術
9.3.1 はじめに

鉄鋼をはじめ金属のプロセスが、高温化することで原料を溶融させ、液体自身のもつ拡散能力により混合や反応を生じやすくしているのに対して、セラミックスでは重力場において拡散能力のない固体粉末を使用している。そのため混合時には固体粒子間に最終製品に残らない水やバインダーを介在させ、それらを除去するために、更にエネルギーを要するという、本質的に非効率となる要素を含んだプロセスである。また原料から焼結体に到る過程でみるとおそらく活性化エネルギーに相当する高い障壁があり、炉内に熱を封じ込めるために多くの炉材を加熱し、一方で冷却水には多くの熱を放出しながら焼成される。筆者の行った窒化ケイ素についてのエクセルギー計算によれば、投入されたエクセルギー(有効エネルギー)のうち、固定されるのはわずか5.5%で、残りの

94.5%が廃棄されているという極めて非効率なプロセスである[6]。こうした多大かつ非効率なエネルギー投入は、セラミックスに強固な原子間結合をもたらし、例えばアルミナや窒化ケイ素、炭化ケイ素は、金属に比べて耐熱・耐食性、耐摩耗性に優れ、極めて安定な材料でとなる。

　一方、部品化の観点で見ると、上記のセラミックスの優れた特性は、そのまま加工や接合といった形状付与が困難な原因となる。多くの機械・構造部品が、形状付与に応じた設計によって高い機能を生み出していることを考えれば、形状付与の自由度の狭さは構造部材として欠点である。形状付与の困難さはセラミックスの本質的な課題であって、これが金属やプラスチックとの決定的な違いであり、普及の大きなハードルとなっている。さらに、セラミックスのもつ際立った安定さは、リサイクルが殆ど不可能であることを意味しており、鉄をはじめとする金属がやがて環境に還っていくのに対して、セラミックスはほぼ永久に人工物のままであって、莫大なエネルギーを付加しない限り、使用された希土類元素も含め天然資源に戻ることは無い(図9-5)。

9.3.2　ステレオファブリック造形技術

　こうしたセラミックスの特徴を考えてみると、これを有効に活用するための方策として、1)ニーズに応えられるような形状付与自由度の拡張、2)製造に要するエネルギー量の低減、3)リペア構造化による部分修復、4)希土類を中心とした原料使用量の削減が挙げられる。また長所を伸ばす内容としては、5)保存性(耐熱・耐食、耐摩耗性)の更なる向上、6)軽量化をさらに進める、ことが挙げられる。

　これらの中で、材料開発の項目である5)以外を除く具体的な取組みとして、中空で精密なユニットを作製し、それらを立体的に組み立て、一体化するプロ

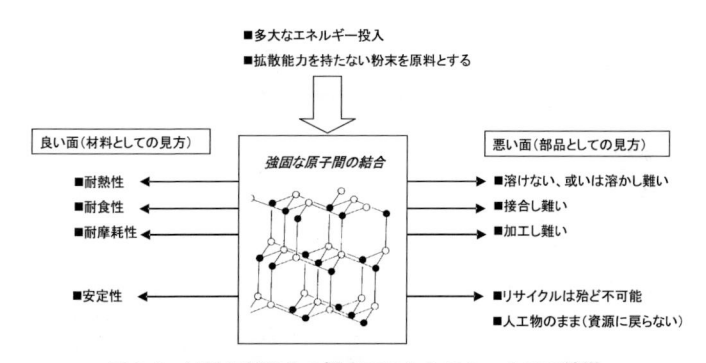

図9-5　材料と部品化の観点でみたセラミックスの特徴

セスを発案し、その開発を進めてきた。この形状付与技術を「ステレオファブリック造形」と呼んでいる。図9-6はその概念図である[7]。

　従来のセラミックスプロセスでは困難であった巨大化と精密性、軽量化の鼎立や同一部材での機能別配置、柔軟性付与による応力分散が可能となる。また耐摩耗性や耐食性に優れるセラミックスであるが、主に表面のみを使い、内部は使用しないことが多い。成形上の理由で中実、肉厚であることが、利用されない原料を生じロスとなり、長い焼成時間を必要とする。また製品レベルでも熱衝撃に不利となる。焼結体を原料に戻すようなリサイクルは極めて困難といわざるを得ないが、保存性の高い材料をできるだけ使い切るためにリユース（Reuse、再使用）できる設計と同時にリペア（Repair、修復）に関わる技術開発は、重要となるだろう。ステレオファブリックでは、破損した場合、全体を作り直すのではなく、環境負荷・コストを考え、必要な箇所のみを部分的に交換・修理するといったことも期待される。

9.3.3　ユニットの成形

　ステレオファブリックの要素であるユニットは、最終製品の大きさや性能を考慮しながら既存の成形技術から選択される。以下にセラミックスの代表的な成形方法と特徴を述べる（図9-7）[8]。

① 　金型プレス成形法

　　セラミックスの原料粉末を金型に入れ、上下方向からプレスして成形体を得る方法である。金型とプレスがあれば成形できる簡単な方法であり、量産性に優れる。得られる成形体は、板状を基本とする単純形状（簡単なくぼみや突起、リング状程度まで）のものに限られる。大型品を作成する際には、金型

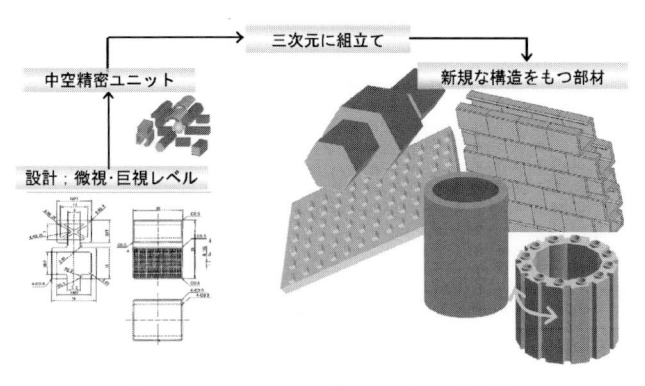

図9-6　ステレオファブリック造形の概念図

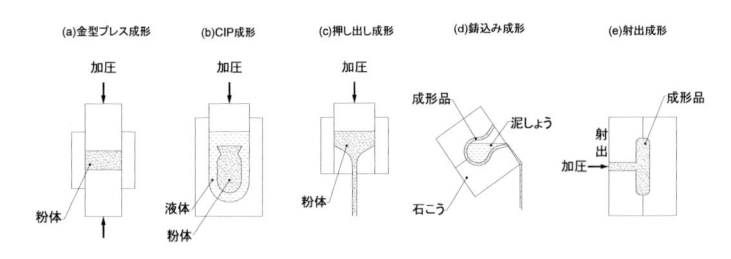

図9-7 セラミックスの各種成形方法

重量が増えて扱いにくくなり、それに対応した容量を持つプレス機も必要となる。形状によっては均一な密度の成形体を得ることが困難となる。

② ホットプレス法

　上記金型成形法を高温で行い、成形とその後工程である焼成を同時におこなうものである。金型成形法と同じく、粉末を型に入れ、上下方向からプレスする。異なるのは、この際に加熱も同時に行い、焼結体を一気に得ることである。型には金属型の替わりに高温でも耐えうる材質を用いる。大気中ではアルミナ、ムライト、炭化ケイ素などのセラミックス型が、非酸化性(真空、窒素、アルゴンなど)では炭素型が用いられることが多い。型1個につき1個の焼結体しか得られないため、量産性は悪い。また、金型成形法と同じく、板状を基本とする単純形状しか得ることができない。

③ 冷間静水圧加圧成形法

　一般にはCIP(Cold Isostatic Press)法と略して呼ばれる。ゴム袋などに粉末を充填し、脱気したのち圧力容器中に投入し、静水圧をかけて成形体を得る方法である。中子を入れて円筒形状や先封じ管状の成形体を得る方法、一部圧力容器外に露出させる方法などもある。他の成形法の後処理としておこない、成形体密度向上を図る際にも用いられる。圧力媒体には一般に水が用いられる。温度をかけて成形したい場合には、油を使用する場合もある。全周方向からの高い圧力で成形できるため、高密度で均質な成形体を得ることができる。成形体全体が入る圧力容器が必要であり、工業的には直径数メートル、深さ数メートル、圧力数百MPa程度、の大型装置が用いられることもある。ゴム型を用いることから成形体の寸法精度は悪く、成形後には一般に成形体加工(生加工)をおこなった後、焼成されることが多い。

④ 熱間静水圧加圧成形法

　上記冷間静水圧加圧成形法を高温で行い、成形と焼成を同時におこなうものである。HIP(Hot Isostatic Press)法と略して呼ばれる。粉末を容器に充

填して処理を行うカプセル法と、ほぼ緻密化済みの焼結体に処理を行うカプセルフリー法がある。圧力媒体は一般に不活性ガスが用いられるが、焼結するもの(たとえば高温超電導材)によっては酸素などを用いることもある。この成形法には、高温高圧に耐えうる容器を持つ焼成炉が必要である。

　カプセル法では、容器ごと焼成温度まで加熱するため、粉末は高温に耐えうるステンレスやガラスなどの容器に充填される。脱気して封をした後、HIP処理をおこない、焼結体を得る。取り出した焼結体の表面には容器がこびりつくので、これを除去する行程が必要であり、寸法精度がよくないため、後加工も必要である。しかし、得られた焼結体は内部欠陥が少なく、良い特性を得られる。

　カプセルフリー法は、他の方法で成形、焼結を行い、密度90%程度以上の状態にまでなった焼結体について、後処理としておこなうものである。容器への真空封入が必要なく、内部の欠陥を減らすことも可能であり、信頼性を要求される部品の作成に用いられることがある。

⑤　押し出し成形法

　セラミックスの原料粉末に結合剤(バインダー)、分散剤、水を加えて混合し、粘土状にしたのち、これを口金から一方向に押し出して成形体を得る方法である。一方向に押し出すため、棒、パイプ、シート、ハニカムなどの断面形状一定の成形体を得る事に向く製造法であり、生産性に優れる。大面積のものを作成するには大規模装置が必要となる。自動車の排ガス処理用ハニカムや電子回路用基板などがこの方法で作成されている。

⑥　射出成形法

　セラミックスの原料粉末に熱可塑性樹脂を加えて混合し、これを過熱して可塑性と流動性を与えた状態で金型中に押し込み(射出)、成形体を得る方法である。プラモデルの樹脂中にセラミックス粉末が混ざった状態といえばわかりやすい。小型複雑形状の部品を寸法精度良く得られる方法であり、量産性にも優れる。一方で樹脂の選定、原料粉末と樹脂の高密度混合、射出温度、型設計などの条件設定が難しい。また、成形体中に多量の樹脂を含むため、これを焼き飛ばす(脱脂)工程で悪臭ガスが多量に発生するという問題もある。悪臭ガスの発生量を減らすために、樹脂に替わって寒天などを用いることもある。

⑦　鋳込み成形法

　セラミックスの原料粉末に水、分散剤、結合剤などを加えスラリー(泥水、泥しょう)としたものを石膏型に注ぎ込み、水分を石膏型に吸わせることで固

化させて成形体を得る方法である。設備は簡単であり、比較的複雑形状の成形体を得ることができる。一方で、石膏型に吸水させる限界や石膏型の目詰まりから肉厚の成形体を得にくい、成形体の密度むら、気泡の混入、乾燥時の割れなどによる欠陥が入りやすい、乾燥時や焼成時にゆがみが入りやすく後加工が必要、などの欠点がある。石膏型の乾燥時間が必要なことから生産性も悪い。また余分なスラリーを排出(排泥)する必要があるので、大型品になれば、型の回転用設備が必要となる。

　上記の欠点を解消する方法として、スラリーに圧力を加えて鋳込みを行い着肉速度向上や成形体中の欠陥減少を狙った圧力鋳込み、円管作製のために型を回転させ遠心力を利用して鋳込みをおこなう回転鋳込みの手法もおこなわれている。

9.3.4　ユニットの作製と組み立ての事例

　セラミックスは、原料となる粉末をもとに製造される場合が多い。従ってセラミックスを部品として使用するには、粉を固めて形状化する、形状化したものに熱を加えて焼き固める、焼き固めたものに機械加工等をおこない部品に仕上げる、といったような製造プロセスを経る。一般に構造用セラミックスでは、特に焼成後に可能な加工は研削加工にほぼ限られ、しかも、時間とコストがかかる。よって、焼成前の粉末成形体の段階で最終製品に近い形として、また焼成時の変形を小さくすることが必要である。

　ステレオファブリックの要素であるユニットは、焼成後における加工レスを前提としており、またユニットのサイズは数センチ〜数十センチ、また要求される寸法精度もユニットの接合方法に応じて様々である。例えば半導体製造用に用いられる治具では、直径30センチ強のサイズで表面の平滑性が要求される。アルミニウムの鋳造等に使用される部品では、時にメートルサイズを超えるものがある。フランジなどのはめ合い部では精度が要求されるものの、それ以外の部分ではミリ程度の誤差が許されるものも多い。粉末を扱うプロセスは長い歴史の中で確立されており、ステレオファブリックの要素であるユニットも最終製品の大きさや性能を考慮しながら既存の成形技術の中で適切なプロセスが選択される。

　一方、焼結時の変形であるが、反応焼結窒化ケイ素によればほぼ収縮は0となるため、成形時の形状は焼成後も維持されるが、多孔質体であるため強度は200 MPa程度と小さく、用途は限定される。一般にセラミックの収縮率(S)は、気孔率(P)、焼結体の相対密度(D)とすると、それらは下記の関係にある。

$$S = 1 - \sqrt[3]{\frac{(1-P)}{D}}$$

　通常、セラミックスの成形体では気孔率は40%程度であり、最終的に緻密な焼結体を得ようとすると、その収縮率は上式から15%程度となる。(この値は経験的にも合っている)。ケイ素を原料とする二段焼結では、成形の気孔率が40%であっても、一段目の窒化過程で気孔率は減少し20%程度となる(この過程で全体の寸法変化はほぼ0である)ために二段目の焼結過程では計算上6～7%と小さく、ニアネットで焼結体を得ることが出来る。これは加工に要するエネルギーや原料ロスの削減にも有効となる。安価なケイ素粉末を出発原料とした二段焼結窒化ケイ素は、原料コストが安いことと併せて、収縮や変形が少ない点でステレオファブリック造形に適した焼成法といえる。以下に示す成形体の多くはケイ素と酸化物でなる混合粉末を原料としている。

　図9-8～9-10はいずれも射出成形によってユニットを作製した例である(成形体)。原料は後述するケイ素と酸化物の混合粉末を使用している。いずれもユニットのサイズは50 mm程度であり、図9-8に示した成形体には、表面に微細な突起を形成してある。また同図に示す成形体は空洞部にトラス構造を設けてある。図9-10に示す成形体は円弧状のユニットであり、肉厚は2 mm程度の薄肉である。両者はそれぞれ、組み立てられて、内部に空洞を有する盤状及び管状の部材となる。いずれも接合部は嵌めあい構造となっているが、成形、脱脂

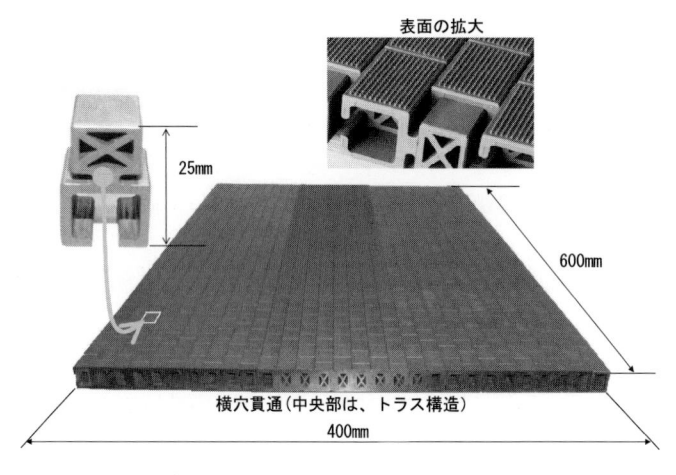

図9-8　射出成形で作製したユニットとアッセンブリー

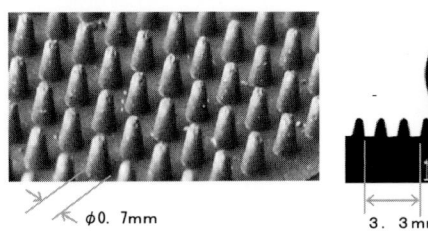

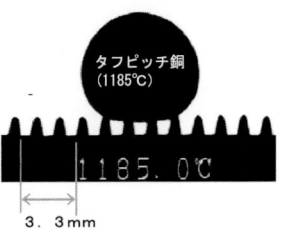

セラ表面に成形した突起パターン　　溶融時接触状態（CCDカメラで撮影）

図 9-9　突起形成による溶湯金属の点支持構造

■原料：ケイ素＋酸化物
■中空構造ユニット
■直径：φ120mm

ユニット

図 9-10
射出成形で作製したユニットとそのアッセンブリー

時における寸法変化を考慮したクリアランスとなるよう設計されている。なお、図 9-9 には突起を形成した面の拡大写真を示す。反応焼結法で作製されており、10％程度気孔が残存している。銅試料を基板上に静置し、加熱した場合の温度上昇にともなう、銅試料の様子を撮影した結果を同図に示す。1100℃で加熱すると銅試料は溶融し、全体的に球状を呈することがわかった。突起を設けた基板を使用した場合、すべて、溶融した銅と突起の間にすきま（空気層）が介在していることがわかった。これは銅が窒化ケイ素基板に対して、ぬれ難いため、溶融した銅は突起間の凹部に廻り込むことなく、突起の先端で支持されていることを示している。したがって突起を設けることにより、通常の平らな面で支持する場合にくらべて接触面積は小さくすることができる。こうした微細な突起をもつ大型プレートを形成することが可能である。

図 9-11、9-12 はプレス成形でユニットを作製した例である。原料は、上記と同様にケイ素と酸化物の混合粉末を使用している。プレス成形のメリットは精密成形が可能で、また量産性に優れるほか、成形バインダーの添加量が通常 1% 程度と少なく、脱脂が容易であることもコスト、環境負荷の両面で有利である。両図は CIP 後、生加工してあるが、金型成形によっても成形は可能と思われる。

　図 9-13 は鋳込み成形で中空ユニットを作製した例である。鋳込み成形も、成形バインダーの添加量が通常 1% 程度が少なく、大掛かりな装置が不要という長所がある。薄肉で大型、曲面を有する中空体の成形に適している。なお同図に示す部材の材質はチタン酸アルミニウムである。

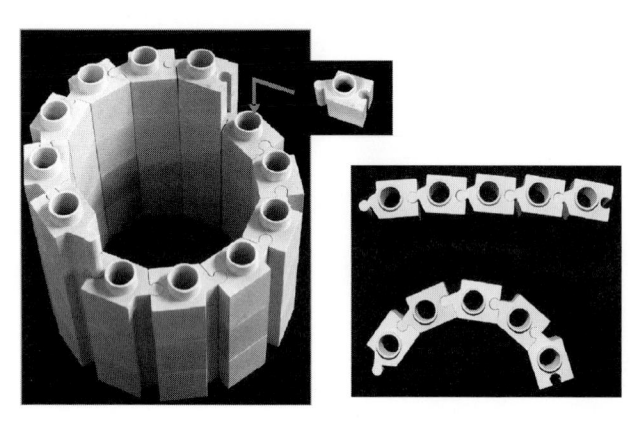

図 9-11　プレス成形で作成したユニットとアッセンブリー

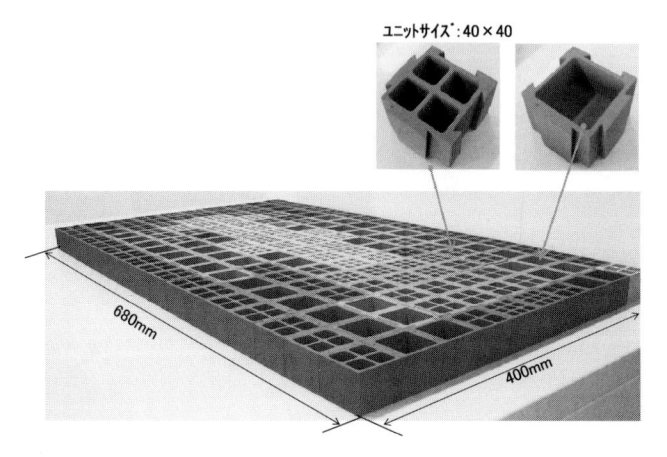

図 9-12　プレス成形で作成したユニットとアッセンブリー

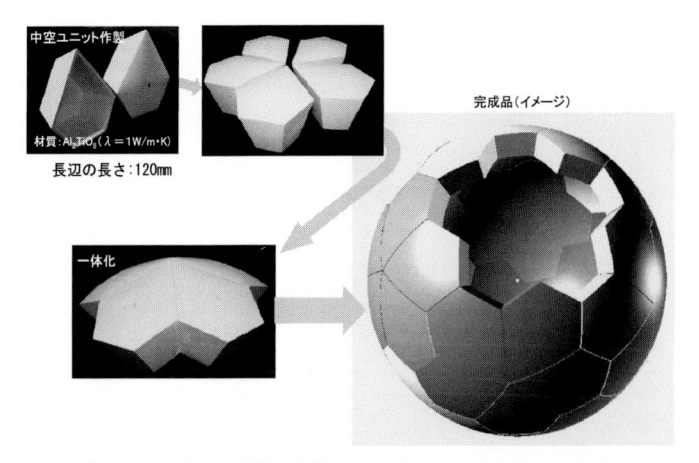

図9-13　鋳込み成形で作製した中空ユニットとその一体化

9.3.5　おわりに
　本プロセスによりセラミックスの設計自由度を拡大し、付加価値を高めることが出来る。例えば中空構造、リブ薄肉化、精密かつ大型、同一部材内での多孔・緻密部最適配置等により、大型・軽量・高剛性化、難濡れ、断熱化が可能となる。また、大型セラミック部材の低コスト化、納期短縮、歩留まり、設備投資小を実現できると考えている。

9.4　接合技術
9.4.1　はじめに
　ステレオファブリックにおいてはユニットと呼ばれる小さなブロックを組み上げていく以上、接合は不可避的な工程となる。複雑な構造物を小部分に分割して製造し、接着・接合により組立て、接合部の特性が被接合部の素材と同等とすることができると、設計の自由度を拡大することができる。
　接合の様式は使用される条件によって様々であり、それらを表9-1に整理した。関与する成分、形状も多様であるので、具体的な方法も多岐にわたる。接合部の自由度の拡大がステレオファブリックの展開の範囲を決めているといっても過言ではなく、その開発と体系化が必要であるが、まず接合技術の概要について説明した上で、ステレオファブリックの開発において現状までに得られた結果について述べる。

表 9-1 用途別にみた必要機能と適した接合・接着方法

用途例	接合部に必要な機能	望ましい接合方法
アルミ搬送容器、搬送管	溶湯シール、難濡れ、脱着容易性	無機セメント＋設計
アルミ溶湯ストーク等	溶湯シール、自己支持性	セラミックで結合
スラブ保管庫(熱蔵庫)	熱シール	無機セメント
液晶テーブル	高剛性の維持	セラミックで結合
フィルター	ガス、流体シール	無機セメント＋設計
搬送管	ガス、粉粒体、流体シール	無機セメント＋設計
ラジアントチューブ	低ヤング率、ガスシール、応力緩和、自己支持性	セラミックで結合
炉材	現場施工性	無機セメント＋設計
プラント容器	ガスシール	無機セメント

9.4.2　セラミックスの接着、接合の分類[9]

① 接着剤による接着

　　有機接着剤には多くの種類があり、高温に耐えるものや、素材なみの高強度は望めないが、適切に選ぶと簡単な操作で、常温使用のセラミック部材に十分使用できる。耐高温性を必要とする場合にはアルミナセメントに代表される無機系の接着剤が開発されており、1300℃に耐えるものが市販されるようになった。

② メタライズ

　　セラミックスの表面を種々の方法で金属化し、ろう付けにより他の金属と接着したり、メタライズを介して別のセラミックスと接着することができる。Mo、W などの高融点粉末を含むペーストを塗布し焼成する方法は、比較的古くから使用されてきた。実用には、得られたメタライズ層の上に Ni めっきを施す必要があり、各工程が適切に行われると優れた接着が得られる。しかし、操作がやや複雑となるため、硫化銅のような銅化合物、銀化合物を用いる簡便法も開発された。また、セラミックスに湿式めっきを施すことも可能となった。

③ 固相液相接着

　　前出の無機・有機接着剤、はんだ等の場合も同様であるが、接着時に一方が固相で、他方に液相があり、液相によるぬれが接着に最も効果的に働く場合が多い。この液相を構成するものに前記のほか、酸化物系、硫化物、フッ

化物、金属系などがある。あるいはセラミックスを溶融して付着させる溶射もある。

④ 固相加圧接着

被着体を密着させ、圧力をかけながら加熱すると、溶融して液相の助けを借りなくても、圧力によりセラミックスや金属の表面に降伏変形を起こさせることができ、接合が可能となる。これに必要な圧力は通常 0.1〜15 MPa、温度は絶対温度で表わした材料の融点(Tm)と $0.5\,Tm$ の間とされているが、最近は高温静水圧圧縮法によるさらに高圧の加圧も試みられている。

⑤ 溶接接着

金属間の溶接と同様に、レーザや電子ビームなどを用いて相接する部分の端を溶融し、得られる溶融物で端部を満たすことにより接着が行われる。最近の入出力レーザによる加工の進展により、セラミックスの溶接についても注目され始めている。しかし、溶接時の熱衝撃や、残留応力の除去、あるいは溶接部の結晶粒の粗大化、気泡の残留などの対策が必要となっている。

⑥ 機械的接合

金属材料では種々の機械的接合法が用いられている。ところがセラミックスは硬くてもろい材料であり、一部に強い応力がかかることや複雑な形状の機械加工は避ける必要がある。ねじ接合以外に、セラミックスの焼成や加熱変態による収縮を利用するもの、焼ばめ、冷ばめ、圧入などの手段が応用されている。セラミックスの部分への引張応力の集中を避ける工夫の重要性が指摘されている。

ステレオファブリックにおける具体的な接合例

① 反応焼結を利用した接合

上記ケイ素を主原料として得られる反応焼結プロセスを使った接合プロセスについて説明する。図9-14は射出成形で作製した精密なユニットを互いに組み合わせ、脱脂、焼成した後の状態を観察した結果である。射出成形で作製しているために、成形時点で精度の高い成形体を得ることができる。焼成後において、接合面は固体で充填されていることがわかった。

図9-15にはTG-DTAの結果ならびに、射出成形で作製した2つの成形体試験片をそれぞれ80℃、110℃まで加熱し、取り出したときの様子である。80℃では重量減少は殆ど認められておらず、この時点で取り出すと2つの成形体は互いに密着していた。110℃まで加熱した場合には、両者は接着しておらず、分離していた。射出成形で作製された2つのユニットは成形後、組ん

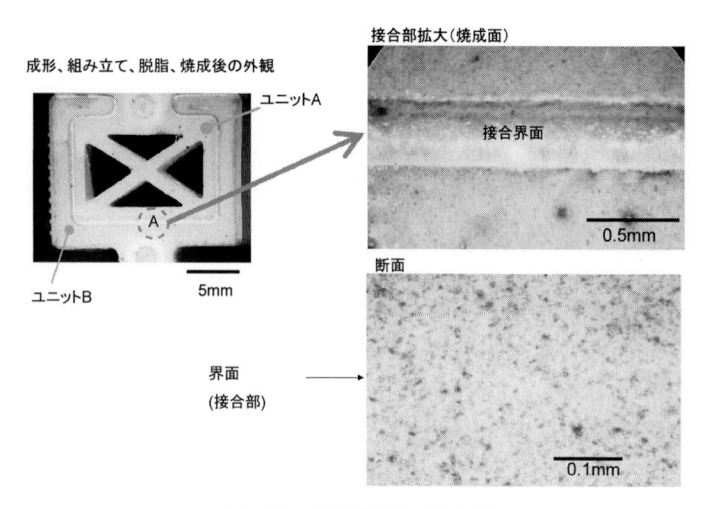

図 9-14 反応焼結後の接合部

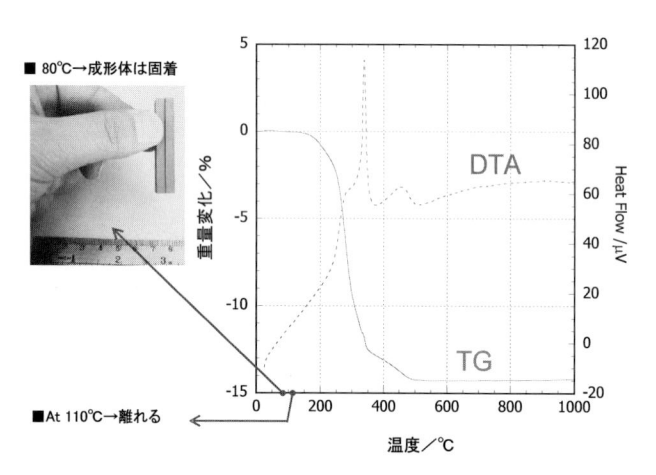

図 9-15 脱脂過程での温度変化に伴う重量変化と成形体の状態

だ状態では密着しており、脱脂過程で成形時に含まれていた有機バインダーは溶融し毛管現象で表面に移動、表面の隙間は更に小さくなると予想される。脱脂が完全に完了した後に隙間は残るが、成形時における隙間に比べてより小さくなっていることが考えられる。そして焼結時には下記反応に沿って気相を伴う焼結が進行し、隙間は固体で充填されると考えている。図 9-16 にその模式図を示す。

$$3SiO(g)+2N_2 \rightarrow Si_3N_4+3/2O_2$$

　以上は射出成形で作製した有機バインダーを多量に含み、また精度の高い表面に関する現象であるが、反応焼結が、気相を介して進行することを活かして、射出成形以外で作製された2つの焼結体を接合する場合にも、密着性の良い接合面を得ることが出来る。

　図9-17は反応焼成法で焼結した2つのブロックの接合面に、ケイ素を含有する高密度充填ペーストを塗布し両者を嵌め合わせ、脱脂、焼結した後の接合面近傍を観察した結果である。隙間は完全に充填されており、極めて密着性の良い接合面を得ることができた。

9.4.4　省エネ型接合

① アルミナセメントを用いた接合[10]

　使用条件を選ぶことで、室温プロセスで耐熱性に優れた接合を得ることが出来る。水和反応を利用して室温で硬化させる方法は古くから知られているが、その中でアルミナセメントは耐火性に優れた材料である。アルミナセメ

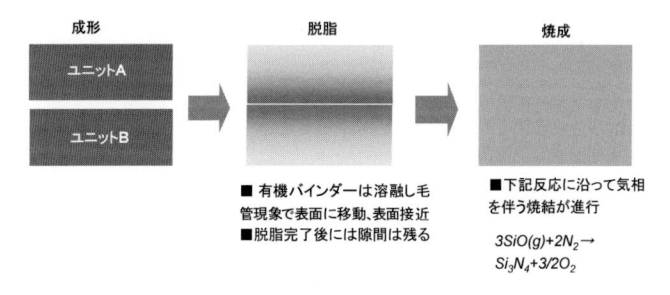

図9-16　反応焼結に伴う接合のメカニズム

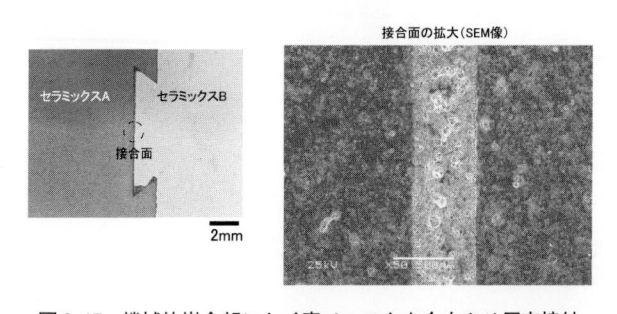

図9-17　機械的嵌合部にケイ素ペーストを介在させ反応焼結

ントの水和生成物は養生温度の影響を受ける。低温型水和物は CaO・Al$_2$O$_3$・10 H$_2$O，および 2 CaO・Al$_2$O$_3$・8 H$_2$O が知られており，いずれも六方晶系の結晶構造を有し，粒子は板状となる。また高温型水和物は 3 CaO・Al$_2$O$_3$・6 H$_2$O で，立方晶系に属し，粒子形状も丸みを帯びている。CaO・Al$_2$O$_3$・10 H$_2$O，2 CaO・Al$_2$O$_3$・8 H$_2$O はいずれも準安定型の水和物であり，材齢経過や乾燥処理により，安定な 3 CaO・Al$_2$O$_3$・6 H$_2$O へと転化反応が起きる。図 9-18 はステレオファブリックにおいて，チタン酸アルミニウムでなる中空構造体をアルミナセメントで接着した例である。

② 燃焼合成を利用する方法[11]

固体の持つエネルギーを有効に利用して瞬間に接合することができれば，外部からの投入エネルギーが小さくなり，省エネに繋がる。金属同士の瞬間接合法としてはテルミット溶接が既に知られているが，セラミックスが関与した接合では，瞬間接合という概念は起こりにくい。ところが，物質合成の新しいプロセスの一つである燃焼合成法の高熱量放出，急昇温・冷却過程などの特異性を利用することで，瞬間接合技術の可能性が見いだされた。セラミックス-金属接合の場合，金属として熱膨張係数が比較的小さく，かつ高融点をもつ Mo と TiB$_2$ および TiC との接合が報告されている。これは燃焼合成生成物が直接被接合体になっている場合で，Mo にはさまれた Ti＋2 B または Ti＋C のペレットが着火により燃焼反応を起こして Mo に接合される。セラミックス-セラミックス接合の場合，SiC と SiC の間にテープキャストした Ti＋C＋Ni からなる混合粉を介在させて接合が行われている。

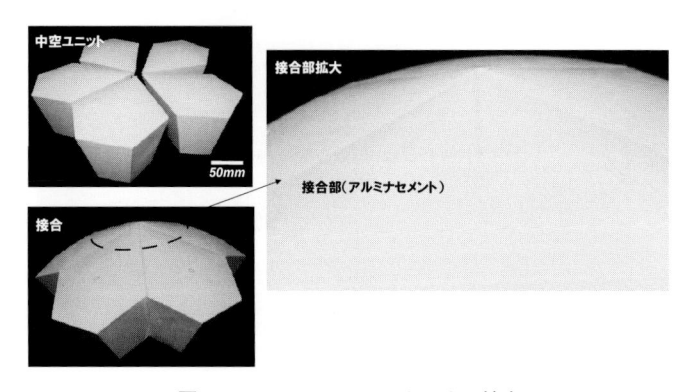

図 9-18　アルミナセメントによる接合

9.4.4 おわりに

これまで、接合というと、母材強度に近づけるにはどうするかという観点での技術開発が主流であった。そうしたいわゆる剛接合は必要な技術であるが、実際の市場ニーズとして、人間の関節のように、接合部に自由度を持たせることや、応力を逃がす、また環境負荷を考えるとリペアーやリユース機能を持たせたいといったニーズも多い(柔接合)。小さなユニットを組み合せて部材を作るステレオファブリック造形では、接合部の設計や接合方法を選択することで、幅広いニーズに応え、また環境負荷を低減できるプロセスに進展すると考えている。いずれにしても接合関連技術については、幅広い体系化が必要である。

9.5 展望と課題
9.5.1 展望(適用分野)

製造分野別のCO_2排出量について製造全体でみると、鉄鋼をはじめとする熱・化学系産業が大半を占めている[12]。一方、エンジニアリングセラミックスの製造に伴うCO_2排出量を試算したところ、全体の0.01%以下であって、その影響は極めて小さいことがわかった[13]。これは、セラミックスの普及が進んでいないことが大きな原因であるが、いったん作ると長持ちするというセラミックスの特徴の表れでもある。

製造全体のCO_2排出量を低減するには、特にエネルギー消費の大きい熱・化学系の製造プラントの効率向上が不可欠である。耐熱・耐食性に優れたセラミックスを生産ラインの配管や槽・容器に適用することで、熱の放散やロスを小さくすると同時に、最終製品への不純物混入の低減が期待される。また熱・化学産業の製造ラインの配管や槽は耐熱・耐食性を付与する為、希少元素を添加した合金が多用されており、使い易い元素で構成されているセラミックスの適用は元素戦略上でも有利となる。

熱・化学産業以外においても、例えば液晶・半導体製造ラインでは、軽量で剛性の高いセラミックスを、精密生産部材として活用し、製品のスループットの向上や微細加工化に貢献している。セラミックスの生産部材としての適用は、例えばアルミ鋳造におけるストークやラドル、ヒーターチューブ、また液晶・半導体製造分野ではステージ、ガイド、静電チャックなど、既に実用化されているものも多い。

競争力強化と環境負荷低減を両立できる製造が求められている現代、更にセラミックスの生産部材としての重要性が増していくものと思われる。ステレオファブリックにより、低コストで大型部材が製造できれば、大型の管状や槽状

の部材を開発し、それを使って工場内でネットワーク化し、「高温を効率よく作り、集中させ、逃がさない」生産システムが実現できないだろうか。それにより省エネ・省資源で環境負荷が少なく製品の高純度化がもたらす高機能化、加工性向上が可能となる。

9.5.2 課題

多大なエネルギーを投入して得られるセラミックスは、高い保存性をもち、過酷な環境下においても安定で長寿命を示す。これがセラミックスの価値であり、さらに価値を高めていく必要がある。一方、原料やエネルギー投入に由来するコスト高や形状付与の制約の解決を図ると共に、広い視点で見た環境負荷を小さくできるプロセスを構築していく必要がある。上記ニーズを踏まえながら、以下に今後の課題について整理した。

a) 材料技術
　①セラミックスの有する耐酸化性や耐熱衝撃性、耐摩耗性の更なる改良
　②難濡れ性、熱伝導性制御、比剛性を制御

b) 設計
　リユース、リペア設計
　高比剛性や断熱性等の性能を効果的に引き出す設計技術
　応力分散できる設計

c) プロセス技術
　省エネでフレキシブルな接合・接着技術
　・易脱着可能な接合接着技術
　・局所加熱やセラミックス材料の反応熱の利用による省エネ型接合技術
　・高強度接合技術

その他、本稿では触れなかったが、大型部材の健全性評価技術および耐久性評価技術、及びライフサイクルでの環境負荷低減に資する評価指針の構築も今後の重要な課題と考えている。

参考文献

1) A. J., Moulson, Review, Reaction-bonded silicon nitride: Its formation and properties. J. Mater. Sci., 14, (1979), 1017-51.
2) M. Mitomo, "Effect of Fe and Al additions on nitridation of silicon", J. Mat. Sci 12 (1977) 273-276.
3) N. Hirosaki, M. Ando, Y. Akimune, M. Mitomo, Gas-pressure sintering of low-purity -silicon nitride powder, J. Ceram. Soc. Jpn. 100(11) (1992) 1366-70.
4) L. K. L. Falk et. al., Microstructure of hot pressed $Si3N_4$-$ZrO2$+(Y_2O_3) composites, J. Mater. Sci. lett. 8 (1989) 1032-1034.
5) Hideki Hyuga, Katsumi Yoshida, Naoki Kondo, Hideki Kita, Hiroaki Okano, Jun Sugai and Jiro Tsuchida3, Influence of zirconia addition on reaction bonded silicon nitride produced from various silicon particle sizes, J. Ceram. Soc. Jpn, 116[6] (2008) 688-693.
6) 北　英紀，日向秀樹，近藤直樹，高橋達，"セラミック製造プロセスにおけるエクセルギー解析", J. Ceram. Soc. Jpn, vol.115, pp.987-992, 2007.12.
7) Hideki Kita, Hideki Hyuga, Naoki Kondo, "Stereo fabric modeling technology in ceramics manufacture" J. Eur. Ceram. Soc., vol.28, pp.1079-1083, (2008).
8) 一ノ瀬昇編著，図解ファインセラミックス読本，オーム社(1983)．
9) 速水諒三監修，セラミックスの接着と接合技術，株式会社シーエムシー出版 (2002)．
10) 山口明良監修，アルミナ系耐火物，岡山セラミックス技術振興財団(2007)．
11) 燃焼合成研究会，燃焼合成の化学，㈱ティーアイシー，(1992)．
12) 地球環境保全関係閣僚会議(1998)付属資料より．
13) 平成18年　窯業・建材統計年報．

第10章
セラミックスリアクター

10.1 緒言

　1839 年に英国のグローブ卿による発明以来、燃料電池技術は材料科学の進歩とともに発展している。各種の機能性セラミックスの中でも、イオン伝導セラミックスは、1960 年代以降、エネルギー・環境分野への適用性が期待されて本格的な研究開発が進められており、近年のグローバルな地球環境問題対策及び省エネルギー化の有効な手段として、今後ますます期待が高まって行くと考えられている。

　「電気化学反応」を通常の化学反応と比べた場合の相違を一言で表すと、「物質が電極との間で電子の交換反応を行う」ことにある。つまり、図 10-1 に示すように「電気化学セル」と呼ばれる、イオン伝導体電解質を挟んだ酸化／還元電極により構成されるユニットにおいて、各々の電極上で化学エネルギーと電気エネルギーの変換により生じる様々な酸化・還元反応を行うことにより、直接変換のために高効率で電気が取り出せる、あるいは電気エネルギーにより高効率の物質合成や分解等の化学反応が進行する、といった特長を有するものである。

　環境・エネルギー分野で期待される材料としてのセラミックス材料として、

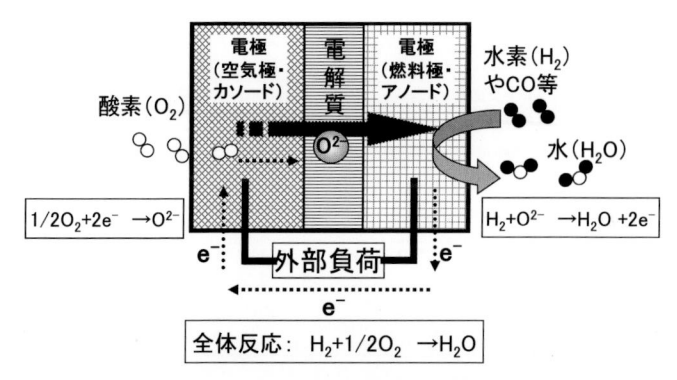

図 10-1　電気化学反応の例（燃料電池の反応模式図）

構造用セラミックスでは、その高温耐久性や化学安定性並びに軽量性等により、エンジン部品等構造部材への適用が期待されている。一方で、エネルギー分野における直接的あるいは実効的な適用性として、機能性セラミックスの利用において特に、イオン伝導や電子伝導に基づく化学反応（＝電気化学反応）によって、そのエネルギー面での反応効率の向上等の有効性が現れている。

　イオン伝導体（あるいは固体電解質）を主役とした電気化学反応の中で、酸化物イオンをキャリアとする、酸化物イオン伝導体では特に、中～高温域におけるセラミック電極の高い反応活性と合わせて、化学エネルギーと電気エネルギーの直接変換反応としての高効率性が期待されている。図10-2 に、セラミックス及びその他のイオン伝導体を用いた燃料電池の特徴を一覧表として示す。なお、セラミックス材料については、ここで挙がっている酸化物イオン伝導体以外にも、最近は低温作動化の観点から注目されているプロトン伝導体や、銅イオンやハロゲンイオン等の陽／陰イオンをキャリアとする様々なイオン伝導体が知られている。

　さて、電気化学反応では前述のように、例えば燃料電池における、電気エネルギーと化学エネルギーの直接変換反応であることを特徴とし、ガスタービン等のように機械的エネルギーを経て発電する際の、いわゆるカルノー効率に由来するエネルギー損失が無いことから、本質的な高効率性が期待されるものである。先に述べたように、電気化学反応の基本原理は、イオンを伝導する電解質層を挟んで相対する、酸化電極と還元電極における反応の組み合わせであるから、構成ユニットにおける酸化／還元電極での対象物とイオンとの反応の制御、あるいは電解質層におけるイオン伝導特性の制御を如何にして行うかによって反応条件が決まる。故に、材料の物性制御と構造制御が共に重要となる

	電解質	固体／液体	低温／高温	作動温度	移動するイオン	主な用途
PEFC 固体高分子形	プロトン伝導性高分子膜	固体	低温	100℃	H^+	家庭用 自動車 携帯機器
PAFC リン酸形	リン酸水溶液	液体	低温	200℃	H^+	オンサイト コージェネ （商用化へ）
MCFC 溶融炭酸塩形	溶融炭酸塩	液体	高温	700℃	CO_3^{2-}	分散型発電 （比較的大型）
SOFC 固体電解質形	ジルコニアセラミックス	固体	高温	1000℃	O^{2-}	分散型発電 オンサイト コージェネ
*セラミックリアクター	セリア系セラミックス 等	固体	中温	500℃	O^{2-}	自動車APU 小型コージェネ ポータブル電源 水素スタンド

図10-2　燃料電池の分類の中でのセラミックスの位置づけ

訳である。そのためこれまでに、様々な材料探索が進められると同時に、多孔体(電極)や緻密電解質の薄膜化、さらには電気化学セルユニットの集積構造化(スタック化)といった、ナノ〜ミクロ〜マクロの構造制御要因が極めて重要な役割を果たすことから、その検討が精力的に進められている。

例えば、セラミック機能部材の集積化という観点からは、電気化学反応を利用した実用化モジュール開発に際しては、単セルの開発〜スタック化(積層体)〜モジュール開発(周辺機器〈BOP〉を加えたシステム)という開発ステップを踏むことになる。その具体例としては、現在、日米欧各国で大型プロジェクト等による開発が進められている、高温作動の大型SOFCモジュール化における、セラミックス ── 金属部材の一体構造化の例等が挙げられる。特に後半段階のスタック〜モジュール化に際して、機能部材の集積化、あるいは機能 ── 構造部材の融合化は、モジュール全体の性能を左右する極めて重要な技術開発要素となっている。一方、次世代型の燃料電池開発としては、本章第4節でも取り上げる、マイクロSOFC開発等が近年注目されている。

本章では、このようなセラミックスの電気化学リアクターについて、集積化プロセス技術の観点から、その高度化と応用展開に向けた開発動向と、その中で特に産総研を中心とした技術開発の取り組みについて、その詳細を述べる。

10.2　セラミックス電気化学リアクターの概要と開発動向　　　（SOFCを中心に）

10.2.1　はじめに

電気化学リアクターは、近年のグローバルな環境・エネルギー問題の解決のために、究極の高効率かつ理想的な技術として期待されている。図10-3に示すように、その波及性は極めて大きく、かつ広範にわたっている。

セラミックスによる電気化学反応として最も良く知られている例として、固体酸化物形燃料電池(Solid Oxide Fuel Cell = SOFC)がある[1]。そこにおける電気化学反応は、平板型セルのように比較的単純化されたマクロ形状の例で見ると、反応表面の電極における表面／界面反応として発現する(図10-4)。すなわち、電気化学反応は「電極における電荷の受け渡しにより、物質やエネルギーの変換反応を行うこと」で定義されるが、セラミックスの燃料電池(SOFC)の場合は、水素や天然ガス等の燃料ガスと酸素や空気が、酸化物イオン伝導の可能な材料(あるいはプロトン伝導体も利用が期待されているが)の薄膜または基板によって隔絶され、イオン伝導体の中でイオンが容易に動く温度域になると、イオンの濃度勾配による拡散を駆動力として、電気化学反応が自発的に進行す

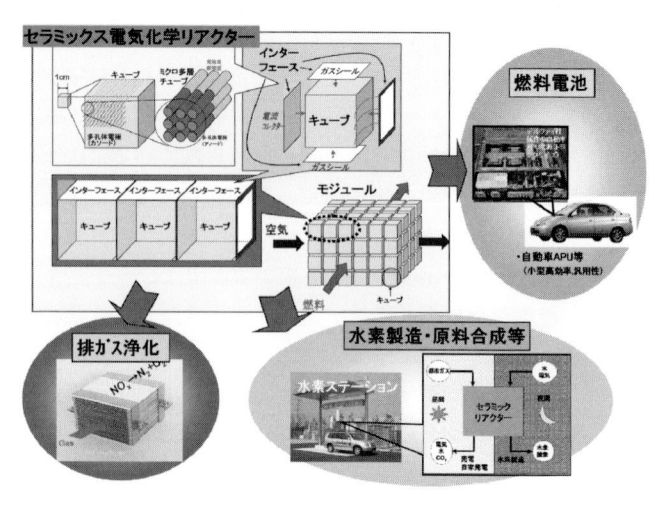

図 10-3　セラミックス電気化学リアクターの応用可能性

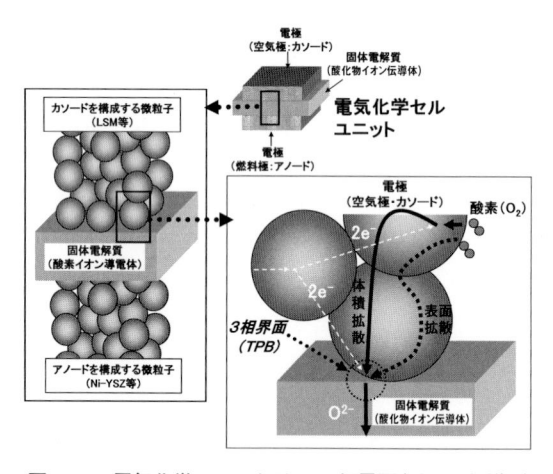

図 10-4　電気化学セルにおける、3 相界面(イオン伝導／電子伝導／ガスの会合点)でのガス—イオン変換による基本的な電気化学反応

る。
　このように燃料電池は「"化学エネルギー"から"電気エネルギー"」への変換反応であるが、その逆反応は例えば、水の電気分解のように、電気エネルギーにより(電荷の授受を主体とした)化学反応が行われる[2]。従って、電気化学反応性に最も重要な因子は、イオン伝導性や電子伝導性のような「電荷移動」に関

する物性と、「化学反応」と「電気エネルギー」を媒介とした、物質やエネルギーの変換反応を左右することになり、特にこれらは物質および材料構造に由来する特性である。

実際の電気化学反応が行われる場においては、それが液相、気相及び固相のいずれかによって状況が異なるが、図10-4に示されたような、最も反応性の高い気相（反応ガス種）を介して電気化学反応が行われる場合は、その反応場は粒子——空間の界面となる場合が多く、表面積の大きさ及びマトリックス部分の材料構造により、電気化学反応の効率が大きく左右されることが容易に理解される[3]。

従って、当該分野における研究開発の対象としては、電極——電解質材料そのものの電子伝導性——イオン伝導性の向上、あるいは両方の混合導電性の利用といった、物性制御のアプローチと、反応活性を向上させるための多孔体等の構造制御のアプローチの両方が有効となるため、各々についての電気化学的な検討が行われている。

その例を挙げると例えば、電解質材料としては酸化物イオン伝導度の高い材料の開発が行われており、図10-5に示すような、より低温側でより高い酸化物イオン伝導度を示す、スカンジア安定化ジルコニア、ランタンガレート、セリア系材料等へと展開している。前述のように電気化学反応は、反応の媒介となるイオン種（酸化物イオン、プロトン等）を伝導する電解質層で隔てられた、酸化／還元の各々の反応場であるカソード／アノード電極において進行する。一般的には電解質層の役割は、高効率でイオン種を伝導させることが望まれるため、緻密薄膜コーティングや出来るだけ薄い基板状の形態をとることが多い。一方、電極構造は、空間との相互作用により反応を決定的に左右する、後述の「3相界面」反応場へのイオン伝導経路が確立されていることが重要な役割とな

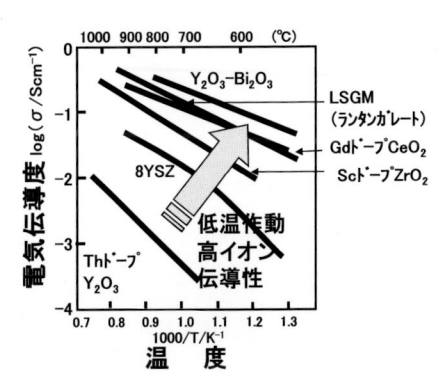

図10-5
各種セラミックス固体電解質材料の温度に対する酸化物イオン伝導特性の比較

る[4]。

構造制御のアプローチとしては、後述するようなナノ～ミクロの粒子レベルでの複合化や、ミクロ～マクロな電気化学セルを構成する各層・各部の構造制御が行われている。また、反応性の向上には粒子相互の結合状態が極めて重要であり、導電体の異種粉体の混合状態が性能に大きな影響を与えるため、パーコレーション解析が重要となる。すなわち、最も代表的な電気化学リアクターである燃料電池において、カソード電極は導電性超微粒子とイオン伝導体超微粒子の複合粒子により構成されており、基板の電解質からの両者のネットワーク構造の形成と反応物質であるガスの通り道である空孔(空隙)の構造が、ガス――イオン間の電極反応を左右する要因となっている。

以下では、さらに詳しくセラミックス電気化学リアクターについて、3次元的な構造要素とその集積化の観点から、開発状況とその展開を述べる。

10.2.2 セラミックス電気化学リアクターの概要

電気化学リアクターを大きく分けると、前述の通り、基本構成である電気化学セル(固体電解質＝イオン伝導体を、陽極＝カソード／陰極＝アノードの2枚の電極で挟んだもの)に対して、①両側の電極に各々水素と酸素等のガスを供給して、化学エネルギーから電気エネルギーを取り出す反応、②電気化学セルに通電してその電気エネルギーにより、カソードでの還元反応／アノードでの酸化反応において、電極を介したガス――イオン間の直接変換による高効率の化学反応、の2種類となる(図10-6)。

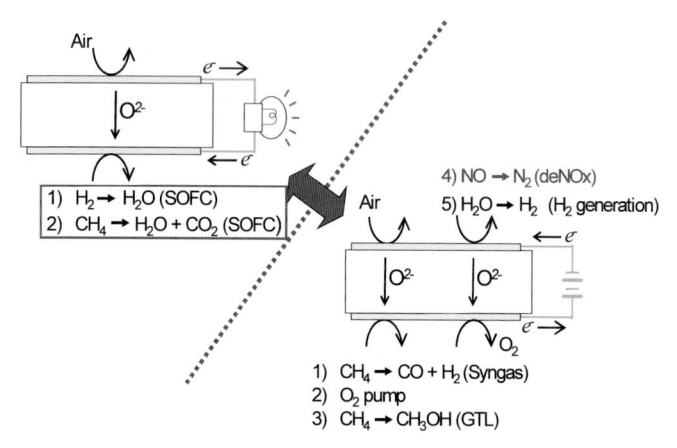

図10-6 電気化学リアクターの反応の2面性(化学→電気エネルギー及び可逆セル)

スケール的な面から電気化学リアクターを俯瞰すると、ナノスケールの構造や組成等の制御による機能化に始まり、ミクロスケールでの反応制御からマクロスケールの構造制御によるリアクターの実用モジュールとしての特性発現にわたり、さらにこれらの単独階層から複合的な構造制御である「高次構造制御」により、電気化学リアクターとしての多様な展開が図られている。

　例えば、電気化学反応場である3相界面における現象を更に詳しく見てみると、リアクターにおける反応性向上のためには、ナノスケール反応場がもたらす飛躍的な性能向上が重要である。ナノ構造化についての実例と研究課題について固体酸化物形燃料電池(SOFC)を対象として、電気化学反応の状況を説明する。

　SOFCはその高効率特性から、現時点で開発が進んでいる固体高分子形燃料電池(PEFC)の次に実用化が期待され、開発機運が現在、非常に高まっているところである。これまでに求められている性能向上への開発の方向性としては、電極におけるガス──イオン間及び電子との電気化学反応性向上、固体電解質における最適構造化や低抵抗化の2つが主なものである。特に前者においては、粒子──空間で構成されるナノ～ミクロンスケールの空間が主役となる。電極におけるガス──イオン及び電子との反応性向上としては、先に図10-4で示したように、いわゆる3相界面における反応性が燃料電池にとって最も重要である。そのためミクロ領域を中心に構造制御が検討されてきたが、最近では特に、ナノテクノロジーの導入が試みられ、ナノ粒子による多孔体構造が最適とされている[3)-4)]。

　次に、実際の反応場における現象としては、反応性向上にむけてナノ構造触媒の果たす役割が大きい。電気化学反応の律速となっているのは、電極における「ガス──イオン間」の相互変換反応における効率であり、その反応損失の状況は「過電圧」として表されている。燃料電池の電気化学反応における反応効率と損失の割合を考慮して、電気化学反応の高効率化を図る場合には、①イオン伝導性の向上と並んで、②過電圧の抑制が極めて重要となる。過電圧を抑制すること、すなわち電極におけるガスとイオンによる電気化学反応における損失をいかに少なくするかが重要となり、その際1)ガス拡散、2)反応場(3相界面)、3)イオン・電子伝導性が制御因子となるので、その最適化が期待される。燃料電池反応で最も重要な3相界面における電気化学反応(ガス──イオン反応)は、原理的にはカソードとアノードの両方の電極では、同様の反応が正逆両方向に進むと考えればよい。すなわちカソード(ガス→イオン)の場合、電極材料表面に到達した酸素分子が、表面拡散／体積拡散によって、3相界面(電極材

料——イオン伝導体——ガス相の3つの会合点)に到達することで、図10-1で概念的に示された如く、電子を受け取ってイオン化し、酸化物イオンは濃度勾配を駆動力として濃度の高い方(カソード側)から低い方(アノード側)へと移動する。アノード反応(イオン→ガス)の場合はカソードとは逆に、3相界面において酸化物イオンが電子を放出し、ガス分子となって(実際には水蒸気あるいはCO_2として)気相中に戻り、電子が外部回路により取り出されて使用される。カソードとアノードの違いは、酸化物イオンを取り込むかまたは放出するかということなので、酸素分子と酸化物イオン間の変換に要するエネルギー(イオン化エネルギー)が各々のイオン伝導材料の中で、物性的にあるいは構造的に、どれだけ違うかということである[5)-7)]。

10.2.3 セラミックス電気化学リアクターの開発動向

以上のようなナノスケールから始まる各階層での構造制御により高性能化を目指すための具体例として、アノード材料の開発(Ni-YSZサーメット)について簡単に紹介する。SOFCのアノードとしては、Ni-YSZサーメットがガス——イオン間の変換反応に適しているため多用されている。電極反応の基本としてアノードには、①多孔体のように表面での電気化学反応性に優れていること、②高い電子伝導性を有すること、③電気化学反応における安定性、④酸素イオン伝導体との熱膨張等の物性に大きな差が無いこと、⑤燃料として用いられる物質を分解して水素にできる触媒機能を有すること、⑥材料資源として確保され、同時に材料・製造コストの低減が実用レベルまで可能であること、といった条件が必要とされている[8)]。

そこでこれまでにも、様々なプロセス技術(スクリーン印刷、プラズマ溶射、電気泳動法等)が開発、及び適用されることで、YSZ基板上への成膜〜焼成プロセスを経て意図されたような電気化学セル構造が形成されている[9)-10)]。例えば焼結により得られる組織構造としては、電気化学セルに燃料ガス(水素やCO、メタンガス等)を高温下で流すことにより還元され、金属Niが析出している。その際、NiOとYSZのコンポジットから出発しているため、この還元処理＋焼結プロセスを経ることにより、YSZ粒子がアノード電極内の骨格構造を保った最適構造が得られている。

さらに、3次元的な高次階層のスケールにおける構造制御の観点からは、燃料電池における重要な構造制御要素として、これまで述べたナノ〜ミクロの制御と同時に、ナノミクロ構造とマクロ構造との同時制御がある。すなわちナノ〜ミクロ構造制御による電極の構造化と、それによって実現する電解質の薄膜化(マ

クロ構造化)である。具体的には、電解質を薄膜化することで、燃料電池セル全体の抵抗を下げることが目的で、そのためには電極にセル構造の支持機能を持たせる必要がある。これがいわゆる電極サポート型(カソードまたはアノードサポート)の燃料電池セルである。必要条件として、電極の高反応性のためには多孔体構造であること、薄膜電解質を担持する電極上部の部分は緻密体であること、等が挙げられる。これらを同時に満足し、さらに電極の多孔体構造でガスの透過抵抗を下げるために、燃料または空気側の面から固体電解質側の面に向かって、細孔径が数10ミクロン〜ミクロン〜ナノスケールへと傾斜孔径配列をさせることが有効となる。コロイダルプロセシング等の高度なプロセス技術の適用により、電解質との界面部分では、極めて微細なナノ細孔が分布することで電解質の緻密構造を支持し、さらに電極がガスに接する表面側では、ミクロン径の粗大孔となる構造制御が実現されている(図10-7)。この結果、燃料ガスや空気が固体電解質近傍まで容易に導入され、薄膜化した固体電解質のイオン伝導抵抗を抑制することが可能である[11]。

なお、これらの電気化学特性の計測技術による構造制御へのフィードバック手法としては、一般的にはマクロな評価手法により、例えばセル全体のインピーダンス解析によって、セルを構成する各部あるいは界面におけるマクロな特性解析(電解質や電極及びそれらの界面における電気化学特性)が行われている。これに対して最近では、ナノスケールでの電気化学反応を解析評価するためのツールとして、電気化学STMが開発されている[11]。これは電気化学測定の定電流回路に相当する、ガルバノスタティックな状態での特性評価を基本とし、原子表面などのナノスケール局所反応に対しての解析評価を可能とするもので、精密かつリアルタイムで特性把握が可能となっている。

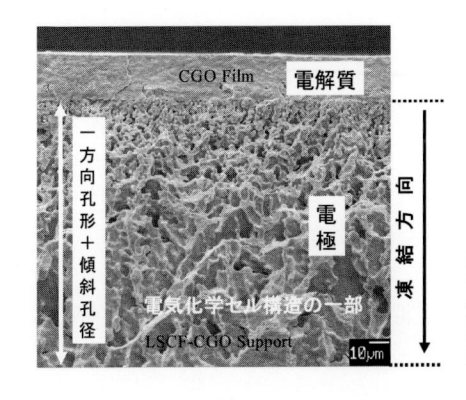

図10-7 電気化学セルの内部構造の制御例(薄膜電解質を多孔体電極で支持、電極内構造では孔径傾斜化〈ナノからミクロンスケール〉及び孔形状制御〈縦方向配列〉)

10.2.4 セラミックス電気化学リアクターの長期展開について（ナノイオニクスの話題）

ここで最近の開発動向における基盤技術としての取り組みの一つに位置づけられ、集積化技術におけるナノ構造化に関する話題として、「ナノイオニクス」について本節で簡単に紹介したい。

ナノイオニクスの概念は、固体物理学分野において、ドイツのMax-Planck研究所のJ. Maierらのグループにより提唱されたものである[12]。電気化学反応性は一般的には、近年に開発が精力的に進められている燃料電池（Fuel Cell）のように、マクロなエネルギー——物質変換反応として捉えられるが、より本質的には、電子の授受によって進行する化学反応において、ナノスケールでの特徴的な挙動として現れる。ナノで特異な電気化学的挙動としては、量子効果やスピンの関与するようなエレクトロニクス分野で典型的な類のものではないが、イオン伝導における「空間電荷」に関わるナノスケール挙動等が生じる。空間電荷層はイオン伝導体と他の物質との界面等において形成され、分極現象が生じることが影響して特異なイオン伝導特性を示す。以前から、誘電体とイオン伝導体との界面においては同様の現象の存在が知られていたが、特にイオン伝導体相互についても、交互積層薄膜化を進めて各層厚が数10 nm以下になると、数桁にも及ぶ顕著なイオン伝導特性の向上が現れる。これが「ナノイオニクス」と名付けられるもので、ナノスケールのイオン伝導層の多層構造により、空間電荷層におけるナノサイズ効果が発現し、数桁に及ぶ大幅なイオン伝導性の向上が可能となっている。物質系としてはCaF_2などのフッ化物イオン伝導体が用いられているが、酸化物系でも以前から、アルミナ——ジルコニアコンポジットの界面で同様の空間電荷によると思われる現象が報告されている。これらのイオン伝導度向上の例は、必ずしも本質的にイオン伝導特性が高い系ではないため基礎研究のレベルを超えていないが、より実用的な観点からは、ナノ粒子のネットワーク化による接合界面における同様の効果等として、マトリックス——粒子界面における同様な現象の発現による、ナノコンポジット構造での顕著な高速イオン伝導性の発現等が今後期待される。

さらに、電気化学リアクター応用の観点から、最近では同様に「ナノイオニクス」と冠する研究開発が日本で進められている。そこでは、混合伝導体やイオン伝導体の異種界面における、イオン・欠陥によるナノイオニクス現象（欠陥の緩和等）による新たな界面化学機能を指している。有効なナノ反応場として、高速イオン移動現象を実現したり、燃料電池や化学センサ等の開発への展開及び関連する計測技術の開発等が進められている[13]。

10.2.5 おわりに

　以上述べたように、セラミックスを用いた電気化学リアクターは、最近のエネルギー・環境問題への解決手段として、その社会ニーズの高まりから非常に期待が大きな研究開発分野である。それと同時に、更なる飛躍的な高効率反応や革新プロセス等への適用が期待され、基盤技術開発においてもナノイオニクス等のアプローチが開拓されている領域である。そのような中で、材料開発の立場からは「物性制御」あるいは「構造制御」による高機能化や革新機能創出が求められている。

　本章では、これまでに述べたような電気化学反応の基本メカニズムと実際の電極反応等に基づき、環境・エネルギー分野への適用を図るための実際の開発例を取り上げて、主に構造制御の一アプローチとしての集積化プロセス技術の観点から、以降で各論を述べることとする。具体的には、セラミックスの機能を発現する要素部材(機能ユニット)における特性向上を高次構造制御の観点から行い、集積化によりセラミックス電気化学リアクターモジュールとして実用化を目指した取り組みとして、「排ガス浄化電気化学リアクター」と「次世代マイクロSOFC開発」について紹介する。

10.3　環境浄化とセラミックス電気化学リアクター
10.3.1　はじめに

　電気化学反応の適用性から見ると、近年、水素エネルギー社会の到来が期待されているが、例えばその典型である燃料電池車も、普及までには信頼性向上やコスト低減等の課題解決に相当の長期間を要することが予想されることから、少なくとも今後15～20年間程度については、既存のエネルギー・動力等のシステムに依存する必要がある。従って、燃料電池のような新エネルギー開発利用技術と同時に、ガソリン・ディーゼルエンジン等からの排気ガス対策等、環境浄化技術の向上も緊急性の高い課題である。特に、最近ではディーゼル車がその優れた燃費性能(＝省エネ)の観点から注目されており、欧州では乗用車の過半数を占め、さらにはディーゼルハイブリッド等の開発も期待されている。そのため、エネルギー・環境分野の両方において優れた性能を有するセラミック材料に対しては、その高度化と適用性拡大への期待が非常に高くなっている訳である。

　電気化学反応は、電荷の授受による物質やエネルギーの直接変換反応という特徴がある。そのため、例えばエネルギー変換における燃料電池の例で顕著なように、カルノーサイクル等の他の変換システムに比べて、極めて高い効率が

期待される。燃料電池車の普及までには信頼性向上やコスト低減、インフラ整備等の多くの課題解決が必要なことから、燃料電池でもある電気化学リアクターの別の側面として、エンジン燃焼機関の排気ガス対策といった環境浄化への応用展開が注目されている。

　本節では、最近目覚ましい進展を見せており、従来の排ガス浄化技術を凌駕するエネルギー効率の向上を達成している「NOx 浄化用電気化学セル」について、機能発現の要素技術として詳細を解説し、次に、電気化学セルの酸化──還元反応における多様性を活用して多重機能モジュールとして検討が進められている「NOx/PM 同時除去型リアクター」や、さらには熱電変換技術と組み合わせることで初めて実現した「自立浄化型モジュール」について、機能部材の集積化による酸化／還元両機能の同時発現、及び浄化──熱電といった異種機能の集積化という観点から、最近の研究開発状況を紹介する。

10.3.2　環境浄化、特に自動車排気ガス浄化技術の開発動向と将来ニーズについて

　1960 年代の自動車排ガス規制開始以来、浄化触媒技術は急激な進歩を遂げ、三元触媒等の優れた触媒粉体が開発されているが、近年の資源対策としての省エネ化に向けた社会的取り組みや、京都議定書発効等の CO_2 排出削減の動向に伴って、ディーゼルエンジンやリーンバーンのような高濃度の酸素共存下で、燃費の悪化を伴わない排ガス浄化技術開発が不可欠となっている。

　そのような状況下で、既に 20 年以上も前にそのコンセプトが提案されていた、NOx の直接還元分解が可能な理想的手段である電気化学セル方式の必要性が再認識されている (図 10-8)。これは、いわゆる燃料電池の逆反応に相当し、イオン化した酸素をイオン伝導体の中へ取り込み、それを別の場所で酸素ガス分子に戻して放出する。このため、現在のところ実用に供されている、三元触媒や吸蔵・還元分解による浄化方法等とは異なり、還元剤を必要としないため燃費の悪化を避けられる。その一方で、酸素分子を取り除く (吸着酸素分子をイオン化〜ポンピングして除去する) ために電気エネルギーを消費する。従って、その実用化は如何にその際の消費電力を下げられるかに依存している。現実には排ガス中の濃度で見ると、NOx の数 100 ppm に対して共存酸素が 10％程度と、数百倍という圧倒的な濃度差＝分子数の差のため、共存酸素存在下では消費電力が膨大となってしまい、実用化は不可能と考えられていた (例えば乗用車の排ガス浄化の場合で試算すると、酸素分子／NOx 分子の選択性が無い場合には、所要電力が数 kW 程度に達する)。

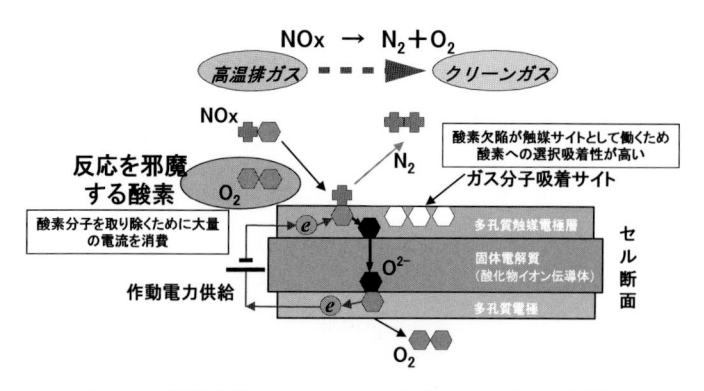

図 10-8 電気化学セルによる NOx 浄化メカニズムと問題点

　この問題を解決するために必要なことは、如何に反応サイトにおける NOx 分子の選択浄化反応を実現できるかにある。すなわち、図 10-8 に示される電気化学セルの反応電極(カソード側)における NOx の還元反応の際、NOx 浄化反応の活性サイトに NOx 分子ではなく共存酸素が優先的に吸着されるため、セルに供給された電気エネルギーのほとんどが、この共存酸素のイオン化〜ポンピングに消費されることが極めて低い反応効率の原因である。そのため、何らかの NOx 分子選択メカニズムを電気化学反応の過程で作用させる必要がある。そこで、セルを構成する触媒電極層の中に「ナノ粒子——ナノ空間」よりなる反応場を創製し、この反応ユニットを集積化することにより、NOx 分子の高選択反応性実現による飛躍的な NOx 浄化性能の向上が達成されている[14)-19)]。以下ではそのメカニズム及び技術展開の可能性について解説する。

10.3.3　電気化学セル方式の浄化リアクター開発の成果

　電気化学セルへの通電により、電極(カソード側)の中のイオン伝導体と電子伝導体の界面が還元状態になって、電子伝導体の酸化物が金属相に還元され、酸素が抜けることで6割程度に及ぶ大幅な体積減少が生じる。その結果、元の酸化ニッケル(NiO)のミクロン径粒子からナノサイズ金属粒子として再結晶化され、これが還元により生成した数 10 体積％のナノサイズ空隙により取り巻かれると共に、イオン伝導体(ジルコニア〈YSZ〉)側への酸素欠損の高濃度での分布が生じることにより、NOx 選択浄化を可能とするナノ反応場が形成される(図 10-9)。

　このようなナノ反応場の集積化形成プロセスは、一種の「自己組織化」により形成されると考えられる。その触媒電極層全体に分布した電気化学セルが、

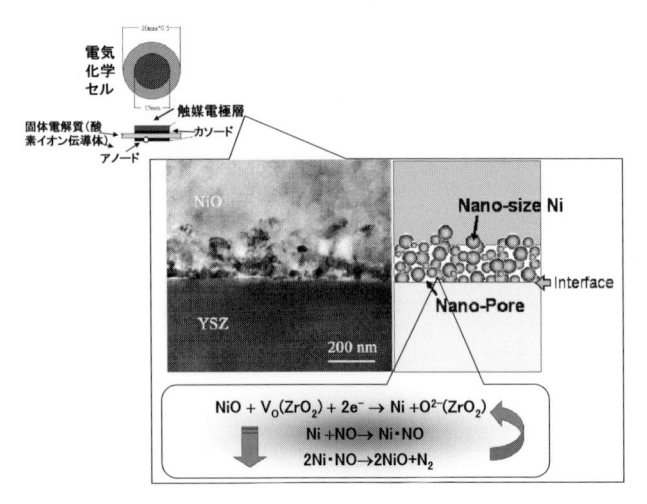

図 10-9　電気化学セル中のナノ空間反応場形成と NOx 選択浄化反応メカニズム

高い NO_x 選択浄化性能を発現するメカニズムについて考えると、以下の①～③の通りである。

① ニッケルナノ粒子表面での NOx 分子の選択吸着

　ここで重要な役割を果たすのは、イオン伝導体──電子伝導体の結晶界面である。セルに作動電圧を印加すると、アノード電極から酸素が放出され、酸化物イオン伝導体である YSZ のカソード側表面に酸素空乏層が生じる。これにより触媒電極層内の YSZ-NiO 界面において、NiO 粒子表面に還元反応がおこり、金属 Ni ナノ粒子が生成する。

$$NiO + V_O(ZrO_2) + 2e^- \rightarrow Ni + O^{2-}(YSZ)$$

　NiO 表面に生成した金属 Ni ナノ粒子層による電子導電性の増大は、酸化物イオンの生成に必要な電荷供給能をさらに大幅に向上させ、ナノ反応場の構造形成が進行する。

　一般に、Ni 等の遷移金属表面は窒素原子に対する高い選択吸着性を有しているため、ナノ空間反応場へ侵入してきた NOx 分子は、NiO 粒子の還元反応により生じた金属 Ni ナノ粒子の表面に、共存酸素よりも優先的に選択吸着される。

$$NO + Ni \rightarrow Ni-NO \qquad \cdots\cdots(1)$$

吸着された NO_x（高温排ガスでは主に NO）分子は、以下のように熱力学的に容易に N_2 として分解脱離し、Ni を NiO に変化させる。

$$2Ni-NO \rightarrow 2NiO + N_2 \qquad \cdots\cdots(2)$$

これらの反応がセル作動時には連続サイクルとして恒久的に行われるため、NOx の分解反応が効率良く進むと考えられる。

② ジルコニア中の酸素欠損への電荷注入と酸素の捕捉

同時に、YSZ 表面に形成された酸素空乏層（F センターを形成）では、以下のような酸素分子のイオン化～ポンピング過程が優先的に起こると考えられる。

$$O_2 + 2V_O(ZrO_2) + 4e^- \rightarrow 2O^{2-}(YSZ) \qquad \cdots\cdots(3)$$

しかし、供給可能な YSZ 表面の反応点は、金属 Ni ナノ粒子の表面積と比較して非常に小さいため、酸素ポンピングが一定レベルに抑制される。これらによって、従来は同一活性点において行われてきた NOx と酸素の吸着・分解の反応点を各々分離し、さらに酸素ポンピングに対する活性サイトの抑制が可能な構造を形成することで、電気化学セルに加えた電流が NO_x 浄化により効果的に使われる様になり、飛躍的な NOx 浄化効率の向上を実現することが可能となる。

③ NOx 浄化反応

$NOx \rightarrow N_2 + O^{2-}$ イオンとして分解され、N_2（清浄空気）として放出、O^{2-} イオンは反対側電極（アノード）へ運ばれてラジカルを経て酸素として放出され、ゼロエミッションの完全な浄化反応が実現する。

図 10-10 に示す電気化学セルへの通電量と NOx 浄化率の関係が示すように、ナノ空間反応場の形成により、従来の電気化学セルでは大電流消費後にようやく、NOx 浄化が開始されていたという致命的な欠点が解消され、そのエネルギー効率は、現在実用化されている浄化触媒の活性化に必要なエネルギーにより生じる燃費悪化分を電気エネルギーに換算して、その数倍に達する極めて高いレベルに達することを、世界で初めて実証することで、従来不可能と考えられて来た、セラミックス電気化学リアクターによる排ガス浄化技術が実用化可能であることが示されたものである。

現在、排ガス浄化モジュールとしての実用化実証に向け、実用サイズのセルスタック評価や、実ガス模擬評価による耐久性能等の検証が進められており、20％以上にも及ぶ高濃度共存酸素条件下における NOx 浄化活性の維持や、高

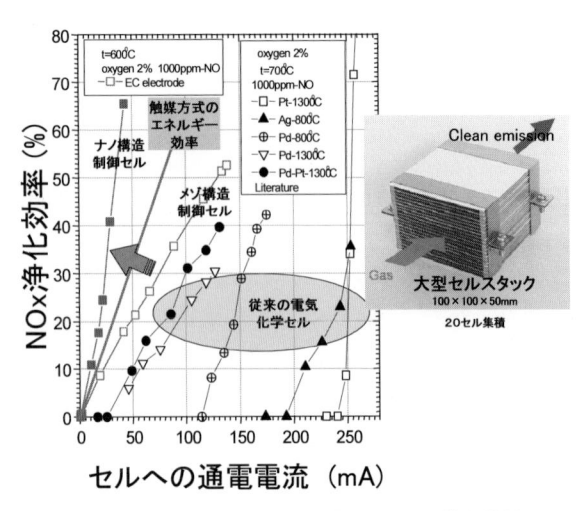

図 10-10　電気化学セルへの通電電流と NOx 浄化特性との関係

温水蒸気・炭化水素への耐久性、さらには長時間安定性等の結果が得られている。また、極く最近、セラミックス電気化学リアクターとして従来は不可能と考えられていた低温領域(200℃台)においても、ナノワイヤ電極構造の開発により、十分なレベルの NOx 浄化が可能であることが世界で初めて実証され[20]、実用ニーズへの適合化が進められることにより、2010 年代中庸の実用化が期待されているところである。

10.3.4　NOx/PM 同時除去可能なリアクターや廃熱発電を利用した自立作動型リアクターの開発

(1)　NOx/PM 同時除去リアクターの開発

　機能部材の集積化による、電気化学反応に基づくリアクターの多機能応用として、NOx と PM(パーティキュレートマター(Particulate Matters)：ディーゼル排ガス中の煤など)の同時除去が期待される。電気化学セルのカソードにおける還元反応による NOx 分解浄化と同時に、ポンピングされた酸素イオンがアノード側で、極めて強い酸化力を示すラジカル反応を行うことを利用して、電極材料及び構造を工夫し、PM の酸化分解を高効率で同時に行うものである。ラジカル反応を同時または独立制御することが可能なため、多様なエンジン燃焼に応じた排ガス浄化処理が可能となる。

　反応過程を詳細に述べると、カソードでイオン化した酸素は、セルを横断し

て電解質を通過し、反対側の電極であるアノードに到達する。アノードの電極表面で、イオンからガス分子に戻るが、その際、酸素ラジカルの状態を経ることが知られている。このラジカル種は極めて高反応活性を有し、安定で知られる白金電極をも酸化してしまう程の極めて強力な酸化能を持っている。そこで、NOx浄化電気化学リアクターにおいて、カソード側でNOx→N₂+酸素イオンという還元反応が、アノード側で酸素イオンがガス分子に戻る際の酸化反応を同時に進行させることが可能であり、さらに酸化反応の過程で生じるラジカル種の強酸化力を活かすために、ラジカル種を放出しやすい材料との、電極多孔体を構成する粒子レベルのナノコンポジット化を行った。ラジカル放出材料としては、電気化学セルの電極に通常使われるNiO-YSZに加えて、カルシウムアルミネート化合物($Ca_{12}Al_{14}O_{33}$)とセリア系イオン伝導体等の超微粒子を混合分散し、さらに導電性を高めるためにAgとのコンポジット多孔体として焼結させたものを積層して用いた。

図10-11には、電気化学セル型のリアクターによる、NOxの還元分解とラジカル酸化によるPM除去の同時浄化の概念と実証例を示す。多孔体電極構造をPM捕集に適した構造とすることで、アノードに堆積したPMのカーボン粒子をセルへの電界印加によって分解させることに成功している(PMが分解浄化されることにより濃色から淡色に変化)。多孔体の組成・構造により分解効率は大きく異なり、最適化されたセルの性能は、通常のディーゼルエンジン排ガス中のPMを十分に除去可能なレベルに達している。

(2) 廃熱発電を利用した自立作動型リアクターの開発

集積化技術の最もマクロスケールでの側面として、異種機能部材やシステム

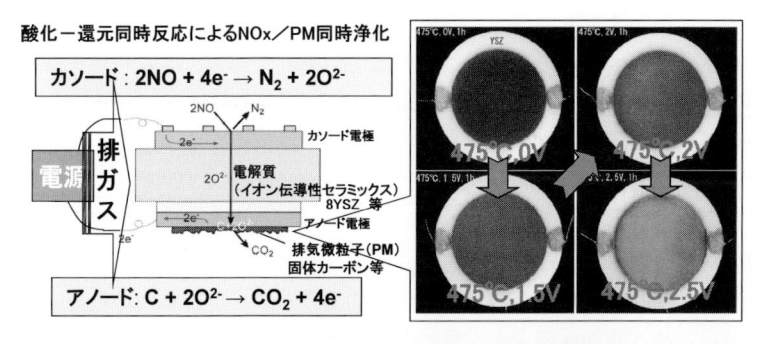

図10-11 セラミックリアクター集積化によるNOx/PM同時除去のコンセプトと実証例

の一体集積化技術としての適用が挙げられる。環境浄化と省エネルギー化の両立は、地球温暖化対策が急務となっている現在では、必要不可欠の技術開発課題となっている。例えば、日本では排気ガスによる都市環境汚染が非常に悪いイメージを持たれているディーゼルエンジン車も、その省エネルギー特性から欧米では普及が進み、先に述べたように、特に欧州では乗用車の過半数がディーゼル車となっており、二酸化炭素削減目標達成へ向けてますますその存在が重要となっている。究極の環境対応車である燃料電池車の普及までには、2030年までの目標(例えば2010年で5万台、2020年で500万台の導入)が掲げられているとはいえ、その実現までには多くの困難が予想されており、ここ10～20年の間で現実的に必要とされるのは、ディーゼルハイブリッド等の環境浄化＋省エネ化に期待される技術開発と予想される。

　環境浄化と省エネの両立を考える時、環境浄化技術におけるエネルギー消費の低減が重要であることはこれまでに紹介した例等で明らかであるが、さらに別のアプローチとして、無駄に捨てられているエネルギーからの回収利用技術とを組み合わせることによる、消費エネルギーの削減も重要と思われる。ここではその取り組みの一つとして、排ガス浄化における廃熱利用を可能とする技術開発を取り上げる。

　すなわち、排気により廃熱として捨てられている熱エネルギーから、熱電変換による電気エネルギーとしての回収利用が可能となれば、さらに一層の省エネ環境浄化が期待される。そのためには、廃熱エネルギーを電気エネルギーに変換する、熱電変換材料(熱電半導体)の性能向上が必要である。熱電変換材料としては、金属系のビスマステルル化合物や鉄シリサイド等が知られており、原子炉衛星での発電や冷却ユニットとしてのペルチェ素子等が既に実用に供されている。熱から電気へのエネルギー変換性能は最高でも10％程度と、他のエネルギー変換システムに比べて低いが、現在の産業活動に伴う熱エネルギーとして60％が無駄に捨てられていることから、その一部でも回収利用することは重要である。

　特に高い熱電変換性能を有する材料は、比較的低温から中温域(室温～400℃程度)で使用可能、重金属を含む、大気中では使用不可等の問題があり、排ガス廃熱利用には適していない。そのため近年、セラミック材料における高性能化が精力的に研究された結果、ナトリウムコバルト酸化物等で熱電変換性能指数が金属系に匹敵する材料が開発されつつある。そこで、これらの新規開発材料等を用いて高性能のn型——p型セラミック半導体による熱電素子を開発し、さらにこのユニットセルを熱電モジュールとして多重集積化することにより、

セラミック熱電変換モジュールとして実現した。これを、既述のNOx浄化用電気化学セルと一体化することにより、排ガス廃熱利用によるNOx浄化の自立作動の可能性が実証されている(図10-12)。

　浄化セル——熱電モジュールの一体化ユニットにおいては、計算上では、単位面積当たりの熱電発電／浄化時消費電力の比較から、100%の自立作動(外部からのエネルギー供給が一切不要)が可能であることが示された。また、実際の作動実験では、熱電モジュールの内部回路における抵抗損失が影響して、実浄化効率は20%にとどまるものの、自立連続的なNOx浄化が世界で初めて実証されたものである。

10.3.5　おわりに

　以上述べたように、環境浄化へのセラミックス電気化学リアクターの適用を目指した、機能セラミック部材の集積化検討により、将来的に還元剤を不要とする低消費エネルギーの理想的な浄化技術として、さらには廃熱利用など究極のエネルギー高度利用による環境浄化の実現が期待される。その実現のためには、高集積化によるモジュール構造構築のみならず、熱システムとして必要な性能、すなわちセラミックスが弱点とする急激な温度変化を伴う作動条件に対する耐熱衝撃性の向上や、長時間の高温反応安定性あるいは環境汚染物質の共存成分(例えば硫化物)に対する耐久性、さらには低コスト化等を達成することが不可欠である。その際にも部材高機能化と集積モジュール化が重要な役割を果たすものと期待される。

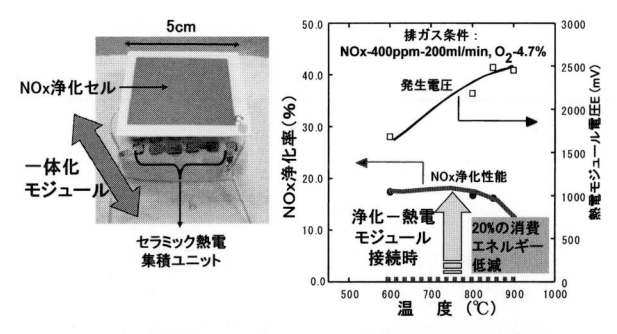

図10-12　熱電セラミックスとNOx浄化セルの一体化モジュールによる、排ガス浄化の自立作動化

10.4 マイクロ燃料電池型リアクターの開発
10.4.1 はじめに

既に本章第1節でSOFCにおける技術開発を例として、セラミックス電気化学リアクターの研究要素について述べたが、SOFCの研究開発分野全体の動向としては、近年、これまでの連続高温運転による中～大型の発電設備としての実証を目指した展開に加えて、出力数～十数kW級での小型高効率性を活かしたターゲットが特に強く指向されている[21]。これは例えば、自動車の動力自体（70～100 kW程度）にではなく、車載電装品の増大やアイドリングストップ等に対応した数kWの補助電源用途（自動車APU）や、家庭・業務用コジェネレーション応用（1～数kW級小型モジュール）として、小型SOFC開発の展開が期待されている。それに加えて、さらなる小型高効率化を目指す「マイクロSOFC」化に向けた研究開発動向がここ数年注目されている。当該分野では、東北大の先駆的な研究による急速起動の実証[22]を始めとして、欧米でもポータブル電源等への応用を目指した検討が進められている[23]。米国の開発動向からは、軍事ニーズを背景とした取り組みが顕著となっている。また最近では、日本で5 mm径チューブセルスタック開発と500℃台の低温作動化に成功[24]する等、数10W級のモバイル機器用モジュール開発等としては、近い将来の実用化が現実的な視野に入って来た状況にある。しかしながら、本来は高温連続運転での高効率性実現に適したSOFCを小型高効率化して、それと同時に低温作動化や急速起動停止といった適用性向上を図るためには、セラミック機能部材の高性能化と3次元高度集積化といった製造技術の開発と適用が不可欠となる。

そこで本節では、これらの開発動向を踏まえて、さらに、従来の対象範囲を超えるレベルのマイクロSOFC集積モジュール創製を目指した技術開発[25]について解説することで、セラミック機能部材の集積化技術の典型例としてのマイクロSOFC開発例を示すこととする。

10.4.2 マイクロ燃料電池型リアクターの概要

現在、我が国は材料・部材技術で国際的に優位にあるが、製造産業としてのモジュール化、システムアセンブリの段階では必ずしも先行しているとは言えない。そこで、新たな製造プロセス技術の確立により、燃料電池等のエネルギー・環境分野における社会ニーズの解決と同時に、国際的産業競争力の強化に資することが不可欠である。

図10-13には各種の分散型電源がその出力及び効率に関してプロットされているが、SOFCに代表されるような、電気化学的に物質やエネルギーを変換す

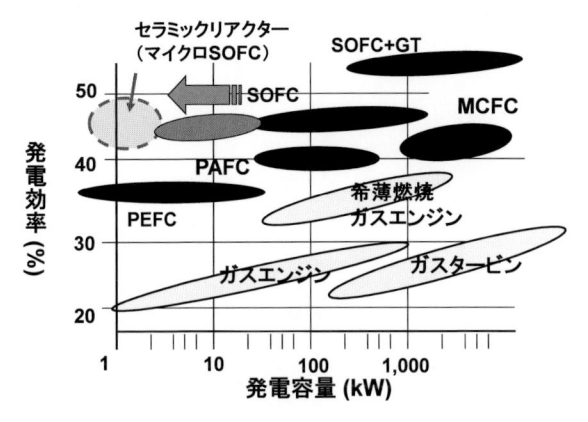

図 10-13　各種分散電源の開発動向とマイクロ SOFC の位置づけ（発電出力―効率図）

る「電気化学リアクター」の高性能化とその汎用性向上のためには、SOFC の長所を最大限活かした小型高効率化、応用を容易にする低温作動化や、セラミックスの弱点である熱歪に対する脆弱性を克服することで急速作動停止性能を実現する等の必要がある。

　そこで考えられるのは、低温作動可能な材料・部材を開発し、これを従来行われていないような微小スケールで機能部材化して、さらにモジュール化により精密集積配列を可能とするような、革新的な製造プロセス技術を開発し、究極のマイクロ SOFC 型リアクターを実現することである。図 10-14 に示すように、電気化学セル「チューブ」を 1 本 1 ミリ以下に微細化、これが角砂糖程度の大きさの「キューブ」に埋め込まれた形でスタック化(100 本/1 cm³ レベルの集積度)、さらにキューブにインターフェース(発電した電流を取り込むコレクターや燃料／空気を導入あるいはシールする層)を加工して、最後に、応用ニーズに応じたキューブの集積配列化により、例えば発電性能で数 kW/l の出力密度を有するモジュールを作製する。また、従来型 SOFC の作動温度(800〜900℃)の大幅低減を図り、高活性電極及び電解質材料(特にセリア系)を開発・適用することで、作動温度を 650℃〜500℃レベルとし、上記の微細集積化と併せてこれまで不可能であった SOFC の急速起動停止性能が実現する。

　研究開発のアプローチとして、①高性能材料部材化技術の開発、②ミクロ集積化及びセルスタックモジュール化技術の開発、③評価解析技術開発及びプロトタイプ実証の 3 課題を設定し、有機的連携により最終的にプロトタイプモジュール実証を目指している。これまでの成果として、低温作動を可能とする

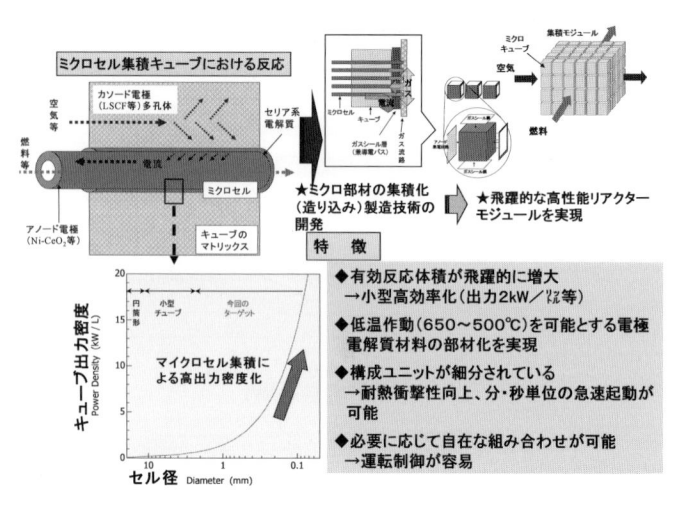

図 10-14 セラミックリアクター開発のコンセプト(マイクロ SOFC ユニットの集積化)

電解質材料や低温で反応活性の高い空気極・燃料極材料の開発及び部材化技術開発の検討として、高イオン伝導性電解質材料へのナノ粒子複合化技術の適用等により、従来 700℃以上で得られていた発電性能レベルを 600℃以下で実現する等の成果が得られている。また、構成部材の集積・モジュール化と連続製造プロセス技術開発の検討により、サブミリ径多層チューブセル作成と高性能化、ミクロハニカム構造の電極及び電解質部材の作製、インターフェース部材としてフレキシブル絶縁シートの開発等に顕著な成果が得られている。さらに、セル/スタック/モジュールの性能評価技術や、実用スペックに対応したプロトタイプモジュール化検討として、ミクロ――マクロスケールの電気的・機械的特性解析手法の適用が図られる等、最終的なキューブ複合モジュールによる性能実証試験に向けての準備が進められている。

10.4.3 サブミリチューブ集積 SOFC の開発と集積化プロセス技術の検討

ここでは、セラミックリアクター開発のファーストステップとして、低温作動で世界最高レベルの性能が得られたサブミリチューブ型 SOFC の開発例について紹介する[26]。

先に述べたように、SOFC は燃料電池の中でもその高効率性や、全固体素子で取扱容易かつ信頼性も高いという優れた特徴がある反面、高温作動が必要な

ため適用性に大きな制約があり、作動温度の低減(500〜650℃以下)と同時に高出力特性を活かし、かつ熱歪にも強い、新しいSOFCの実現が望まれていた。すなわち、SOFCの作動温度低減のためには、これまでにもランタンガレートやセリア系セラミックス等の電解質材料の開発・適用が図られてきたが、頻繁な起動 —— 停止といった汎用機器への応用展開では、熱歪の問題が大きな障害となり、抜本的な解決策が必要であった。また、低温作動化や急速起動停止性能は同時に、SOFCに最も期待される小型高効率化との両立が不可欠でもあった。

そこで、電解質材料に低温での酸化物イオン伝導度が高いセリア系イオン伝導体セラミックスを用い、これをミリ径以下のチューブ形状にすることで耐ストレス性を向上させ、従来は熱歪に特に弱いとされていたセリア系セラミックスの機械的強度不足の解決を図り、それと同時に、チューブセル内での燃料の反応効率増大による、発電出力効率の飛躍的な向上を図った。燃料側電極材料にニッケル —— セリア系セラミックスを、空気側電極材料にランタンコバルト —— セリア系セラミックスを用い、微細構造制御を可能とするマイクロチューブ製造技術及び緻密膜コーティング技術を高度化することにより、従来は機械的に脆いため不可能とされていたセリア系セラミック電解質の微細加工を実現すると同時に、燃料の反応効率を大幅に向上させる電極構造の最適化に成功した。図10-15に示すように、直径が0.8〜1.6 mmのマイクロチューブ型SOFCの製造プロセスを開発することにより、例えば、1.6 mm径のマイクロチューブに450〜570℃で水素を流通した結果、0.17〜1 W/cm²(各々450〜570℃)の電力が得られ、セリア系セラミック材料で初めて1 W/cm²の発電密度を570℃で可能にするという、世界最高レベルのエネルギー変換特性を達成した(図10-15)。さらに例えば0.8 mm径の場合では、1 cm³当たり約100本のマイクロSOFCが集積可能であり、発電性能として1 cm³当たり7 W(500℃作動時)、15 W(同550℃時)もの高出力特性が期待されている。

高性能のマイクロSOFC単チューブセル製造の次には、集積化プロセス検討が極めて重要となる。図10-16には、これまでのマイクロSOFCチューブ集積キューブの製造プロセス開発による試作例を示すが、精密形状を有する多数のマイクロSOFCチューブが正確に配置された、角砂糖サイズのキューブ作成に成功している。今後、プロセス技術開発で最も重要である、各チューブへの燃料ガス供給や電力回収を行う接続部分(インターフェース)の精密作製技術の確立を経て、最終的には、低温作動可能で、耐衝撃性を有し急速運転に対応した小型高効率のモジュール製造技術開発を進めて行く必要がある。現在、既に

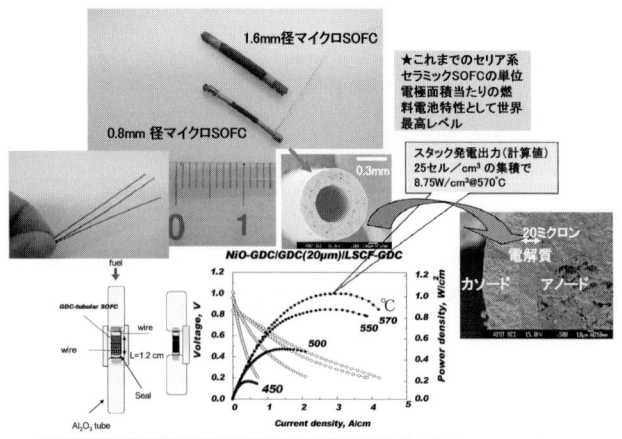

図 10-15 マイクロチューブ型 SOFC の開発成果（押出―コーティングによるセル作製）

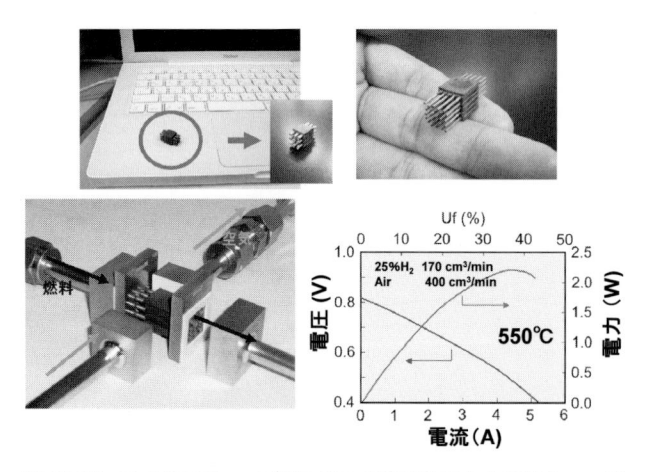

図 10-16 マイクロチューブ型 SOFC の集積化による発電キューブ（出力 2 W/キューブ以上）の開発例

550℃でも 1 cm³ 当たり 2〜3 W の小型高出力化が可能な、セル集積による発電キューブの作製と出力実証に成功しており、次のステップであるコンパクトモジュールの実現にも見通しが得られつつある。2010 年には、発電出力数 100 W 級の小型高効率・急速起動停止性能・低温作動化を可能とする、セラミックス電気化学リアクターの 3 次元集積モジュールが実現の見込みである。

234

10.4.4 おわりに

　マイクロ燃料電池型リアクターは、セラミックスの燃料電池が有する特長である、高効率性を活かし、併せて従来はセラミックスが不得手であった領域、即ち急速起動停止をも可能とする、革新的な発電モジュールとして、特に小型低温作動が期待される用途への拡大を果たすものと思われる。自動車補助電源（APU）や小型コジェネシステム、さらにはポータブル電源等への実用化が進むことにより、分散型・可搬型のクリーンエネルギー源として、低環境負荷及び省資源化によるエネルギー問題の解決策となると共に、セラミックス関連の製造産業における国際競争力強化に資することが期待される。

　なお、ここで紹介したマイクロチューブセル集積技術からさらに発展して、合理的な製造プロセス技術の観点からミクロハニカム型のリアクター開発も進められている。ハニカムは自動車排気ガス中のいわゆるスス（PM：パーティキュレートマター）を浄化するために、DPFフィルターや浄化触媒担体としてディーゼル車等に用いられている。ハニカムは集積構造の一種であり、単純な担持体（骨格構造）としてだけではなく、ユニットセル構造の集合体（集積体）として、例えばSOFCを従来に無い高密度集積するためのアプローチとして捉えることが可能である。そのため、前節にも簡単に触れたが、マイクロSOFC型リアクターの集積ユニットとして、燃料電池あるいは電気化学浄化リアクターとして、従来にない高集積（＝高出力／反応密度）モジュールとして実現することが期待される。

　現在、世界初のサブミリセルユニット集積体として発電実証に成功しており、一方で電気化学浄化リアクターとしての適用も可能である。その実現に最も重要な技術として、セラミックプロセシングを駆使した成形及び成膜技術の確立が不可欠である。これまでに実用化に足る連続製造プロセスとしての実現見通しが得られている[27]（図10-17）。既に、角砂糖1個の大きさの中に、250以上のセルが集積したハニカムSOFCキューブの連続作製プロセスとして確立されており（図10-18）、サブミリサイズのセルが規則配列したハニカム構造のマイクロSOFCとして世界で初めて実証している。また、室温から5分以内の急速起動を可能としかつ起動停止の繰り返しにも強いことが確認されている（図10-18）。さらに、ハニカムを次々とつなげて出力電圧を増大する技術等も開発されている（図10-19）。これらは集積化プロセス技術開発として、本稿で示すセラミックスのミクロ機能部材の3次元高度集積化を加速推進し、当該分野の製造産業における競争力強化に結びつくことが期待されるような進展を示すものである。

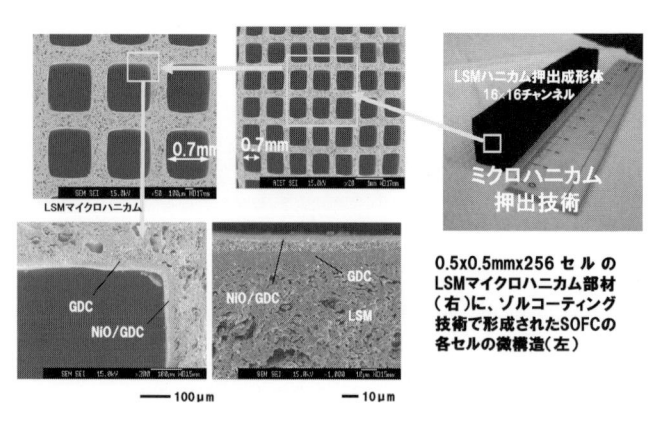

図10-17　ミクロ集積化技術によるハニカム構造SOFCの開発例

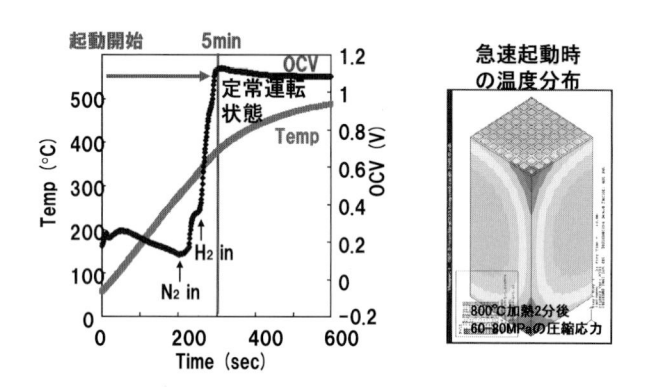

図10-18　ミクロハニカムSOFCの急速起動特性(左)及びハニカムユニット内の温度分布のシミュレーション結果

10.5　課題と展望

　環境・エネルギー分野へ展開するセラミックス材料開発としての観点から、現状の技術課題や将来の可能性等についてまとめると、次の通りである。
　電気化学反応の高効率変換特性を用いた、セラミックリアクターによる環境浄化技術への適用とその実用化に向けた取り組みを紹介したが、京都議定書発効によるCO_2排出削減へのグローバルな取り組み、環境・エネルギー問題の究極的解決に向けた水素エネルギー社会の実現等、増大する社会ニーズに対して、セラミックリアクターの展開が今後益々重要になるものと期待されている。
　また、マイクロSOFC開発については、高度なセラミック製造プロセス技術の適用を図ることで、650℃以下の低温領域で作動可能なサブミリ径チューブ型

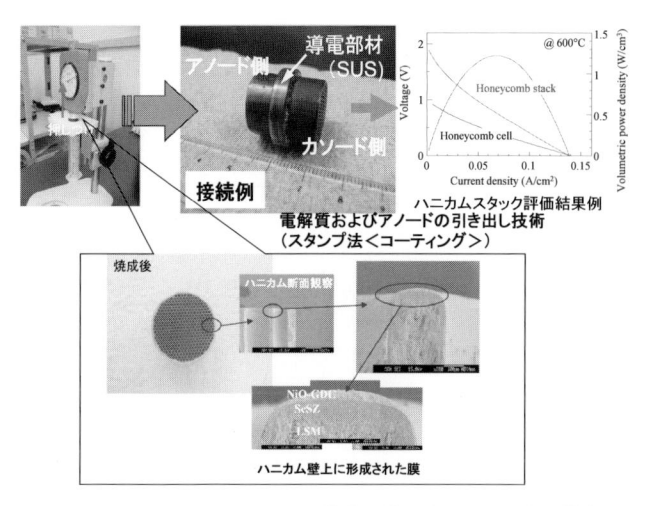

図10-19 ミクロハニカムSOFC集積化技術（ハニカム直列接合によるスタック化の例）

SOFCの開発に成功した。このマイクロセラミック部材の開発により、革新的な電気化学リアクターモジュールが実現して、マイクロSOFCの自動車補助電源、家庭用分散電源や移動電子機器用電源等への幅広い応用に向けて道を拓くものと期待される。

　これらの技術課題の解決には、これまでに述べたように、ナノ〜ミクロ〜マクロにわたる、高次スケールの構造制御技術を駆使することで、ナノ〜ミクロスケールを中心とした機能発現と、マクロスケールへの機能集積による、エネルギー・環境分野の社会ニーズ充足を実現する、高機能モジュールとして具現化が可能となる。そのため当該分野における技術開発動向としては、今後さらに高機能部材創製と高度集積化技術の向上が期待される。最終的には、製造プロセス技術として確立されることが不可欠であり、材料 ── 設計 ── 製造の三者が一体的に進められることが不可欠である、従って、前節で述べたような、革新的なマイクロSOFCセル集積技術により、そのコンセプトの優位性が実証されたにせよ、容易あるいは低コストな製造プロセス技術として確立される必要が有る。

　今後、電気化学リアクターを中心として、機能ユニットの超高密度集積による次世代型リアクターとしての広汎な応用展開により、環境・エネルギー問題解決への大きな貢献が期待されるものである。また、それと同時に今後、グローバルにその重要性をますます増大させて行く環境・エネルギー分野での製造産

業の果たす役割を高め、新規産業分野の創造あるいは既存分野の発展に繋がることも期待される。

参考文献

1) 田川博章,固体酸化物燃料電池と地球環境，アグネ承風社(1998 年).
2) B. C. H. Steele, A. Heinzel, "Materials for fuel cell technology", Nature 414, 345(2002).
3) O. Nakamura, J. B. Goodenough, Solid State Ionics, 7, 119-124 (1982).
4) M. Adachi, Y. Murata, J. Takao, J. Jiu, J. Am. Chem. Soc., 126, 14943 (2004).
5) T. E. Ivers, A. Webee, D. Herbstritt, J. Euro Ceram. Soc. 21, 1805-1811 (2001).
6) A. Atokinson., S. Barnett et al., Nature 17, Feb. Vol.3, 17-27 (2004).
7) 横川晴美，セラミックス，36，No.7, 472-476(2001).
8) 山口哲央，松本峰明，松原秀彰，セラミックス，39，No.4, 281-285(2004).
9) 相澤正信，セラミックス，36，No.7, 493-495(2001).
10) J-W. Moon., H. Hwang,, M. Awano, J of the Ceramic Society of Japan, Vol. 110, No.5, 479-484 (2002).
11) T. Yamada, N. Batina, K. Itaya, J. Phys. Chem., 335, 204 (1995).
12) N. Sata, K. Eberman, K. Ebert, J. Maier, Nature Vol408, 21/28 Dec. (2000).
13) http://www.ionics.t.u-tokyo.ac.jp/tokutei/
14) K. Hamamoto. Hiramatsu, O. Shiono, S. Katayama, Y. Fujishiro, S. Bredikhin, M. Awano, J. Ceram. Soc. Jpn., 112, S1071-74 (2004).
15) Y. Fujishiro K. Hamamoto, M. Awano, J. Materials Science, Materials in Electronics, 15, 769-773 (2004).
16) M. Awano, S. Bredikhin, A. Aronin, G. Abrosimova, S. Katayama, T. Hiramatsu., Solid State Ionics, 175, 605-608 (2004).
17) M. Awano, Y. Fujishiro, K. Hamamoto, S. Katayama, S. Bredikhin, Int. J. Appl. Ceram. Technol., 1, 277-86 (2004).
18) 特許3626971 号「化学反応器」淡野正信　他.
19) USPatent US6818107B2, M. Awano et. al 他.
20) http://www.aist.go.jp/aist_j/press_release/pr2008/pr20080414/pr20080414.html
21) 日経ものづくり2004 年4 月4 日号 p.173.
22) 川田達也，セラミックス，36，489(2001).
23) 日経エレクトロニクス2005 年5 月23 日号 p.40.
24) TOTO ホームページ：ニュースリリース2005 年10 月6 日.
25) http://www.nedo.go.jp/activities/portal/p05022.html
26) T. Suzuki, T. Yamaguchi, Y. Fujishiro, M. Awano, J. Electrochem. Soc., 153 (2006)他.
27) T. Yamaguchi, S. Shimizu, T. Suzuki, Y. Fujishiro, M. Awano, Electrochemical and Solid State Letters, 11(7), G117-121 (2008)他.

第11章
セラミックス集積化技術とガスセンサ応用

11.1 緒言

　セラミックス材料は耐熱性だけでなく、電子機能、光機能等様々な機能を持つため、多くの分野への応用が期待されている。特に近年はセラミックス自体の特性向上や新機能発現を目指す研究のみならず、部材・部品として製品やシステムに集積・統合された段階で本来その材料が有する特性や機能を十分に発現させるためのプロセス開発やデバイス作製が活発に進められている。本章では、セラミックス材料のガスセンサ応用を取り上げる。ガスセンサデバイスではセンシング材料の性能がデバイス性能に直結するため、センシング材料の高度化が重要となる。特にセラミックスを用いたガスセンサでは、センシング材料の粒径、気孔率、微細構造等がセンサ性能に大きな影響を与える。例えばセンシング材料のナノサイズ化により感度が格段に向上する場合がある。また検知対象ガス分子とセンシング材料の相互作用を効率的に実現するためには適度な気孔径と気孔率を有する多孔化が求められる。一方、近年ガスセンサにおいても低消費電力化のためのマイクロデバイス化がトレンドとなってきており、シリコンテクノロジーによって微細加工された基板上の特定部位にセラミックスセンシング材料を集積化する技術が必要となってきている。

　この様な背景の下、高性能のガスセンサデバイスを実現するためには、ナノサイズのセンシング材料の合成技術、ナノレベルでの構造制御、さらにはセラミックスセンシング材料の分散・ペースト化技術や塗布技術等の基盤技術の確立が重要な役割を果たすこととなる。そこで本章では、まず11.2節においてこれら基盤技術となるナノセンシング材料合成技術、ペースト化技術、塗布技術、有機無機ハイブリッド化技術を紹介する。さらに11.3節では、基盤技術を基にしたセラミックスセンシング材料集積化技術のガスセンサ応用の個別事例として、熱電式ガスセンサ、高速応答ガスセンサ、高選択性VOC(揮発性有機化合物)センサの作製プロセス、および各センサの性能について解説する。

11.2 セラミックスセンシング材料と集積化技術
11.2.1 はじめに

　一般にセラミックス粒子サイズがナノレベルになると、粒径の大きな粒子には見られなかった新しい機能の発現や格段の高機能化が期待される。ガスセンサ材料も例外ではなく、ガス検知材料である酸化スズ粒子をナノサイズ化することで高感度化が達成される[1]。また、センサ以外においても、バリスタ、フォトニック結晶等においてもその特性が大きく向上することが知られており[2,3]、セラミックスナノ材料の合成とその利用技術は、新機能・高機能発現のためのキーテクノロジーとして位置づけられる。各種デバイスへのセラミックスの集積化は、これらセラミックス材料の利用技術として位置づけられる。典型的な集積化プロセスは、スクリーン印刷法やディスペンサ法である。近年インクジェット法も注目され、その応用研究が進んでいる。いずれのプロセスもセラミックスペーストやスラリーを基板等に塗布し、その後焼成することで集積化を図るものであるため、セラミックスのペースト化・スラリー化技術は、重要な共通基盤技術である。MEMSまたはマイクロシステムの分野でも、セラミックスペーストを利用するケースが増えており、セラミックスを集積化した各種デバイスが実用化されている。上記の様に、セラミックスの集積化プロセスでは、単にセラミックス粒子のみを扱うのではなく、分散性付与を目的とした有機物による粒子の表面修飾や、ペーストの粘度を調整するためのポリマー添加等、有機物も取り扱うことになる。その際に生じるセラミックス粒子と有機物との相互作用は、集積化プロセスに大きな影響を与えるため、その相互作用を十分に理解することは、集積化プロセスの最適化のために重要となる基礎的な知見となる。

11.2.2 ナノセンシング材料合成技術

　セラミックスセンシング材料は大きく分けて、液相法と気相法の2つの方法で合成される。ここでは低コスト化および大量合成に適している液相法の代表的な合成法の一つである沈殿法について紹介する[4,5]。図11-1に酸化スズ微粒子の合成フロー図を示す。最初に塩化スズ($SnCl_4$)を蒸留水に溶解して塩化スズ水溶液を作製する。次に、この水溶液を攪拌しつつ、アンモニア水を滴下する。これにより、下記の反応式(1)に示される反応に従い、水酸化スズ($Sn(OH)_4$)が白色沈殿となって析出する。ここで析出する水酸化スズは、平均粒径が数nm程度である。

$$SnCl_4 + 4NH_4OH \rightarrow Sn(OH)_4 + 4Cl^- + 4NH_4^+ \qquad \cdots\cdots(1)$$

　さらに、白色沈殿を濾過および蒸留水による洗浄を繰り返すことにより、水酸化スズを回収する。得られた水酸化スズを体積比で1:1程度のカーボンブラックと十分に混合する。最後にこれを大気雰囲気中において、乾燥、焼成することで、平均粒径が数十 nm 程度の単分散性の酸化スズ微粒子が得られる(図11-2)。

　本プロセスの特徴は、乾燥、焼成前にカーボンブラックを添加することにあり、これにより乾燥、焼成過程において水酸化スズが相互に結合することや粗大な二次粒子を形成することが抑制される。従って、析出した水酸化スズの粒

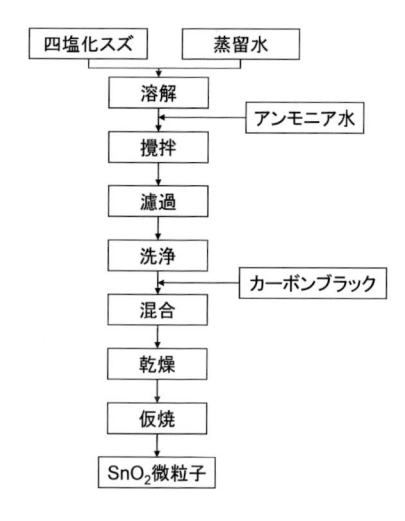

図 11-1
酸化スズ微粒子の合成手順

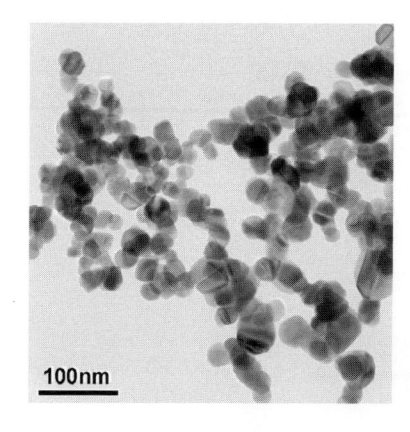

図 11-2
酸化スズ微粒子の写真

子径に由来するナノサイズの酸化物スズ微粒子が得られる。また、本プロセスは汎用性が高く、広く多様な金属酸化物ナノ粒子合成に適用できる。例えば硝酸セリウムを原料物質として図11-1と同様に、水酸化セリウムにカーボンブラックを混合する手法により、酸化セリウム微粒子を合成することができる[6]。

ナノサイズの微粒子の工学的応用の観点からは、微粒子合成に止まらず、微粒子への分散性の付与が重要となる。通常、金属酸化物微粒子への分散性の付与は、合成した微粒子を解砕した後、有機物で表面処理するというプロセスで行われる。この様な表面処理による分散性付与は、多段階プロセスであり、ノウハウを必要とするため、粉末状の微粒子に比較して分散体のコストは高くなる。これに対して、高分散性微粒子の簡便な合成方法の確立を目指し、微粒子の析出場に表面修飾剤を共存させることで、微粒子の析出と分散性付与を同時に達成するというコンセプトの下、数多くの研究が行われている。

産総研では、同様のコンセプトにおいて、粒径が制御され分散性に優れたコアシェル型のポリマー（シェル）／酸化セリウム（コア）ハイブリッド微粒子を合成した[7]。硝酸セリウムおよびポリビニルピロリドンを有機溶媒に溶かした均一溶液を加熱するだけで、図11-3に示すように酸化セリウム一次粒子が球状に集合し、その周りをポリマーが被覆したコアシェル構造を持つ微粒子が生成する。このコアシェル型微粒子は、一度乾燥させても水系及びアルコール系有機溶媒へ再分散させることが可能である。また、この特徴を利用して高濃度ペーストも簡単に調整することができる。コアシェル型酸化セリウム微粒子の平均粒径は合成時に添加するポリマーの分子量を変化させることで、50〜120 nmの範囲で制御可能である。また分散液を乾燥させて得られる集積体は、可視紫外分光測定において、コアシェル型微粒子配列の周期性に起因すると考えられる反射ピークが観察され、フォトニック結晶として機能することが示された。

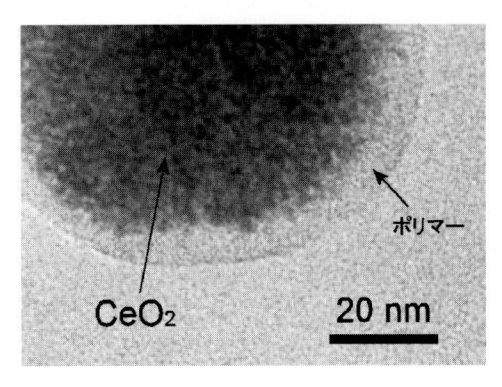

図11-3 コアシェル型セリア／ポリマー微粒子

11.2.3　ペースト化技術

　ペースト化、スラリー化技術での最も重要なポイントは、ペースト中にセラミックス粒子が高濃度に分散した状態を実現することである。また、その安定性もペーストの利便性の点から重要となる。微細な構造を作製するためにナノレベルの微粒子を用いたペーストが注目されているが、この場合はより高度な分散技術が要求される。

　図11-4に典型的なペースト調整法を示す。まず、バインダーであるエチルセルロースを分散媒であるテルピネオールに溶解することでビヒクルを調整する。エチルセルロースはビヒクルの粘度を調整すると共に、セラミックス粒子の分散剤として働く。次に、ビヒクルとセラミックス粒子を十分に混合することでペーストを得る。良好なペーストを調整するためには、ビヒクル中にセラミックス粒子を十分に分散させる必要があり、この目的のためビーズミル、ボールミル、三本ロールミル等を用いて混合・混粘する。ペーストの粘度およびセラミックス粒子の含有量は、これを用いて集積化するための手法により、用いる分散媒やバインダーの種類、それらの混合比、あるいはビヒクルとセラミックス粒子の混合比等を適宜変化させることで最適化する必要がある。また、ペーストを塗布する基板の種類や、望まれる塗布形状によってもペーストの最適化が求められる。

11.2.4　塗布技術

　デバイス応用のためのセラミックス集積化に利用される代表的な塗布技術を図11-5に示す[8]。また、それらの特徴を表11-1にまとめた。インクジェット法

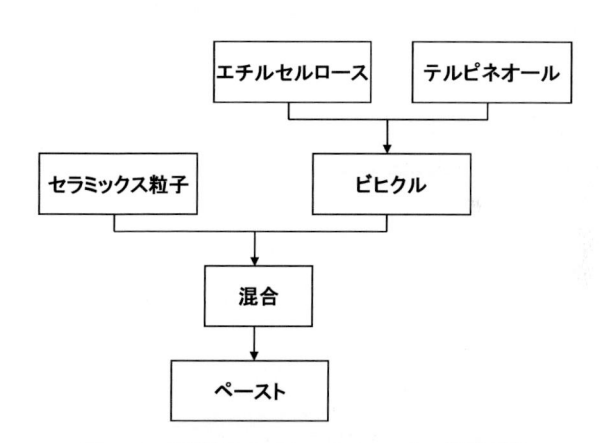

図11-4　典型的なセラミックペーストの調整手順

◆インクジェット
使用可能な粘度範囲が狭い。5-50 mPa·s。
ペースト粒子サイズの制限が多い。
Feasibility testが必要。
最小パターンは10μm程度。

◆ディスペンサ
マスクが不要、直接書き込み可能。
最小パターン30μm程度。
溶液・ペストの粘度範囲及び材料選択が広い。

◆ドクターブレード・スクリーン印刷
ブレード(スキージ)移送による塗布、大面積、量産。
最小パターン100μm程度。
溶液・ペストの粘度管理が難しい。

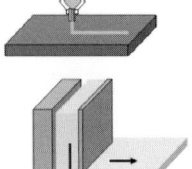

図11-5 インクジェット法、ディスペンサ法、スクリーン印刷法のプロセスイメージ図[8]

表11-1 セラミックス集積化に利用される代表的な塗布技術

手法	分解能 μm	アスペクト比	特徴	出典
インクジェット	5-50	low	低粘度	9, 10, 11
ディスペンサ	10-100	high	高粘度	9, 12
スクリーン印刷	100	medium	量産技術	9

とディスペンサ法はマスクによるパターン形成ではなく、対象となるデバイス等にセラミックス粒子を直接塗布することで集積する手法である。マスクパターンの転写ではないことから、英語ではDirect-Write Technologyと表現される技術に分類される[9]。特にインクジェット法は近年注目されており、アルミナ等をインクジェット塗布する例やセラミックスパターンを形成する例が報告されている[10,11]。但し、使用可能なインクの粘度範囲は約5-50 mPa·sであり、狭い範囲に限定される。更に、セラミックス粒子を含む塗液では、粒子サイズの制限が多く、インクジェットに適した低粘度かつ高粒子濃度の塗液を開発することが重要な課題である。一方、ディスペンサ法では比較的広い粘度範囲のペーストが利用できる。一般に極微細パターンの形成には不向きであるが、アスペクト比を高くできることが特徴であり、水溶液系のコロイドを利用してミクロンレベルの構造体を作ることも出来る[12]。

スクリーン印刷法はマスクパターンをそのままペーストパターンとして転写することができ、量産性に優れているため、導電性の配線、半導体セラミック

スであるガスセンサ材料、基板と素子の接着部材、プラズマディスプレイパネルの蛍光体材料等の機能性材料を塗布・パターニングするために広く利用されている。一方、求められるパターンの微細化が進むに従って、スクリーンマスクの伸縮・位置決め誤差などの原因で高精度の塗布が困難になってくる。微細パターンを目指す場合、スクリーンの作製が困難であり、量産を目指す場合は耐久性の問題が発生しやすい。更に、粘度が低いペーストではパターン形成が難しくなるため、ペーストの粘度には下限がある[9]。スクリーン印刷法と殆ど同じプロセスであるが、パターンを後から切り出して作る、または積層して作る方法として、ドクターブレード法がある。この方法では、ブレードの付いたロールを通してペーストを引き出し、乾燥させてシート化する。

これらの塗布技術以外にも、レジストフィルムをテンプレートとして、そこにセラミックスペーストやスラリーを流し込むプロセスも試みられている。最近、MEMS 分野でナノインプリントの技術が発展しているが、手法としては近いと言える。異なる点は、溶液やペースト状のものを使用することである。本格的にセラミックス粒子を利用する技術の主流は、セラミックス粒子と光硬化性高分子剤を混合し、UV 照射により様々な形状物を基板上に作製する技術である。例えば、半導体プロセスで用いられている UV 感光レジストにセラミックス粒子を混合してペーストを調整し、これを基板の全面に塗布した後に、マスクを通した UV 光で露光・現像し、デザイン通りの粒子パターンを構築する方法である[13]。

実際の塗布では、ペーストの粘度のせん断速度依存性を上手く利用しなければならない。例えば、ペーストをディスペンサで塗布しようとすると、吐出時は流動性の高い流体であり、細い吐出口を通過し、吐出直後は流動性が小さくなることで形状を保つ、という条件が必要である。ペーストの粘度は、図11-6の右の模式図の様に、せん断速度によって変化し、非線形の挙動を示す。あるせん断速度、$\dot{\gamma}$、での粘度、η、は、(1)式に示す様に $\dot{\gamma}$ の乗数 $n-1$ に依存する。

$$\eta = \frac{\tau_o}{\dot{\gamma}} + k\dot{\gamma}^{n-1} \tag{1}$$

このレオロジー制御のポイントは、主に分散剤と粒子の割合を制御することで、せん断速度によって粘度が変化するという特性を実現することである。塗布用ペーストとしては、ノズルを通過する際には粘度が低く、流動性が十分高くなり、ノズルから吐出した後はせん断速度が急激に減少することにより、粘度が高くなるように設計すべきである(図11-6の右上の模式図参照)。さらに、この時の粘弾性の差が十分大きくないといけない。以上の事より、せん断速度

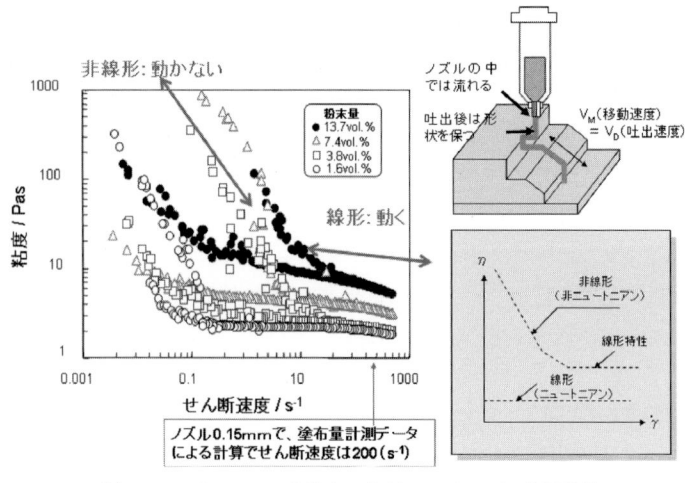

図 11-6　ディスペンサ塗布におけるレオロジー制御[8]

の粘度依存性を示すn値が重要なパラメータとなる。
　図 11-6 に示すペーストの粘度制御の例においては、分散剤に溶解させる高分子の量で粘度を調整した。非線形特性は混合した粒子(ここでは、白金を担持したアルミナ粒子)の量を調整することで大きく変えることができる。分散剤の量を一定とし、粒子量を増やしていくと、高いせん断速度側の粘度が増加するだけでなく、線形と非線形の切り替わるせん断速度の値も変化する。実際のディスペンサ塗布でこのせん断速度を決定する要因は、塗布するノズルの内径と流体の流速である。図 11-6 でも分かるように、特定のせん断速度でこの切り替わりが起こるため、塗布するペーストの流速が適切でない場合は、上記の制御ができなくなる。ノズルのサイズを変えるという手段もあるが、この場合は造形する構造体に制限が発生する。また、3次元の造形を行う際に、X、Y、Z、3軸方位に移動しながら塗布するノズルの移動速度は、ペーストの流速とあわせる必要がある。

11.2.5　有機無機ハイブリッド化技術
　有機無機ハイブリッドは結合様式からは2種類に分類される。1つは無機物と有機物間が共有結合あるいはイオン結合によって強固に結合されている場合である。もう一つは、水素結合、分子間力、静電気力等の弱い力によって無機物と有機物とが相互作用しているケースである。
　次にハイブリッド構造からは、次の4種類に分類することができる(図

11-7)¹⁴⁾。粒子分散型では無機物あるいは有機物のマトリックス中に、有機物あるいは無機物の粒子が分散している。この構造を持つハイブリッド材料の多くは、有機無機間の結合様式の観点からは弱い力によってハイブリッド化されている場合が多い。共重合型では、共有結合で有機物と無機物が結合している。有機モノマーあるいはオリゴマーと無機化合物前駆体の共重合あるいは縮合反応によって合成される。代表的な合成法はゾルゲル法である。有機無機間の結合様式の観点からは強固に結合されるタイプに分類される。表面修飾型では、例えばセラミックス粒子に代表される無機化合物表面が有機化合物で修飾される。合成には、プラズマ重合法や金属酸化物表面の水酸基と反応するカップリング剤等が用いられる。結合様式の観点からは、弱い力と強固に結合される両タイプが存在する。インターカレーション型では、層状構造を持つ無機ホスト化合物の層間に有機ゲスト化合物が挿入することで、無機層と有機層が結晶格子レベルで交互に積層した構造となる。無機ホスト層間に存在するアルカリ金属イオンやプロトン等と有機イオンとのイオン交換反応により合成するのが一般的である。多くの場合、無機層と有機層間に共有結合は存在せず、結合様式の観点からは弱い力によるハイブリッド化に属する。

以上の様に、有機無機ハイブリッド材料には、多様な結合様式と構造が存在するため、セラミックスペーストの設計には大きな自由度があり、目的に応じて適切な組み合わせを選択することで、分散性や粘弾性を制御できる。

有機無機ハイブリッド化を新しい機能材料の開発に積極的に利用しようとす

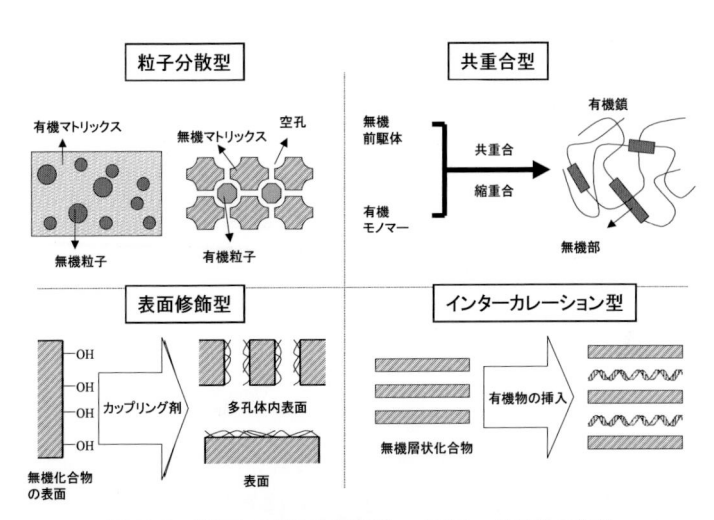

図11-7 構造から見た有機無機ハイブリッド材料の分類

る試みも進められている。ここでは有機無機ハイブリッド材料のガスセンサに応用について紹介する。ガスセンサには、一般に検知対象ガスを認識する分子認識機能と、その情報を電気信号に変換する信号変換機能が必要である。これら2つの機能をそれぞれ有機物と無機物に分担させることで高機能化を図ろうというコンセプトが提案されている(図11-8)[15-17]。検知対象ガス分子は、化学的反応性に富む有機物によって選択的に認識される。この化学的な情報は、電荷やイオン等で媒介されることにより無機化合物に伝達され、ここで電気的な信号に変換され外部に出力される。例えば、半導体的導電特性を持つ無機物の多くは、バンド理論で記述される導電機構を持つため、導電特性の変化を容易に外部に取り出すことが出来る。一方、有機物は分子レベルで官能基等を変化させることで、ガス分子に対する選択性を制御できる可能性がある。従来の典型的なガスセンサ材料である酸化スズでは達成できないガス選択性の実現が期待できる。もう1つの考え方は、有機化合物と無機化合物との界面での相互作用を利用する考え方である。個別化合物には存在しないこの様な有機無機間の相互作用を特徴として、高性能化を図ろうとするアプローチである。

11.2.6 おわりに

高性能のガスセンサデバイスを実現するために必要な基盤技術として、ナノサイズのセンシング材料合成技術、ペースト化技術、塗布技術、有機無機ハイブリッド化技術について紹介した。セラミックスの集積化によるデバイスの実現には、このように原料粉体の合成から分散性付与や塗布技術まで一連の高度なパウダーテクノロジーが必須となる。また、セラミックス粉体を利用するプ

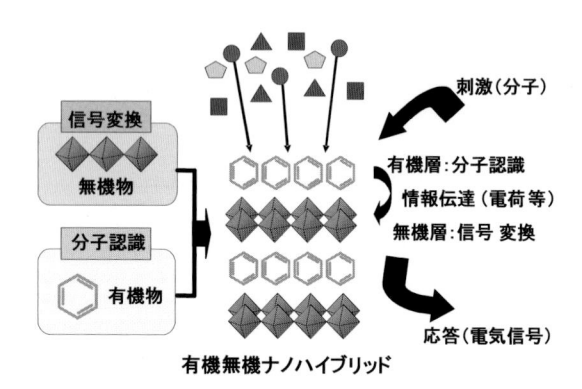

図11-8 有機無機ハイブリッド材料を用いたガスセンサの開発コンセプト

ロセスにおいては、ペースト化や分散性付与等において有機物の導入が必要であり、有機物とセラミックスとの相互作用に関する基礎的な知見も重要な要素となる。

11.3 ガスセンサ応用
11.3.1 はじめに

　11.2節で解説した基盤技術を駆使することで実現するガスセンサデバイスの例として、熱電式マイクロガスセンサ、高速応答ガスセンサ、高感度・高選択性VOCセンサを紹介する。熱電式マイクロガスセンサは、熱電変換材料と触媒燃焼を組み合わせた新しいタイプのガスセンサであり、シリコンテクノロジーによって作製されたマイクロデバイス上にセラミックス触媒を集積化するプロセスの開発がポイントとなる。高速応答ガスセンサでは、金属酸化物半導体のナノ粒子化により応答速度を格段に向上させることに成功した。高感度・高選択性VOCセンサでは、有機無機ハイブリッド材料を薄膜化するプロセスを開発し、シリコン基板上に高性能薄膜素子を形成することに成功した。これら各センサにおける集積化プロセスのポイントとセンサ特性を紹介する。

11.3.2 熱電式マイクロガスセンサ
　熱電式ガスセンサの動作原理を接触燃焼式センサと比較して図11-9に示

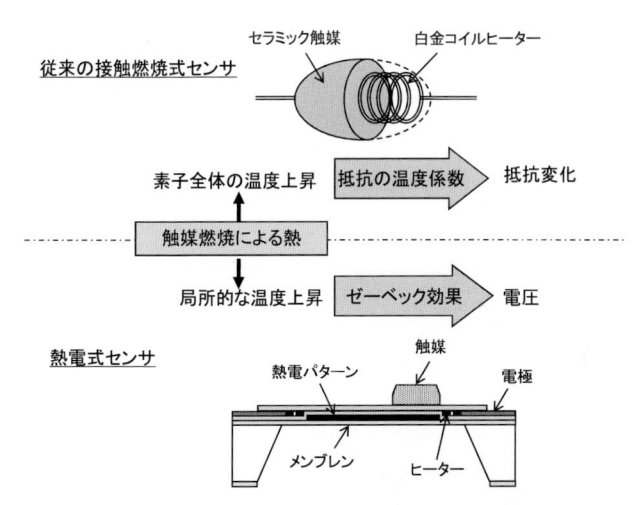

図11-9　熱電式マイクロセンサと接触燃焼式センサの動作原理の比較

す[18]）。熱電式ガスセンサの基本的なガス検出原理のポイントは、ガスの触媒燃焼反応による温度上昇を信号源とすることであり、この点では既存の接触燃焼式ガスセンサと同じである。異なる点は、接触燃焼式ガスセンサが温度上昇を触媒に埋め込んだ白金線の抵抗変化として検出するのに対して、熱電式ガスセンサでは、触媒の発熱反応により発生する局部的な温度差を熱電変換材料が変換した電圧を信号とする点である。従来の接触燃焼式ガスセンサは、低濃度では感度が著しく低下する問題が生じる。例えば、触媒燃焼発熱による温度変化が0.01℃だとすると、対応する白金線の抵抗変化は0.004%にとどまるため、この小さい抵抗変化を測定することは実質的に不可能である。一方、熱電式の場合は発熱反応により発生した温度差0.01℃を熱電材料（例えばSiGe）が電圧に変換するとその値は$1.5\mu V$となり、熱電変換材料の抵抗が低ければノイズの影響が無視できるため、十分に測定することが可能である。熱電式ガスセンサを実現するための重要なポイントは、小さな発熱量を信号として利用するための局部的な熱遮蔽構造を有するマイクロデバイス化とこのデバイス上への高性能燃焼触媒の集積化である。

　水素を燃焼させるセラミックス触媒を熱電式センサデバイス上に集積化した熱電式水素センサは、水素ガスと触媒との発熱反応で発生する局部的な温度差を熱電変換材料により電圧信号に変換することで水素を検知する。半導体式ガスセンサの様に材料表面での複雑な化学反応を利用するのではなく、単純に触媒上でのガスの燃焼反応熱を利用するため、安定性に優れたガスセンサが実現できる。

　図11-10に開発した熱電式水素センサの写真を示す[19]）。シリコンの異方性エッチングなどの微細加工技術により局部的な熱遮蔽構造を有するマイクロデバイス化を実現している。この写真より、触媒を加熱するための白金ヒーター

図11-10
マイクロ熱電式水素センサ（4×4 mm）の写真

上に丸いセラミックス触媒パターンが形成されているのが分かる。セラミックス触媒粉末は、塩化白金の水溶液と酸化物の粉末（アルミナ、α-Al_2O_3）を混合し、加熱焼成することで作製した。この粉末を、テルピネオールおよびエチルセルロースを混合することで作製したビヒクルと混合し、ペースト状に調整した。このペーストをディスペンサによりマイクロデバイスのメンブレン上に塗布し、その後焼成することでセラミックス触媒をデバイス上に集積化した。図11-11に示す通り、セラミックス触媒を集積化したマイクロ熱電式水素センサは、薄膜触媒を用いたバルク型熱電式水素センサと比較すると、水素1 vol.%に対する信号電圧が1 mVから10 mVへ飛躍的に向上した[20]。この性能向上は、触媒燃焼反応により生じる温度差の違いにより生じたことが、赤外線カメラを用いた微細熱分布評価により確認できた。性能向上の結果、マイクロ熱電式水素センサは、セラミックス触媒を用いることで大気中の水素濃度に相当する0.5 ppmから水素の爆発下限界値を越える5 vol.%までを直線性よく検知できる革新的な性能を示した[21]。

熱電式マイクロガスセンサは、デバイス上に集積化する触媒の種類を変えることで、種々のガスを検知することができる。一例として、一酸化炭素選択触媒として広く知られている金-チタニア触媒を熱電式マイクロセンサ上に集積化することにより、一酸化炭素が検知できる熱電式マイクロセンサを作製した[22]。この一酸化炭素センサは、触媒温度200℃で一酸化炭素濃度250 ppmから1 vol.%まで（センサの電圧信号は0.15 mVから5.0 mV）、直線性の良い電圧信号を示した。

上記の例より、熱電式水素センサのガス検知性能は、デバイス構造と共に触媒性能に大きく依存することが分かる。さらに、デバイス上に集積化された触

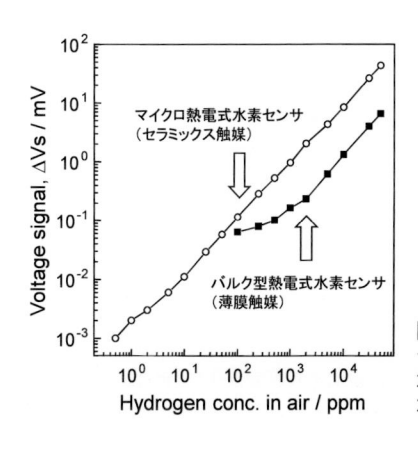

図11-11 セラミックス触媒を集積化した熱電式マイクロ水素センサと薄膜触媒を用いたバルク型熱電式水素センサの検知性能の比較

媒膜の構造もまた、ガス検知性能に寄与する重要なパラメータとなる。センサの安定性と高感度化を両立させるには、デバイス上に集積化するセラミックス触媒の厚みや大きさを制御する必要がある(図11-12)。高感度化のためには、触媒燃焼によって生じる熱により、十分に大きな温度差が発生するよう、デバイス上に集積化するセラミックス触媒の直径をメンブレンに適した大きさに制御する必要がある。また、安定性のためには、活性な領域を増やすようデバイス上に集積化する触媒の膜厚を厚くする必要がある。

一方で、熱電式マイクロ水素センサの水素応答性能の温度依存性は、デバイス上に集積化した触媒の厚みにより変化する。集積化したセラミックス触媒の膜厚が薄い場合、水素応答性能は大きな温度依存性を示すが、膜厚が厚い場合は、温度依存性が小さくなり、室温でさえも応答を示す。従って、十分な厚みのセラミックス触媒を用いることにより、環境温度の変化に対して安定した性能を示すセンサが実現できる[23]。この様なセラミックス触媒の形状制御は、集積化プロセスにおいてセラミックス触媒ペーストの粘弾性を最適化することにより達成されており、セラミックスのデバイスへの集積化がデバイスの高機能化に直接的に貢献する例である。

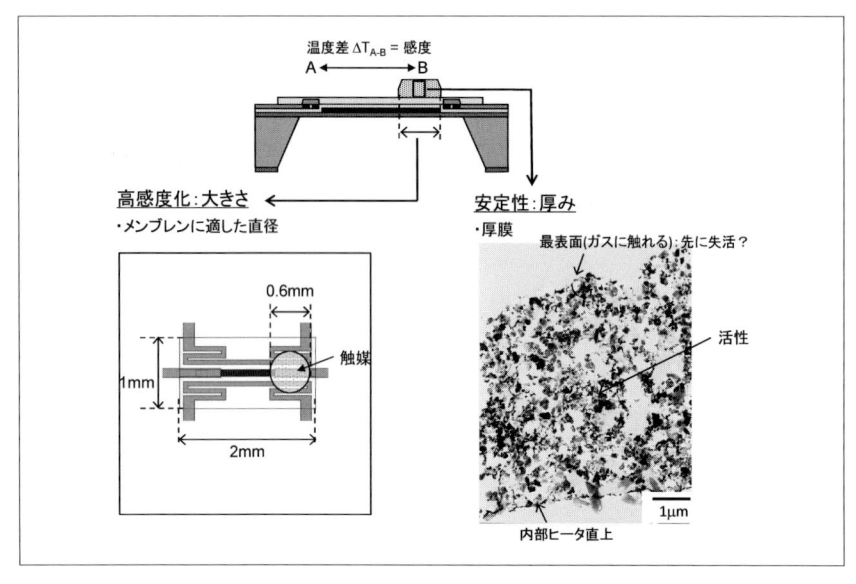

図11-12　熱電式マイクロ水素センサの高感度化と長期安定化に有利な集積化セラミックス触媒の構造

11.3.3 高速応答ガスセンサ

　酸化スズに代表される半導体式ガスセンサは、家庭用ガス漏れ警報機等に広く実用化されているが一層の高速応答化と選択性の向上が求められている。近年、新しいガスセンサ材料として酸化セリウムが注目されている[24-27]。酸化セリウムは雰囲気の酸素濃度が変化したときに、結晶格子内の酸素空孔濃度が変化し、それに伴い抵抗が変化するため、酸素センサとして機能する。ガス検出部分である酸化セリウムの抵抗 R は、酸素分圧 P と(2)式で示す関係式がある。

$$R = AP^{1/n} \tag{2}$$

　ここで、A は定数、n は 4 以上の定数である。応答時間に対する酸化セリウムの結晶子サイズ、酸素空孔の拡散係数、表面反応係数の影響を数値計算・解析した結果、酸化セリウムの結晶子サイズが小さくなるほど応答時間が短くなることが明らかにされた[28]。11.2 節で示されたカーボン添加法により合成された酸化セリウムナノ粒子を利用し、実際に粒径が 100 nm 程度の酸化セリウム多孔質厚膜がスクリーン印刷法で作製され(図 11-13)、作動温度が 600℃で数百ミリ秒(90%応答時間)という格段に早い応答を示した[6,29]。

　酸化セリウムの酸素分圧の変化に対する高速応答性を生かし、可燃性ガスに対して選択的に応答するセンサを開発するために、図 11-14 に示す素子構造が考案された[30]。酸化セリウム厚膜で構成されるガス検出部分を二つ備え、一方は可燃性ガス成分をガス検出部分に到達させないための触媒層を集積化させたものであり、もう一方は、可燃性ガス成分を燃焼させることなくガス検出部分に到達させ、ガス検出部分において燃焼反応させるものである。例えば、触媒層に一酸化炭素のみを選択的に酸化する触媒を用いれば、触媒層を持つ酸化セリウム厚膜には一酸化炭素は到達しない。一方、触媒層を持たない酸化セリウム

図 11-13
スクリーン印刷法で作製した酸化セリウム厚膜($Ce_{0.95}Zr_{0.05}O_2$)の微細構造

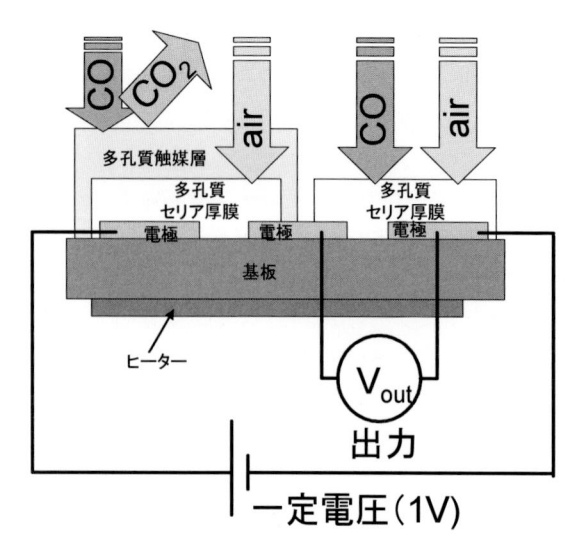

図 11-14 スクリーン印刷法で作製した酸化セリウム厚膜の微細構造

　厚膜には一酸化炭素が到達し、一酸化炭素は酸化セリウムの格子酸素との反応により酸化される。この反応は酸化セリウムの酸素空孔を増加させ抵抗値を低下させる。空気中に含まれる一酸化炭素以外のガス成分は両厚膜に到達するため、二つの酸化セリウム厚膜のガス応答の差をとることで、他ガスの影響や酸素濃度の変化はキャンセルされ、一酸化炭素のみの情報が得られることになる。また、この触媒層を変えることで、様々なガスを対象としたセンサに展開することも可能である。

　素子はセラミックスペーストを用いたスクリーン印刷法で作製した。検知部である酸化セリウム厚膜用として、沈殿法により合成した 10 mol%の酸化ジルコニウムが添加された酸化セリウムナノ粒子を用いた。この原料粉末をエチルセルロースとテルピネオールからなるビヒクルに混合することでペーストを作製した。このペーストをスクリーン印刷によりアルミナ基板上に印刷し、空気中 500℃で 5 時間仮焼した後、空気中 1100℃で 2 時間焼成を行い、ガス検出部の厚膜を作製した。次に触媒層として、アルミナ粉末および塩化白金とビヒクルを混合することで触媒ペーストを作製し、それをガス検出部分の一方のみにスクリーン印刷により集積化した。さらにこれを 1000℃で焼成することで触媒層を形成した。触媒層は白金が担持されたアルミナ層であり、触媒層で一酸化炭素は酸化され二酸化炭素となる。この様に本センサ素子は、セラミックスガ

ス検知層とセラミックス触媒層を集積化した構造を持つ。

図11-15に素子温度500℃における1 vol.%一酸化炭素に対する応答曲線を示す。出力V_{out}は、二つの酸化セリウム厚膜を直列に配線し、一定電圧(1 V)を印加した回路(図11-14)として、2つの抵抗(触媒層付厚膜と触媒層なし厚膜)から求めた。ここでは触媒層を持たない酸化セリウム両端にかかる電圧をV_{out}とする。1 vol.%一酸化炭素が導入されると瞬時にV_{out}が変化した。触媒層付酸化セリウム厚膜の抵抗はほとんど変化しなかったが、触媒層なし酸化セリウム厚膜の抵抗は大きく減少する変化を示した。このことから、触媒層において確かに一酸化炭素が燃焼され、触媒層を設けたガス検出部分に一酸化炭素が到達していないものと考えられる。また、V_{out}は酸素濃度を2桁変えてもほとんど変化せず、酸素ガスに対しては応答しないことが確認できた。さらに、水素に対してV_{out}は逆応答を示し、一酸化炭素と水素が識別可能である。

素子の応答速度は酸化セリウムの抵抗値の変化速度として規定されるため、触媒層を持たない酸化セリウムの一酸化炭素に対する応答速度をチャンバー法[31]で測定した。5000 ppmの一酸化炭素が導入されるとすぐに抵抗が減少した。90%応答時間は8秒、60%応答時間は2秒であり、酸化セリウムの高速応答性を生かした一酸化炭素センサとして機能することが確認できた。

11.3.4 高感度・高選択性VOCセンサ

11.2.4節に示したコンセプトに基づき、ハイブリッド材料による薄膜素子が作製され、揮発性有機化合物(VOC)に対するセンサ特性が調べられた[32-37]。分子認識機能及び信号変換機能という役割分担を明確にするためには、ランダムなハイブリッド化より、両化合物が規則的にハイブリッド化している方が好ま

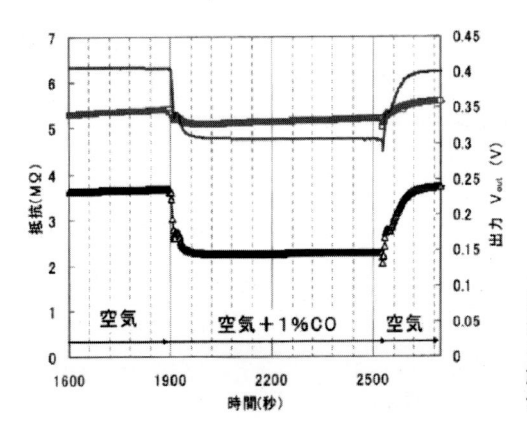

図11-15
素子の応答曲線。△:触媒層を持たない酸化セリウム層の抵抗値。□:触媒層を持つ酸化セリウム層の抵抗値。実線:V_{out}

しいため、インターカレーション型を選択した。無機層状化合物である酸化モリブデン(MoO$_3$)の結晶層間にポリアニリン(PANI)あるいはその誘導体がインターカレートしたハイブリッド材料である(図 11-16)。酸化モリブデンは、頂点共有した MoO$_6$ 八面体ユニットからなる MoO$_3$ 層が、さらに稜共有することで形成された二重 MoO$_3$ 層を繰り返し単位とする層状構造を持つ。MoO$_3$ 層は分子間力により積層されており、ここに各種有機分子や高分子がインターカレートする。

　有機/MoO$_3$ ハイブリッドをガスセンサへ応用するには、素子の小型化のために材料の薄膜化が必要である。しかしながら、物性の異なる有機物と無機物がナノレベルで積層した構造を維持したまま薄膜化を行うことは容易ではない。そこで、シリコン基板上に有機/MoO$_3$ ハイブリッド薄膜を集積させるために、予め MoO$_3$ 薄膜を作製し、その後に有機化合物をインターカレートする工程を開発した。MoO$_3$ 薄膜は固体ソース CVD 法で作製した。有機物のインターカレーションはイオン交換法で行った。まず、シリコン基板上に形成した MoO$_3$ 薄膜を次亜硫酸ナトリウム水溶液に浸漬させて Mo^{6+} の一部を Mo^{5+} に還元させる。このとき、電気的中和のために、アニオン性を帯びた MoO$_3$ 層の層間に Na$^+$ が挿入する。次に、得た膜をカチオン性有機物の水溶液に浸漬させることで Na$^+$ と有機物がイオン交換され、有機物がインターカレートされる。

　本プロセスにおけるポイントは、高配向 MoO$_3$ 薄膜を作製することである(図 11-17)。インターカレーション反応により MoO$_3$ の層間距離が増加するため、配向性の低い MoO$_3$ 薄膜では、インターカレーション中に層間距離の増加による歪のために膜が剥離しやすくなる。しかし、高配向 MoO$_3$ 薄膜では、層間距離の増加による膨張が基板と垂直方向のみに限定されるため剥離の問題が回避され、良好なハイブリッド薄膜が得られる。そこで、MoO$_3$ と結晶格子定数の近い LaAlO$_3$(100) 単結晶を基板とすることで高配向性 MoO$_3$ 薄膜を作製した[38]。さらに、LaAlO$_3$ 単結晶基板は高価であることから、その代替物としてシリコン基板に LaAlO$_3$ 前駆体溶液をスピンコートし焼成した LaAlO$_3$ バッ

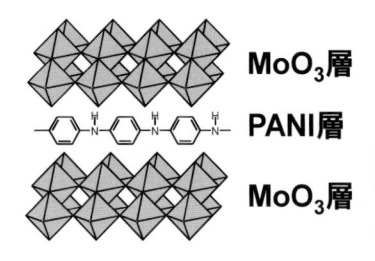

図 11-16
酸化モリブデン(MoO$_3$)の結晶層間にポリアニリン(PANI)がインターカレーとしたハイブリッド材料の結晶構造模式図

ファー層付シリコン基板を作製し、これに MoO_3 薄膜を作製したところ同等の高配向膜を得ることが出来た[32]。CVD 法で成膜した MoO_3 の SEM 像を図 11-18 に示す。$LaAlO_3$ 単結晶基板上の MoO_3 粒子は基板に対して平行に配向し、近接粒子間が結合している。$LaAlO_3$ バッファー層上の MoO_3 粒子は完全ではないが一定の配向性を示す。これは、下地の $LaAlO_3$ バッファー層の結晶性が低いことに由来するものと考えられる。$LaAlO_3$ バッファー層を持つシリコン基板上に形成した MoO_3 薄膜は、インターカレーション反応後も剥離しな

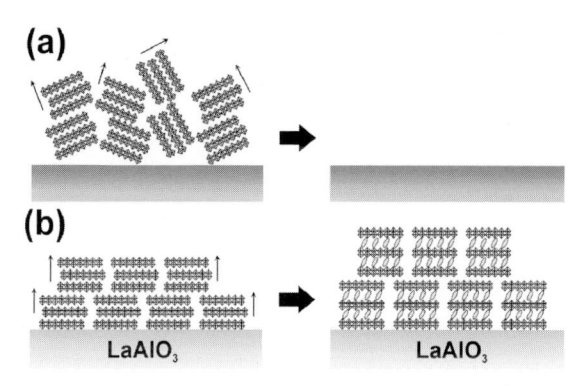

図 11-17 インターカレーション時の MoO_3 膜の密着性に関する模式図：(a)配向性の低い MoO_3 薄膜の場合、(b)配向性の高い MoO_3 薄膜の場合

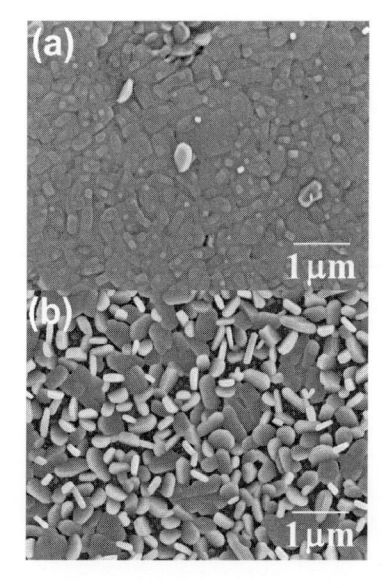

図 11-18
MoO_3 薄膜の表面 SEM 像：(a)$LaAlO_3$ 単結晶基板上に作製、(b)$LaAlO_3$ バッファー層付シリコン基板上に作製

かった。本プロセスは、インターカレーション型有機無機ハイブリッドのシリコンデバイスへの集積化技術として他の材料系にも適用することができる。

(PANI)$_x$MoO$_3$ 薄膜素子は、ホルムアルデヒドとアセトアルデヒドに対しては抵抗値が可逆的に増加することで応答するが、トルエン、キシレン等には応答しないという優れた選択性を示す。この材料の応答機構は、PANI 層に吸着したアルデヒド分子からの電荷供給に起因すると考えられている。(PANI)$_x$MoO$_3$ は、マイナス電荷を持つ MoO$_3$ 層とプラスの電荷を持つ PANI 層が交互積層した構造を持つ。形式的には、PANI 層から MoO$_3$ 層へ電子が供給されていると見ることができる。また、有機/MoO$_3$ 薄膜素子の導電性は、MoO$_3$ 層内に存在する電子が担っていることを確かめられている。PANI 層はプラスの電荷を持つ層であるから、アルデヒド分子の吸着によりプラスの電荷は減少する。このことは、有機層から MoO$_3$ 層への電荷移動量が減少することを意味しており、その結果 MoO$_3$ 層のキャリヤ濃度は減少し、抵抗値が増加する応答を示すことになる。

上記応答機構ではガス分子と有機物の相互作用が重要であるため、有機物種を変えることで、ガス選択性を制御することができる。例えばポリアニリン誘導体の1つであるポリオルトアニシジン(PoANIS)が挿入した(PoANIS)$_x$MoO$_3$ 薄膜素子のセンサ特性を(PANI)$_x$MoO$_3$ と比較した(図 11-19)。8 種類の VOC ガスに対する抵抗変化率(応答値)の大きさを比較している。両ハイブリッド素子共にアルデヒドガスに対して優先的に応答するが、(PANI)$_x$MoO$_3$

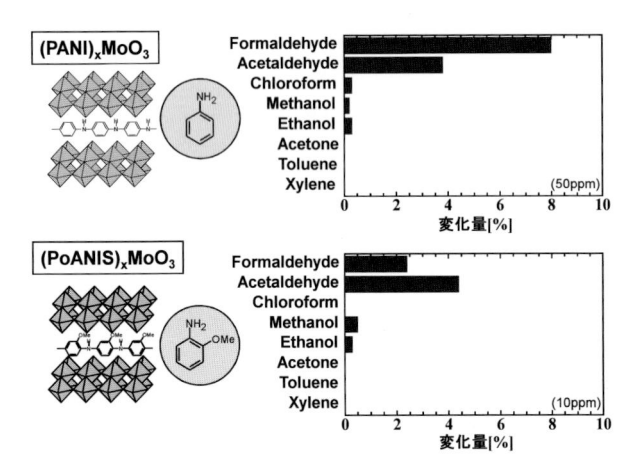

図 11-19 (PANI)$_x$MoO$_3$ と(PoANIS)$_x$MoO$_3$ の各種 VOC に対する応答の比較

ではアセトアルデヒドよりもホルムアルデヒドの応答値が高いのに対して、(PoANIS)$_x$MoO$_3$では逆にアセトアルデヒドに対する感度が高くなる。有機物種によって応答性が変化するというこの結果は、確かに有機物層が分子認識機能を果たしていることを示すものである。

11.3.5 おわりに

　セラミックス集積化技術によるガスセンサ応用の事例を紹介した。熱電式マイクロガスセンサではマイクロセンサデバイス上に集積化したセラミックス触媒の形状や厚さを最適化することで、応答感度や安定性の向上が達成される。高速応答ガスセンサでは、セラミックスガス検知層とセラミックス触媒層を集積化することで、高速応答性に加えガス選択性という付加価値を付与することができた。高感度・高選択性VOCセンサでは、有機無機ハイブリッド材料のシリコン基板上への集積化プロセスを開発し、VOCに対して選択的かつ高感度に応答するセンサ素子を作製することが可能となった。

11.4　課題と展望

　本章では、いくつかの事例によりセラミックス集積化技術が高性能ガスセンサデバイスの実現に重要な役割を果たしていることを示した。セラミックスセンシング材料を用いたガスセンサは、可燃性ガスや危険性ガスの検知により、安全安心な社会の構築に貢献することが期待されている。また、最近では人間の呼気成分をセンサで計測することで、人間の状態をモニタリングし、健康管理や疾病の確認にも利用され始めている。一方、燃焼排ガス中の酸素や一酸化炭素の濃度をリアルタイムでモニタリングして、その情報をフィードバックすることで排ガス中の有毒成分の削減や省エネルギーにも役立つことが期待されている。この様に、ガスセンサに対するニーズは今後もますます大きくなることが予想されるが、それに伴いセンサの高性能化、具体的には高感度化や高選択性に対する要求も高くなってくる。

　これらの要求に応えるためには、本章でも紹介したように、セラミックスナノ粒子の合成技術からナノ粒子のハンドリング技術の一層の向上が必要となる。ナノレベルでの結晶構造制御、微細構造制御を基板上に集積化されたセラミックスセンシング材料において実現しなくてはならず、そのための塗布技術や有機無機間相互作用の制御技術の更なる高精度化が課題となる。セラミックスの集積化プロセスは、ガスセンサ応用にとっても重要なプロセスであり、センサの高度化に大きく貢献する。今後はガスセンサに止まらず、各種デバイス

にもセラミックス集積化がますます重要な役割を果たすものと期待される。

参考文献
1) N. Yamazoe, Sens. Actuators B, 5, 7-19 (1991).
2) F. E. Kruis, H. Fissan, A. Peled, J. Aerosol Sci., 29, 511-535 (1998).
3) A. S. Sinitskii, A. V. Knot'ko, Y. D. Treyakov, Solid State Ionics, 172, 477-479 (2004).
4) N. Murayama, N. Izu, W. Shin, I. Matsubara, J. Ceram. Soc. Jpn., 113, 330-332 (2005).
5) N. Izu, T. Itoh, W. Shin, I. Matsubara, and N. Murayama, J. Ceram. Soc. Jpn., 114, 418-420 (2006).
6) N. Izu, N. Oh-ohri, M. Itou, W. Shin, I. Matsubara, N. Murayama, Sens. Actuators B, 108, 238-243 (2005).
7) N. Izu, I. Matsubara, T. Itoh, W. Shin, M. Nishibori, Bull. Chem. Soc. Jpn., 81, 761-766 (2008).
8) 申ウソク，西堀麻衣子，伊藤敏雄，伊豆典哉，松原一郎，セラミックス，43, 188-192 (2008).
9) A. Pique, D. B. Chrisey, Direct-Write Technology for Rapid Prototyping Applications. Academic Press. SanDiego (2002).
10) N. Reis, B. Derby and C. Ainsley, J. Mater. Sci., 37, 3155-3161 (2002).
11) H. Yokoyama, N. Katoh, T. Hotta, M. Naito, and S. Hirano, J. Ceram. Soc. Japan, 111, 262-266 (2003).
12) J. A. Lewis, G. M. Gratson, Mater. Today, 7, 32-39 (2004).
13) M. Heule, S. Vuillemin, L. J. Gauckler, Adv. Mater., 15, 1237-1245 (2003).
14) 松原一郎，伊藤敏雄，成形加工，20, 217-222 (2008).
15) I. Matsubara, N. Murayama, W. Shin, N. Izu, and K. Hosono: Bull. Chem. Soc. Jpn., 77, 1231-1237 (2004).
16) 松原一郎，村山宣光：セラミックス，39, 398-400 (2004).
17) 松原一郎，村山宣光，申ウソク，伊豆典哉，化学センサ，20, 106-114 (2004).
18) 西堀麻衣子，申ウソク，松原一郎，マテリアルインテグレーション，21, 93-98 (2008).
19) 産業技術総合研究所　プレスリリース, "広い濃度範囲の水素漏れ検知センサの開発に成功──水素関連施設等の安全性・信頼性の確保へ──" http://wwwaist.go.jp/, 2006年8月23日.
20) W. Shin, M. Nishibori, K. Tajima, L. F. Houlet, Y. Choi, N. Izu, N. Murayama, I. Matsubara, Sens. Actuators, B, 118, 283-291 (2006).
21) M. Nishibori, W. Shin, L. Houlet, K. Tajima, N. Izu, T. Itoh, N. Murayama, I. Matsubara, J. Ceram. Soc. Japan, 114, 853-856 (2006).
22) M. Nishibori., K. Tajima, W. Shin, N. Izu, T. Itoh, I. Matsubara, J. Ceram. Soc. Japan, 115, 34-41 (2006).
23) W. Shin, K. Tajima, Y. Choi, M. Nishibori, N. Izu, I. Matsubara, N. Mur-

ayama, Sens. Actuators, A, 130, 411-418 (2006).
24) N. Izu, W. Shin, N. Murayama and S. Kanzaki, Sens. Actuators B, 87, 95-98 (2002).
25) N. Izu, W. Shin, I. Matsubara, and N. Murayama, Sens. Actuators B, 113, 207-213 (2006).
26) N. Izu, W. Shin, I. Matsubara, and N. Murayama, J. Electroceramics, 13, 703-706 (2004).
27) N. Izu, W. Shin, I. Matsubara, and N. Murayama, Sens. Actuators B, 100, 419-424 (2004).
28) N. Izu, W. Shin, N. Murayama and S. Kanzaki, Sens. Actuators B, 87, 99-104 (2002).
29) 伊豆典哉, 松原一郎, 村山宣光, 工業材料, 54, 50-51, (2006).
30) N. Izu, T. Itoh, W. Shin, I. Matsubara, and N. Murayama, Electrochem. Solid State Lett., 10, J37-J40 (2007).
31) N. Sawaguchi, M. Nishibori, K. Tajima, W. Shin, N. Izu, N. Murayama, and I. Matsubara, Eledctrochem., 74, 315-320 (2006).
32) 伊藤敏雄, 松原一郎, 村山宣光, マテリアルインテグレーション, 21, 26-30(2008).
33) T. Itoh, I. Matsubara, W. Shin, and N. Izu, Thin Solid Films, 515(4), 2709-2716 (2006).
34) T. Itoh, I. Matsubara, W. Shin, and N. Izu, Chem. Lett., 36(1), 100-101 (2007).
35) T. Itoh, I. Matsubara, W. Shin, and N. Izu, Bull. Chem. Soc. Jpn., 80(5), 1011-1016 (2007).
36) T. Itoh, I. Matsubara, W. Shin, N. Izu, and M. Nishibori, J. Ceram. Soc. Jpn., 115, 742-744 (2007).
37) T. Itoh, I. Matsubara, W. Shin, N. Izu, and M. Nishibori, Sens. Actuators B, 128, 512-520 (2008).
38) K. Hosono, I. Matsubara, N. Murayama, W. Shin, N. Izu, Chem. Mater. 17, 349-354 (2005).

索　引

あ 行

アスペクト比 ……………………………… 116, 244
圧電体膜 …………………………………………… 60
アノード材料 ……………………………………… 218
イオン交換法 ……………………………………… 256
一酸化炭素選択触媒 ……………………………… 251
インクジェット法 ………………………… 240, 243, 244
インターカレーション …………………… 256, 257
インターカレーション型 ………………… 247, 256, 258
インプラント ……………………………… 150, 156, 159
エアロゾルデポジション(AD)法
 ……………… 9, 12, 111, 112, 122, 133, 134, 135
液相法 ……………………………………………… 240
液中乾燥法 ………………………………………… 153
エピタキシャル成長
 ……………… 63, 89, 93, 95, 98, 101, 106, 107, 127
エピタキシャル膜 ………… 91, 93, 99, 102, 106, 118

か 行

加圧焼結 ……………………………………………… 35
解砕 …………………………… 15, 16, 17, 19, 20, 23, 26, 27
外部加熱 ……………………………………………… 30
界面活性剤分子 ………………………………… 79, 80, 82
化学溶液法 ……………………………………… 89, 107
架橋法 ……………………………………………… 162
拡散電気二重層 …………………………………… 17
ガスセンサ応用 …………………… 13, 239, 249, 259
ガスデポジション法 ……………………… 130, 134
可塑性 …………………………………… 29, 170, 196
乾燥技術 ……………………………… 11, 15, 27, 32
気孔水 ……………………………………………… 29
気相法 ……………………………… 89, 92, 104, 240
機能性セラミックス薄膜 ……………………… 11
基板加熱 ……………………………… 99, 111, 112, 134
基板内蔵キャパシター …………………………… 126
強磁性 ……………………………… 118, 121, 128
共重合型 …………………………………………… 247
共振型マイクロ光スキャナー …………………… 123
強誘電性 ……………………………… 65, 69, 70, 73, 118
強誘電体薄膜 ……………………………… 60, 62, 69, 71
強誘電体膜 ……………………………… 66, 69, 70, 93
強誘電体メモリ ……………………………… 60, 69, 70
極点図 ……………………………… 90, 93, 100
巨大磁気抵抗(CMR)効果 …………………… 104
金-チタニア触媒 …………………………………… 251
金属/強誘電体/絶縁層/半導体 ……………… 70

金属有機化合物 ……………………… 9, 11, 91, 98, 106
空間光変調器 ……………………………………… 125
クラスターイオンビーム ………………………… 132
繰り返し周波数 ……………………………… 99, 100
傾斜構造フィルター ……………………………… 168
結晶性機能性酸化物 ……………………………… 69
限界粒径 ……………………………………… 16, 17
原子間力顕微鏡 ……………………… 20, 96, 157
懸濁重合法 ………………………………………… 153
限流器 ………………………………… 95, 97, 98
コアシェル型微粒子 ……………………………… 242
コアセルベーション法 …………………………… 153
高感度・高選択性VOCセンサ … 249, 255, 259
格子整合 …………………… 62, 93, 96, 98, 106
高周波回路基板 ……………………………… 9, 111
高周波デバイス ……………………… 9, 111, 126
高選択性VOCセンサ ……………………………… 13
高速応答ガスセンサ …………… 13, 239, 249, 253, 259
酵素結合法 ………………………………………… 162
高耐圧絶縁部材 …………………………………… 111
厚膜 ……… 101, 116, 117, 119, 120, 121, 122, 123,
 127, 128, 253
コールドスプレー法 ……………………… 131, 133, 135
固体酸化物形燃料電池 …………………… 213, 217
固定化法 …………………………………………… 162
コロイドプローブ法 ……………………………… 21
コンデンサー内蔵基板 …………………………… 120

さ 行

細孔 ……………………… 150, 160, 168, 173, 177, 219
細孔径 ……… 160, 162, 163, 168, 172, 174, 175, 219
最適特性配置技術 ……………………………… 12, 167
サファイア ……………………… 21, 22, 95, 96, 97
酸化亜鉛(ZnO) …………………………………… 77
酸化亜鉛ウィスカー膜 …………………………… 77
酸化スズ微粒子 …………………………… 240, 241
酸化セリウム微粒子 ……………………………… 242
酸化物半導体ナノ粒子 …………………………… 74
酸素分圧 ……………………… 92, 93, 96, 98, 104, 106, 253
紫外光 ……………………………… 77, 89, 98, 107
紫外レーザー ……………………………………… 99
磁気光学効果 ……………………………… 125, 128
自己集合現象 ……………………………………… 79
湿式ジェットミル ……………………………… 23, 26, 27
湿式ビーズミル ……………………………… 23, 24
湿式粉砕 ……………………………………… 16, 173
自由水 ……………………………………… 28, 29

265

集積回路 ································ 7, 8, 127
常温衝撃固化現象
　　　······· 9, 12, 111, 112, 114, 122, 127, 135, 136
焼結 ······ 16, 32, 74, 111, 112, 113, 115, 119, 135,
　　　160, 169, 170, 173, 177, 180, 181, 184, 188, 189,
　　　190, 196, 197, 204, 205, 218
焼結技術 ······················ 11, 16, 32, 35
焼結助剤 ······ 46, 112, 122, 169, 188, 189, 190, 191
ショットコーティング法 ·················· 132
人工骨 ······ 141, 142, 143, 145, 146, 147, 153, 164
水銀圧入法 ·························· 172, 174
水酸化スズ ·························· 240, 241
水酸化セリウム ························· 242
スクリーン印刷法
　　　············ 113, 117, 119, 240, 244, 245, 253, 254
ステレオファブリック造形技術 ········ 12, 193
スパッター法 ························ 111, 119
スピネル型構造 ························ 39, 44
スピンコーティング ···················· 71, 92
スプレードライ法 ························ 153
スラリー調整技術 ························· 11
正極材料 ············ 39, 40, 43, 44, 53, 54, 57
成形技術 ··· 27, 113, 118, 121, 187, 192, 194, 197
静電チャック ························ 123, 207
静電微粒子衝撃コーティング法 ············ 129
精密ナノ構造体 ························ 11, 60
赤外センサ ············ 11, 103, 104, 107
絶縁耐圧 ······················ 119, 120, 122
接合技術 ············ 141, 187, 201, 206, 208
セラミックグリーン ····················· 115
セラミックスコーティング ··········· 111, 112
セラミックス摺動部材 ················ 167, 177
セラミックス多孔体 ········ 167, 168, 173, 176
セラミックス電気化学リアクター ··· 213, 214,
　　　216, 218, 220, 221, 225, 229, 230, 234
セラミックス薄膜 ························· 9
セラミックスフィルター ······· 167, 168, 176
セラミックスリアクター ·················· 9
セラミックリアクター ················ 12, 236
前駆体分子構造 ························ 59, 60
ゾル-ゲル法
　　　··· 59, 67, 69, 74, 79, 89, 99, 111, 119, 127, 247

た 行

耐蝕性 ····························· 112, 122
耐蝕部材 ····························· 111
単結晶合成技術 ··············· 11, 47, 53, 54
単結晶粒子 ······ 11, 40, 46, 47, 50, 53, 54, 56, 57
単結晶粒子合成技術 ················ 11, 53, 57
中間層 ············ 11, 95, 98, 106, 168, 184
超音速クラスタービーム法 ·············· 132
超音波モーター ······················ 124, 125
超電導体 ···················· 91, 93, 94, 95
超電導薄膜 ············ 11, 90, 92, 98, 106
超電導薄膜限流素子 ····················· 9
超微粒子 ······ 27, 32, 112, 129, 130, 131, 132, 133,
　　　216, 227
沈殿法 ··························· 240, 254
通常加熱 ································ 30
通電加熱焼結 ···························· 35
低温エピタキシャル成長 ················· 99
低温合成プロセス ························ 11
低温同時焼成法 ························ 126
低温熱分解法 ············ 40, 49, 52, 53, 54
低温溶融塩法 ···························· 11
抵抗温度係数 ······················ 103, 104
ディスペンサ法 ····················· 240, 244
ディップコーティング法 ·················· 66
テーラードリキッド ····················· 60
テーラードリキッド集積技術 ········ 11, 83, 84
電解析出法 ······························ 49
電気化学リアクター
　　　······ 213, 216, 217, 220, 221, 222, 227, 231, 237
電気光学定数 ·························· 127
電磁界計測 ···························· 128
電磁波吸収体 ·························· 127
電磁波ノイズ吸収特性 ·················· 127
ドクターブレード法 ···················· 245
塗布技術 ············ 13, 239, 243, 248, 259
塗布光照射法 ······· 89, 98, 100, 104, 105, 106, 107
塗布光分解法 ···························· 11
塗布熱分解法
　　　············ 9, 11, 59, 89, 91, 93, 96, 98, 106, 107

な 行

内部加熱 ································ 30
ナノイオニクス ························ 220, 221
ナノセンサ材料合成技術 ················· 13
ナノ粒子表面技術 ························ 11
二酸化チタンナノ結晶集積膜 ······ 74, 75, 76, 77
二層構造アルミナ ··················· 177, 180
二段焼結 ······················· 35, 189, 198
熱電式ガスセンサ ············ 13, 239, 249, 250
熱電式マイクロガスセンサ ··· 249, 251, 259

は 行

ハードテンプレーティング法 ················ 81
バイオカスタムユニット
　　············ 12, 141, 157, 160, 164, 165
バイオミメティックス手法 ··············· 164
バイモルフ型素子 ······························ 69
バインダーレス ··············· 115, 118, 121, 122
パウダービーム加工 ···························· 132
破壊(粉砕)エネルギー ··························· 16
薄膜配向制御技術 ······················ 11, 107
パターニング
　　············ 74, 75, 79, 99, 106, 107, 117, 122, 245
反応焼結窒化ケイ素 ················· 189, 197
反応焼結法 ································· 189, 199
光インターコネクト ···························· 128
光集積化デバイス ······························ 111
微細造形技術 ····································· 11
非シリカ系メソポーラス薄膜 ·············· 81
ビスマス系層状強誘電体 ······················ 60
表面修飾型 ······································ 247
表面プローブ型顕微鏡 ······················ 65, 67
微粒子 ··· 12, 17, 23, 111, 112, 114, 116, 122, 124,
　　129, 131, 133, 135, 167, 172, 175, 242, 243
ビルドアップ法 ···················· 16, 131, 132
フォトニック結晶 ······················ 240, 242
付着水 ·· 29
部分焼結法 ································ 169, 173
プラズマ重合法 ································ 247
フラックス法 ·························· 47, 48, 49
ブレイクダウン法 ······························· 16
ブレークダウン ································ 115
プレス成形 ······················· 175, 194, 200
プロセスウインドウ ·························· 114
粉砕 ················ 15, 16, 18, 19, 23, 35, 173
分散評価技術 ···································· 11
粉末成形技術 ···································· 11
粉末積層法 ································ 181, 182
ペースト化技術 ············· 13, 239, 243, 248
ペースト調整法 ································ 243
ペロブスカイト ······························ 91, 93
ホットプレス ···················· 35, 190, 195

ま 行

マイクロカプセル ······················ 152, 155
マイクロ波加熱 ·························· 29, 30, 32
マイクロプロジェクター ····················· 123

マイクロポンプ ································· 124
マイクロミキサー ······························ 124
マクロンビーム ····················· 129, 130, 133
マスクデポジション法 ················· 116, 117
マンガン酸リチウム ············· 39, 40, 44, 54
マンガンスピネル ········· 44, 46, 47, 51, 53, 54, 57
ミニマルマニュファクチャリング ········ 187
無機-有機ハイブリッド DDS ········ 142, 152
無機塩水溶液 ······························ 11, 59
無機有機相互作用 ······························ 79
無秩序型 ·· 105
メソ構造体薄膜 ···················· 79, 80, 81
メソポーラス材料 ············ 11, 60, 79, 83
メソポーラスシリカ ····· 80, 142, 160, 162, 163
メソポーラスシリカ薄膜 ····················· 79
網膜投射型ディスプレー ··················· 123
モザイク人工骨 ························ 143, 144
モザイクセラミックス製造 ········ 142, 143, 147

や 行

ヤング率 ································ 119, 122
有機無機ハイブリッド化技術··· 13, 239, 246, 248
有機無機ハイブリッド材料
　　··························· 13, 247, 248, 249, 259
溶液含浸法 ····························· 181, 182, 183
溶媒蒸発フラックス法 ············· 47, 48, 50

ら 行

リチウム二次電池 ······· 39, 40, 41, 44, 47, 51, 57
リフトオフ法 ······················· 116, 117, 122
粒子分散型 ······································ 247
粒子分散技術 ······························ 11, 32
臨界電流密度 ····························· 93, 97, 98
レーザー加熱 ···································· 120
レーザー波長 ······························ 102, 105
レーザーフルエンス ················· 100, 105
ろ過製膜法 ······································ 169
六方晶構造 ································· 70, 73

アルファベット

Aサイト秩序型 ························· 104, 105
AD法 ······ 12, 111, 112, 114, 116, 117, 119, 121,
　　122, 124, 126, 127, 128, 129, 134, 135
AFM コロイドプローブ法 ···················· 11
Bondの法則 ······································ 17
CIP ····················· 34, 173, 174, 195, 200
CVD法 ······························ 111, 132, 256, 257

Direct-Write Technology	244
DLVO 理論	20,21,22
EPID 法	129,133,134
FeRAM	70,111
Ferroelectric Random Access Memory	70
GD 法	130,131,132,133,134
HPPD 法	132,134
Hypersonic plasma particle deposition	132
IC	7
ICB	132
Integrated Circuit	7
J_c	93,94,95,97,98
Kick の法則	16,17
$La_{1-x}Sr_xMnO_3$	99,100
$LiMn_2O_4$	44,45,47,48,50,51,53
LSMO	99,100,101,104
LSMO 膜	100,101
LTCC	126
MCF	142,143,144,147
MEMS	7,8,9,111,123,124,240,245
Metal-Ferroelectric-Insulator-Semiconductor	70
metal organic deposition	89
MFIS	70,72,73
Micro Electro Mechanical Systems	7
MOD	89,91,92
Mosaic-like Ceramics Fabrication	142,143,147
partial sintering method	169
PZT-MOSLM	125
PZT 膜	102,118,121,124,127
Rittinger の法則	16,17
Room-Temperature Impact Consolidation	111
RTIC	111
SCBD 法	132,134
SOFC	213,217,218,230,231,232,235
Solid Oxide Fuel Cell	213
SUS 基板	116,120,121
TCR	103,104
van der Waals 力	17,18,19,20,22,26
$YBa_2Cu_3O_7$	91,92,93,94

セラミックス集積化技術

発行日	2009(平成 21)年 7 月 31 日　初版
編　者	独立行政法人 産業技術総合研究所　先進製造プロセス研究部門
発　売	共同文化社 〒060-0033　札幌市中央区北 3 条東 5 丁目 5-91 電話 011-251-8078　ファックス 011-232-8228
印　刷	株式会社アイワード

©National Institute of Advanced Industrial Science and Technology Advanced Manufacturing Research Institute 2009 printed in Japan